Hochschultext

Helmut Werner

Praktische Mathematik I

Methoden der linearen Algebra

Dritte Auflage

Springer-Verlag
Berlin Heidelberg New York 1982

Helmut Werner

Institut für Angewandte Mathematik
der Universität Bonn
Wegelerstraße 6
5300 Bonn 1

AMS Subject Classification (1980): 65-01, 65B05, 65Fxx, 65G05, 65Hxx, 65J05, 65S05

ISBN 3-540-11073-9 Springer-Verlag Berlin Heidelberg New York
ISBN 0-387-11073-9 Springer-Verlag New York Heidelberg Berlin

ISBN 3-540-06974-7 2. Auflage Springer-Verlag Berlin Heidelberg New York
ISBN 0-387-06974-7 2nd edition Springer-Verlag New York Heidelberg Berlin

CIP-Kurztitelaufnahme der Deutschen Bibliothek
Werner, Helmut:
Praktische Mathematik / Helmut Werner. – Berlin; Heidelberg; New York: Springer
(Hochschultext)
1. → Werner, Helmut: Methoden der linearen Algebra
Werner, Helmut:
Methoden der linearen Algebra / Helmut Werner. – 3. Aufl. – Berlin; Heidelberg;
New York: Springer, 1982.
(Praktische Mathematik / Helmut Werner; 1)
(Hochschultext)
ISBN 3-540-11073-9 (Berlin, Heidelberg, New York)
ISBN 0-387-11073-9 (New York, Heidelberg, Berlin)

Druck und Bindearbeiten: J. Beltz, Hemsbach/Bergstr.
2141/3140-543210

Vorwort zur dritten Auflage

Ursprünglich wurde von mir für diese Auflage eine größere Überarbeitung des ganzen Bandes mit computerunterstütztem Satz auf einer Rechenanlage in Bonn geplant. Aufgrund der nicht erwarteten Schwierigkeiten bei der dafür erforderlichen Software und im Zugang zu einem für mathematische Texte geeigneten Ausgabegerätes wurde schließlich doch eine Neuauflage mit den bisherigen Drucktechniken durch den Verlag durchgeführt. Um Kosten zu sparen, habe ich die Änderungen auf den Abschnitt über die Behandlung der Rundungsfehler konzentriert.
Wenn trotz der aus den angedeuteten Gründen eingetretenen Verzögerung bei der Produktion der Band dennoch im Wintersemester 1981/82 zur Verfügung steht, so ist dies der in jeder Weise verständnisvollen Kooperation der Mitarbeiter des Springer-Verlages und der zügigen Durchführung aller mit der Herstellung dieser Auflage verbundenen Arbeiten zuzuschreiben. Hierfür gilt ihnen mein ganz besonderer Dank.

Bonn, September 1981 H. WERNER

Vorwort zur zweiten Auflage

Um die Kosten dieser Neuauflage so niedrig wie möglich zu halten, habe ich, einem Vorschlag des Verlages folgend, von größeren Korrekturen abgesehen und nur die mir in der Zwischenzeit bekannt gewordenen Druckfehler beseitigt sowie das Literaturverzeichnis auf den neuesten Stand gebracht. In diesem Zusammenhang gilt mein herzlicher Dank insbesondere Herrn Professor Dr. Schaback für seine Hinweise und für die Unterstützung bei dieser Korrektur sowie Herrn Professor Dr. Braess für seine kritische Durchsicht des Bandes.

Dem Verlag möchte ich für sein Entgegenkommen bei der Herstellung dieser Auflage danken.

Münster, Juli 1974 H. WERNER

Vorwort zur ersten Auflage

Diese Vorlesungsnachschrift enthält den Stoff einer vierstündigen, einsemestrigen Vorlesung, die ich seit mehreren Jahren zur Einführung in die algebraischen Probleme der numerischen Mathematik für die Studenten mittlerer Semester an der Universität Münster halte. Da in diesem Gebiet die Methoden in außerordentlich schneller Entwicklung begriffen sind, muß man damit rechnen, daß manches morgen schon überholt ist. Dieses Schicksal hat offenbar einige Lehrbücher dieses Gebietes, nur wenige Jahre alt, bereits ereilt.

Zum anderen ist es heute wichtig, den immer zahlreicher werdenden Studenten der angewandten Mathematik einen Leitfaden in die Hand zu geben. Wir hoffen, daß der durch die mathematischen Grundvorlesungen vorbereitete Student lernt, wie man mit den in dieser Vorlesung entwickelten abstrakten Begriffen zu konkreten Ergebnissen kommen kann. Aber auch der Praktiker sollte die (z.Z.) modernen Methoden für die behandelten algebraischen Probleme finden. In einer Vorlesung lassen sich natürlich viele Fragen nur andeuten. Für eingehendere Untersuchungen sei deshalb auf die zitierte Lehrbuchliteratur verwiesen.

Die Aufgabenstellungen der Analysis (Differentiation, Integration, numerische Lösung von Differentialgleichungen) pflege ich in Münster in einer zweiten Vorlesung zu behandeln.

Diesem Text liegt eine von Herrn Dr. SCHABACK im Wintersemester 1968/69 angefertigte Vorlesungsausarbeitung zugrunde. Beim Korrekturlesen unterstützten uns die Herrn Dipl. Math. R. RUNGE und U. EBERT. Für die Mitarbeit und Unterstützung möchte ich ihnen herzlich danken.

Wesentliche Impulse für die Vorlesungen erhielt ich während meiner Tätigkeit am Institut für Angewandte Mathematik der Universität Hamburg durch Herrn Prof. Dr. L. COLLATZ. Zum Dank dafür ist ihm dieses Skriptum gewidmet.

Münster, August 1970 H. WERNER

Inhaltsverzeichnis

Symbolverzeichnis

$\emptyset$	leere Menge
$\rightarrow$	siehe
$\Vert\ \Vert$	Norm, $\rightarrow$S. 101
$\vert\vert\vert\ \vert\vert\vert$	Matrixnorm oder Operatornorm, $\rightarrow$S. 104
	Eine Aufstellung aller auftretenden Normen: S. 109
$[\alpha,\beta]$	abgeschlossenes Intervall $\subset\mathbb{R}$
(α,β)	offenes Intervall $\subset\mathbb{R}$
$\{x_i\}$	Abkürzende Schreibweise für die Folge $x_1, x_2, \ldots$
$[\mathbb{B}_1,\mathbb{B}_2]$	$\rightarrow$S. 105
$Op(\mathbb{B}_1,\mathbb{B}_2)$	$\rightarrow$S. 104
$\neg$	$\rightarrow$S. 38
$\wedge$	$\rightarrow$S. 38
$\vee$	$\rightarrow$S. 38
-[∩]-	$\rightarrow$S. 39
-[∪]-	$\rightarrow$S. 39
-[⊂]-	$\rightarrow$S. 39
=[HΛ]=	$\rightarrow$S. 41
$\square$	arithmetische Operationen, $\rightarrow$S. 55
$\sum'$	$\sum\limits_{i=1}^{n}{}' a_{ij} := \sum\limits_{\substack{i=1\\ i\neq j}}^{n} a_{ij}$
$\leq$	Halbordnung, $\rightarrow$S. 208
A^T	Transponierte einer Matrix, $\rightarrow$S. 145
$\mathbb{C}$	Körper der komplexen Zahlen
$\mathbb{C}^n$	n-dimensionaler Vektorraum über $\mathbb{C}$.
C	ab Kapitel III i.a. eine Iterationsmatrix im Sinne von S. 182
C_E	Iterationsmatrix des Einzelschrittverfahrens, $\rightarrow$S. 194
C_G	Iterationsmatrix des Gesamtschrittverfahrens, $\rightarrow$S. 194
$C(B)$	Menge der auf B stetigen Funktionen
$C^n(B)$	Menge der auf B n-mal stetig differenzierbaren Funktionen
δ_{ij}	Kroneckersymbol, $= \begin{cases} 1 \text{ falls } i=j \\ 0 \text{ falls } i\neq j \end{cases}$

$\Delta^n(x_0,\dots,x_n)f$	n-ter Differenzenquotient, →S. 19
$d(x,y)$	Distanzfunktion, →S. 76
Δ, D	ab Kapitel III. i.a. Diagonalmatrizen
E	Einheitsmatrix
η	Computergenauigkeit, →S. 55
e_i	i-ter Einheitsvektor
F'_{x_0}	Frechetableitung in x_0, →S. 111
gl	Gleitkomma-Operator, →S. 54
$H^{(i)}$	Householder-Transformation, →S. 174
J	Jordanmatrix, →S. 183
$\varkappa(A)$	Konditionszahl, →S. 166
$K_r(x)$	In einem metrischen Raum Kugel mit Radius r um das Element x, →S. 85
L	ab Kapitel III i.a. eine Subdiagonalmatrix, →S. 148
λ	i. a. ein Eigenwert, →S. 222
$M^{(j)}$	elementare Matrizen, →S. 224
$\mathbb{N}$	Menge der natürlichen Zahlen: $\{1,2,\dots\}$
N	ab Kapitel III: $N=\{1,\dots,n\}$, $n\in\mathbb{N}$.
$N(A)$	→S. 260
$\mathcal{O}, \mathcal{o}$	Landau'sche Symbole, →S. 114
ω	Relaxationskoeffizient, →S. 197 (ab Kapitel III)
Ω_i	→S. 18
ω_i	→S. 18
P_{ik}	Permutationsmatrix, →S. 224
$\varphi(\lambda)$	ab Kapitel IV: charakteristisches Polynom, →S. 222
$\Phi, \Phi[f]$	i. a. Iterationsfunktionen
Q	ab Kapitel III: eine orthogonale Matrix ($QQ^T=E$)
R	ab Kapitel III: eine superdiagonale Matrix, →S. 148
$\mathbb{R}$	Körper der reellen Zahlen
$\mathbb{R}^n$	n-dimensionaler Vektorraum über $\mathbb{R}$.
$\mathfrak{R}$	ab Kapitel II: metrischer Raum, →S. 76
$\rho(A)$	Spektralradius der Matrix A, →S. 185
sgn x	$=\begin{cases} 1 & \text{falls } x>0 \\ 0 & \text{falls } x=0 \\ -1 & \text{falls } x<0 \end{cases}$
"T"	Transpositionssymbol, →S. 145
$T_{ij}(\alpha)$	ebene Drehung, →S. 178
T_{max}, T_{min}	→S. 212
$W(a_0,\dots,a_n)$	→S. 137

Weitere Symbole finden sich in der Symbolliste für Analogrechner (s. 69-70) und in den Bemerkungen zur Schreibweise von Gleitkommazahlen (S. 53), von Interpolationsgrößen (S. 18-19) sowie von Matrizen und Vektoren (S. 145-147).

Einleitung

1. Was ist "Praktische Mathematik"?

Die Mathematik als Ganzes läßt sich als eine Disziplin verstehen, die über einem vorgegebenen (bei jedem Spezialgebiet anderen) Axiomensystem mit einer vorgegebenen Logik ein Gebäude von Deduktionen errichtet.

In der reinen Mathematik geschieht dies ohne jede Beziehung zur Praxis, da die reine Mathematik allein daran interessiert ist, wie weit ihre Axiome tragen.

In der angewandten Mathematik dagegen werden mathematische Modelle für Probleme der Praxis behandelt und mathematische Methoden zu deren Lösung entwickelt.

Somit unterscheiden sich die reine und die angewandte Mathematik nur durch den Anlaß für ihre Fragestellungen.

Die numerische Mathematik befaßt sich mit den Lösungen und Lösungsmethoden numerischer Probleme. Ein mathematisches Problem kann man dabei als numerisch bezeichnen, wenn die Bestimmung einer Lösung des Problems aus einer Berechnung von Zahlen besteht.

Die praktische Mathematik sucht konstruktive Methoden zur Lösung aus der Praxis stammender numerischer Probleme. Als "konstruktive Methode" gilt dabei ein Verfahren, das es gestattet, die Lösung des gegebenen numerischen Problems für jede feste, vorgegebene Genauigkeit in endlich vielen Schritten zu ermitteln (die Schrittzahl kann dabei natürlich von der gewünschten Genauigkeit abhängen). Die Auswahl einer solchen konstruktiven Methode wird wesentlich von den zur Verfügung stehenden Hilfsmitteln abhängen (vgl. Kapitel I). Wegen der sprunghaften Entwicklung dieser Hilfsmittel (elektronische Digital- und Analogrechner) hat auch die praktische Mathematik in letzter Zeit einen enormen Aufschwung genommen, und es ist nicht verwunderlich, wenn 20 Jahre alte Lehrbücher heute als veraltet angesehen werden müssen.

2. Die Fragestellungen innerhalb der praktischen Mathematik

Ist ein Problem aus der Praxis vorgelegt (etwa die Frage nach dem Neutronenfluß in einem Reaktor) und ein mathematisches Modell (z.B. eine Differentialgleichung mit Anfangswerten und Randbedingungen) für das Problem gefunden, so ergibt sich zunächst die Frage nach Existenz und Eindeutigkeit der Lösung. Diese Fragestellung ist für alle

Anwendungen gleichermaßen wichtig, wird aber im allgemeinen im Bereich der reinen Mathematik, und zwar im Rahmen einer abstrakten Theorie erledigt. Erst nach Klärung dieser Frage hat man nämlich die Gewähr, daß man genug und auch keine einander widersprechenden Angaben für eine praktische Behandlung des Problems besitzt.

Bei der Differentialgleichung des Neutronenflusses beispielsweise interessiert es den Physiker, ob sich der Reaktor womöglich unter gewissen Bedingungen in eine explodierende Atombombe verwandelt. Daher wird man nach der Klärung der Existenz- und Eindeutigkeitsfrage in manchen Fällen eine qualitative Untersuchung der Lösung auf Existenzbereich und singuläre Stellen durchführen, ohne die Lösung selbst genau zu kennen.

Eine ebenfalls für den Praktiker (z.B. für den Physiker) wichtige Fragestellung ist die nach der stetigen Abhängigkeit der Lösung von den Eingangsdaten des Problems. Denn die Daten für ein aus der Physik stammendes numerisches Problem sind stets mit Meßfehlern behaftet und wenn die Lösung des Problems nicht stetig von den Daten abhängt, machen die Meßfehler das Ergebnis völlig unsicher.

Neben den grundlegenden Fragen nach Existenz, Eindeutigkeit und Stetigkeit der Lösung sucht die praktische Mathematik, wie schon oben bemerkt wurde, konstruktive Methoden zur Ermittlung der Lösung des vorgegebenen Problems.

Die dabei zu beachtenden Gesichtspunkte nennt der folgende Abschnitt 3.

Zur Angabe eines konstruktiven numerischen Verfahrens gehört eine Abschätzung des Fehlers der gefundenen "Lösung"; eine exakte Lösung eines Problems ist nur selten möglich, und für die Praxis ist es unerläßlich, zu wissen, wie nahe die "Lösung" der wahren Lösung kommt. Die möglichen Fehlerquellen und ihre Ursachen werden im Abschnitt 5. behandelt.

3. Die Anforderungen an das Lösungsverfahren

Zunächst kann das zugrundeliegende praktische Problem einige Anforderungen an das Lösungsverfahren stellen. Zum Beispiel muß ein numerisches Verfahren, welches beim Flug einer Rakete zu deren Steuerung benötigt wird, naturgemäß ungeheuer schnell mit Hilfe der zur Verfügung stehenden Hilfsmittel durchführbar sein. Man hat also vom Lösungsverfahren von der Praxis her eine gewisse Ökonomie bezüglich der Rechenhilfsmittel und der mathematischen Methoden zu fordern.

Beispiel 1

Ein Verfahren zur Lösung kubischer Gleichungen mit dem Rechenschieber ist so zu formulieren, daß man mit möglichst wenigen Zungen- und Läufereinstellungen auskommt. Will man dagegen kubische Gleichungen auf einem Computer lösen, so wird man ein Verfahren suchen, das möglichst wenige Multiplikationen und Divisionen benötigt. (Ökonomie bezüglich der Rechenhilfsmittel).

Beispiel 2:
(VAN WIJNGAARDEN) (Ökonomie bezüglich der mathematischen Methode).

Man kann sich die Frage stellen, ob die Zahl $9^{(9^9)} + 2 \approx 10^{3,7 \cdot 10^8}$ eine Primzahl ist. Würde man dies mit Hilfe des "Siebs des Eratosthenes" beweisen wollen, so müßte man für jede der etwa $10^{1,85 \cdot 10^8}$ Zahlen unterhalb von $\sqrt{9^{9^9} + 2}$ prüfen, ob $9^{9^9} + 2$ durch diese Zahl teilbar ist. Selbst wenn man mit einem hypothetischen Computer der Zukunft 10^{10^7} solcher Zahlen pro Sekunde bearbeiten könnte, müßte man mehr als 10^{10^8} Jahre rechnen!

Es ergibt sich hier die Frage nach einem Maß für die Ökonomie mathematischer Methoden. In zwei Spezialfällen läßt sich diese Frage beantworten:

a) Bei Verfahren, die ein Problem in endlich vielen Rechenschritten lösen, kann man etwa die Zahl der benötigten Rechenoperationen (oft beschränkt man sich auf die Punktoperationen Multiplikation und Division) als Maß verwenden. So benötigt man zum Beispiel ungefähr $n^3/3$ Punktoperationen zur Lösung eines Systems von n linearen Gleichungen mit n Unbekannten unter Verwendung des sogenannten "Gaußschen Algorithmus" (Kap. III).

b) Bei Verfahren etwa gleichen Rechenaufwandes, die eine konvergente Folge von Näherungslösungen für ein Problem erzeugen, kann man die "Konvergenzordnung" als ein gewisses Maß für die Ökonomie heranziehen. Man sagt beispielsweise, eine gegen eine Zahl x konvergente reelle Zahlenfolge $\{x_i\}$ habe die Konvergenzordnung k (≥ 1), wenn

$$x_i \neq x \quad \text{und} \quad \left| \frac{x_{i+1}-x}{(x_i-x)^k} \right| < q$$

gilt für fast alle natürlichen Zahlen i und eine reelle Zahl $q < \infty$. (Für k = 1 benötigt man $q < 1$.)

Die zweite wesentliche Forderung an ein Lösungsverfahren ist die nach möglichst weiter Anwendbarkeit. Zum Beispiel soll ein Steuerungsverfahren für eine Rakete in allen, auch extremen Fluglagen funktionieren und ein Verfahren zum Wurzelziehen sollte für alle positiven Zahlen zur Lösung führen. Die Frage nach Verfahren zur Bestimmung der Wurzeln eines Polynoms, das in allen Fällen arbeitet, ist z.B. noch aktuell (DEJON-HENRICI, TRAUB).

4. Algorithmen und Iterationsprozesse

Zum Zwecke einer deutlichen Darstellung sowie einer einfachen Anwendbarkeit durch elektronische Rechenanlagen formuliert man konstruktive numerische Methoden häufig rezeptartig ("algorithmisch"). Ein solcher Algorithmus besteht aus einer Menge von Anweisungen, die für jede Situation des zu beschreibenden numerischen Prozesses eine (und nur eine) Anweisung bereitstellt. Ein bekanntes Beispiel ist der euklidische Algorithmus zur Bestimmung des größten gemeinsamen Teilers zweier Zahlen oder Polynome (vgl. Kap. II, §8).

Spezielle Verfahren der obigen Art sind die Iterationsprozesse, die sich folgendermaßen allgemein beschreiben lassen:
Bezeichnet A die Menge der festen Daten des Problems (z.B. die Koeffizientenmatrix und die "rechten Seiten" eines linearen Gleichungssystems), so bestimme man als 0-ten Schritt des Prozesses nach einer gewissen Anfangsvorschrift eine Zahlenmenge X_0. Sind dann nach dem i-ten Schritt ($i \geq 0$) bereits Zahlenmengen $X_0, \ldots, X_i$ bestimmt und läßt sich aus $A, X_0, \ldots, X_i$ noch keine Lösung des Problems erkennen, so bestimme man nach einer gewissen Vorschrift eine neue Zahlenmenge X_{i+1} und wiederhole dieses Vorgehen mit dem Wert $i+1$. Das algorithmische Schema für solch einen Prozeß lautet also:

$$\begin{aligned} X_0 &:= F_0(A), \\ X_1 &:= F_1(A, X_0), \\ &\vdots \\ X_{i+1} &:= F_{i+1}(A, X_0, \ldots, X_i), \\ &\vdots \end{aligned}$$

mit gewissen, als Rechenvorschriften aufzufassenden Funktionen F_i.
Ein Beispiel ist der Iterationsprozeß

$$\begin{aligned} x_0 &:= a, \\ x_1 &:= \frac{1}{2}(x_0 + \frac{a}{x_0}), \\ &\vdots \\ x_{i+1} &:= \frac{1}{2}(x_i + \frac{a}{x_i}), \\ &\vdots \end{aligned}$$

der für jede positive reelle Zahl a eine gegen $\sqrt{a}$ konvergente Zahlenfolge $\{x_i\}$ liefert, die (vgl. 3.) die Konvergenzordnung 2 hat.

5. Zur Fehlertheorie

Beim Versuch der Bewältigung eines praktischen Problems durch ein numerisches Verfahren ergibt sich als erste Fehlerquelle die Auswahl des mathematischen Modells. Ist zum Beispiel die oben schon erwähnte Differentialgleichung für den Neutronenfluß in einem Reaktor kein exaktes Modell für die entsprechende physikalische Realität, so geben die Werte der Lösung der Differentialgleichung den physikalischen Sachverhalt sicher ungenau wieder, auch wenn das Lösungsverfahren völlig exakte Werte liefern würde. Diese Fehler brauchen den Mathematiker nicht zu interessieren, da es nicht seine Sache ist, ein exaktes Modell zu liefern.
Das gleiche gilt für die Ungenauigkeiten in den Daten des Problems, falls diese z.B. durch Messung geliefert werden. Wie oben schon gesagt wurde, interessiert in diesem Fall höchstens die stetige Abhängigkeit der Lösung von den Daten.
Weitere unkontrollierbare Fehlerquellen sind gewisse nicht vorauszusehende Fehler der numerischen Hilfsmittel (z.B. unentdeckte Maschinenfehler) und last not least: der menschliche Irrtum.

Somit bleiben für den Mathematiker nur die im Lösungsverfahren enthaltenen systematischen Fehler übrig.
Der der theoretischen Behandlung am einfachsten zugängliche Fehler ist der sogenannte "Abbruchfehler", der durch "Diskretisierung" des Problems auftritt, d.h. durch das Ersetzen eines infiniten Prozesses durch einen finiten.
Typische Beispiele sind die folgenden:

a) das Restglied der Taylorformel, welches den Fehler beim Abbruch nach endlich vielen Gliedern angibt;
b) die Fehlerabschätzung

$$\left| \sum_{n=1}^{\infty} a_n - \sum_{n=1}^{k} a_n \right| \leq | a_{k+1} |$$

für eine alternierende Reihe $\sum_{n=1}^{\infty} a_n$ mit Gliedern, deren Beträge monoton gegen Null streben;
c) die Fehlerabschätzung

$$| x_{i+1} - \sqrt{a} | \leq \frac{|x_{i+1} - x_i|^2}{2x_{i+1}}$$

für den Iterationsprozeß $x_0 := a,\ x_{i+1} := \frac{1}{2} \left(x_i + \frac{a}{x_i}\right)$ in 4.

Eine Fehlerabschätzung im klassischen Sinne ist eine Abschätzung des Abbruchfehlers wie in den obigen Beispielen. Die numerische Mathematik versucht, zu jedem in irgendeiner Weise diskretisierenden Prozeß eine Abschätzung des Abbruchfehlers zu geben. Die Lösung dieser Aufgabe ist, wie schon in 2. herausgestellt wurde, unerläßlich bei der Formulierung praktischer numerischer Verfahren.

Die Rechenhilfsmittel vom Rechenschieber bis zum Computer rechnen im allgemeinen mit einer festen Stellenzahl, und auch der menschliche Rechner muß sich stets mit endlich vielen Stellen begnügen. Damit tritt eine weitere Fehlerquelle auf: die Rundungsfehler.

Diese entstehen, wenn die Stellenzahl z.B. einer Irrationalzahl oder eines Ergebnisses einer arithmetischen Operation die für die Rechnung festgelegte Stellenzahl überschreitet und durch "Rundung" auf diese Stellenzahl zurechtgestutzt wird. Bei häufiger Ausführung von Operationen mit großen Rundungsfehlern kann das Endergebnis völlig verfälscht sein. Daher muß man, besonders bei langwierigen Rechnungen, besondere Vorkehrungen gegen eine Akkumulation der Rundungsfehler treffen.

Weitgehend unempfindlich gegen Rundungsfehler sind iterative Prozesse der Form $X_{i+1} = F(A, X_i)$ mit einer weitgehend beliebigen Zahlenmenge als X_0 zu Beginn des Prozesses (vgl. Terminologie und zweites Beispiel von 4.). Denn bei solchen Verfahren kann man jedes X_i als Startwert auffassen und daher ist X_{i+1} frei vom Einfluß der Rundungsfehler der vorausgegangenen Schritte.

Ansonsten kann man die Rundungsfehler lediglich durch geschickte Aufteilung der Rechnung herabdrücken. Berechnet man etwa den Binomialkoeffizienten $\binom{8}{3} = 56 = \frac{8 \cdot 7 \cdot 6}{2 \cdot 3}$ unter Mitführung von nur zwei Stellen und dem Zehnerexponenten (d.h. $56 \mathrel{\hat{=}} 0{,}56 \cdot 10^2$, $\sqrt{2} \mathrel{\hat{=}} 1{,}4 \cdot 10^0 = 0{,}14 \cdot 10^1$ etc.) in der Form $(8(7 \cdot 6)) / (2 \cdot 3)$, so erhält man $7 \cdot 6 = 42$, $8 \cdot 42 = 336 \mathrel{\hat{=}} 0{,}34 \cdot 10^3$ und $(0{,}34 \cdot 10^3) : 6 = 56{,}\overline{6} \mathrel{\hat{=}} 0{,}57 \cdot 10^2$. Hätte man dagegen den Binominalkoeffizienten etwa in der Form $(8/2) \cdot 7 \cdot (6/3)$ oder noch besser durch das Pascalsche Dreieck berechnet, so wäre kein Rundungsfehler aufgetreten.

Die Rundungsfehler lassen sich systematisch verfolgen, was in neuerer Zeit durch eine Reihe von Arbeiten geschehen ist (WILKINSON).

6. Das Ziel dieser Vorlesung

ist die Darstellung der wichtigsten und typischen numerischen Prozesse innerhalb der praktischen Mathematik. Dabei wird stets die Herausarbeitung allgemeiner Gesichtspunkte sowie die Verdeutlichung der wesentlichen Prinzipien vor dem logisch Formalen stehen.

Kapitel I

Hilfsmittel der praktischen Mathematik

Übersicht und Typeneinteilung

Bevor man an die Aufstellung von Verfahren zur Lösung numerischer Probleme gehen kann, muß man sich über die zur Verfügung stehenden Hilfsmittel Rechenschaft geben. Diese Hilfsmittel lassen sich in "digital" und "analog" arbeitende Geräte einteilen:

Digitale Rechenhilfsmittel	Analoge Rechenhilfsmittel
Tischrechenmaschine mechanisch oder elektronisch	Rechenstab
Tabellenwerke	Nomogramme Graphische Darstellungen
Elektronische Digitalrechenanlagen	Elektronische Analogrechner Spezialgeräte (mechanisch): Integraphen Planimeter

Digitale Rechner (Ziffernrechner) stellen wie der menschliche Rechner alle Zahlen durch eine Anzahl von Ziffern dar. Elektronische Digitalrechner und elektronisch arbeitende Tischrechenmaschinen benutzen dabei vorwiegend das Dualsystem (d.h. Darstellung aller Zahlen durch Summen von Zweierpotenzen, z.B. besitzt $9{,}25 = 1\cdot 2^3 + 1\cdot 2^0 + 1\cdot 2^{-2}$ die Dualdarstellung 1001,01), während mechanische Tischrechenmaschinen und Tabellenwerke das Dezimalsystem beibehalten.

Dabei wird jede Ziffer durch eine endliche Quantität von Dingen dargestellt (etwa durch die Anzahl der Zehntelumdrehungen eines Zahnrades der mechanischen Tischrechenmaschine). Auch das Rechenergebnis wird so dargestellt und kann durch eine Art Abzählungsprozeß wieder als Zahl gedeutet werden.

Bei nicht im Dezimalsystem arbeitenden Maschinen erfolgt dabei eine Rückumwandlung ins Dezimalsystem.

Sofern die Ausgangsdaten exakt im Rechner darstellbar sind und die Anzahl der während einer Rechnung bei einer Zahl auftretenden Ziffern die i.a. für den Rechner fest vorgeschriebene maximale Ziffernzahl nicht überschreitet, arbeitet ein Digitalrechner exakt. Da aber jeder Digitalrechner nur mit endlich vielen Zahlen rechnen kann und jedes Tabellenwerk nur endlich viele Zahlen enthalten kann, sind im allgemeinen Diskretisierungsfehler der Ausgangsdaten nicht zu vermeiden (man muß ja die Daten auf die im Rechner realisierbaren Daten zurechtstauchen). Ebenso sind bei Digitalrechnern infolge der endlichen Stellenzahl Rundungsfehler unvermeidlich.

Analogrechner ersetzen die mathematischen Größen des Problems durch physikalische Größen (z. B. Längen, Spannungen).

Dann wird die Rechnung durch einen "analogen" physikalischen Vorgang simuliert; die Ergebnisse entstehen als physikalische Größen und werden durch Messung wieder in Zahlen verwandelt. Beim Rechenstab etwa erfolgt die Umsetzung von Zahlen in Längen; eine physikalische Addition der Längen liefert wieder eine Länge, die umgekehrt als zahlenmäßiges Ergebnis gedeutet werden kann.

Die Brauchbarkeit eines analog arbeitenden Rechenhilfsmittels wird dadurch bestimmt, wie gut der jeweilige physikalische Prozeß den mathematischen Vorgang simuliert. Unvermeidlich ist dabei eine Einschränkung der auftretenden Größen in einem Analogrechner, weil die jeweiligen physikalischen Größen wie Längen und Spannungen durch die jeweilige physikalische Anordnung begrenzt sind. Dies äußert sich beim Rechenstab durch den "Zungenrückschlag", durch Blattüberschreitung beim Nomogramm und durch die Übersteuerung der Verstärker beim elektronischen Analogrechner.

Da die analog arbeitenden Rechenhilfsmittel die Ausgangsdaten in Werte kontinuierlicher Größen verwandeln, treten beim Analogrechner keine Diskretisierungs- und Rundungsfehler auf. Dagegen sind beim Analogrechner sowohl die Umsetzung der gegebenen Zahlen in physikalische Größen als auch die Rückumwandlung der Ergebnisse mit unvermeidbaren Meßfehlern behaftet (Ablesefehler beim Rechenstab und beim Nomogramm).

§ 1. Tischrechenmaschine und Rechenschieber

Die ersten Entwürfe einer Tischrechenmaschine stammen von W. SCHICKART (1623) in Tübingen. Im Jahre 1642 entwarf B. PASCAL eine Additions- und Subtraktionsmaschine, und die erste Maschine, mit der man überdies auch multiplizieren und dividieren konnte, stammt von G. W. LEIBNIZ aus dem Jahre 1672. Heute hat man bereits kleine elektronische Rechner im Format von zwei Zigarettenschachteln.

Eine mechanische Tischrechenmaschine enthält zunächst ein Einstellwerk und ein Resultatwerk. Addition und Subtraktion sind damit bereits möglich. Das Umdrehungszählwerk führt Buch über die Zahl der Additionen bzw. Subtraktionen (pos. bzw. neg. Zählung). Unter Zuhilfenahme einer Stellenschiebertaste wird die Multiplikation und Division dann nach dem Schema der üblichen schriftlichen Handrechnung als Folge von Additionen, Subtraktionen und Stellenverschiebungen aufgebaut.
Ferner enthält eine mechanische Tischrechenmaschine noch Löschhebel für die verschiedenen Rechenwerke sowie in den meisten Geräten eine Vorrichtung zur Rückübertragung eines Resultats in das Einstellwerk.
Die ersten elektrischen Tischrechenmaschinen waren im Prinzip elektrisch betriebene mechanische Tischrechenmaschinen.
Heutige elektronische Tischrechenmaschinen besitzen im allgemeinen Drucktasten zur Zahleneingabe, ein Druckwerk oder elektronische Ziffernleuchtröhren als Zahlenanzeige bzw. Zahlenausgabe, mehrere Zwischenspeicher, Kommaautomatik, Tabulator, Wurzelautomatik, fest verdrahtete Routinen für einige transzendente Funktionen, akkumulative Speicher und sind eventuell sogar programmierbar.
Alle Tischrechner haben feste Stellenzahl im Einstellwerk, Resultatwerk, Umdrehungszählwerk, Speicher etc., Rundungen müssen oft vom menschlichen Rechner durchgeführt werden. Im übrigen gilt für Tischrechner das, was zu Beginn dieses Kapitels allgemein über Digitalrechner gesagt wurde.
Hat man eine längere Rechnung durchzuführen, so überlege man sich vorher die günstigste Reihenfolge und die Art der auszuführenden Operationen.
Dabei achte man darauf, mit möglichst wenig Eintastungen auszukommen.

Zum Rechenstab

Ein Rechenstab besteht aus zwei fest verbundenen Stäben (dem "Körper") und einem dazwischen befindlichen verschiebbaren Stab, der "Zunge". Über Körper und Zunge ist ein bis auf einen senkrechten Markierungsstrich durchsichtiger Schieber beweglich angeordnet. Auf Körper und Zunge, sowie deren Rückseiten sind Skalen aufgetragen; d.h. es sind physikalische Längen als Funktionen von mathematischen Variablen abgetragen.
Die Rechnung geschieht durch Addition dieser physikalischen Längen und Rücktransformation in Zahlen. Durch das Anbringen verschiedener Skalen übereinander auf einem Träger kann man ein Zwischenergebnis leicht verarbeiten. Der Schieber dient dabei zum Übertragen der Werte übereinander liegender Skalen.

Beispiel

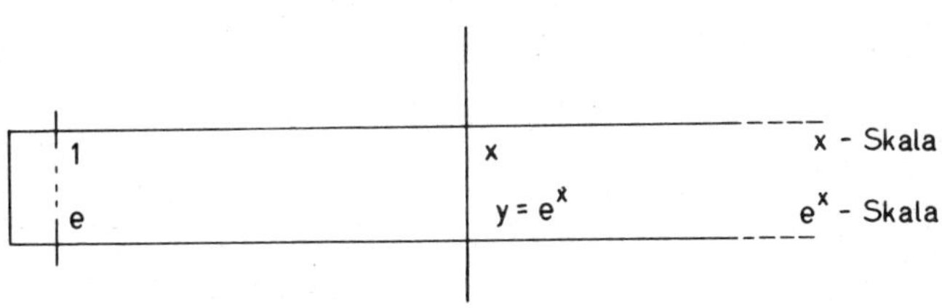

Der übliche Rechenstab enthält folgende Skalen:

auf der Vorderseite:

auf der Zunge: $x, \frac{1}{x}, x^2$

auf dem Körper: $x, x^2, x^3, {}_{10}\log x, e^x, e^{0,1x}, e^{0,01x}$

auf der Rückseite:

auf der Zunge: $x, \frac{1}{x}, \frac{1}{\pi x}, \pi x$

auf dem Körper: $x, \pi x \ (1 \le x \le 10)$

arctan $(0,1 \cdot x)$ für Werte zwischen $5,5°$ und $45°$
arctan x für Werte zwischen $45°$ und $84,5°$
arcsin x für Werte zwischen $5,5°$ und $90°$
arccos x für Werte zwischen $84,5°$ und $0°$
sowie eine Skala zur Umwandlung in Bogenmaß.

Ferner befinden sich auf dem Schieber zwei kleine Striche zur Berechnung der Kreisflächen aus dem Durchmesser und umgekehrt.

Diese Einteilung gilt für das Fabrikat der Firma Faber-Castell; andere Fabrikate unterscheiden sich geringfügig in Anzahl und Anordnung der Skalen.
Weiter unten folgen Anwendungsbeispiele für den Standard-Rechenstab.

Konstruktion von Spezialrechenstäben

Zur Bezeichnungsweise: Im folgenden werde die zu einem Argumentwert x auf einer Skala abgetragene Länge $f(x)$ mit einem Großbuchstaben $X = f(x)$ bezeichnet (d.h. $Y = g(y)$, $Z = h(z)$ etc.).

Einfachster Fall

Der Rechenstab bestehe lediglich aus zwei gegeneinander verschiebbaren Stäben mit gleicher Skaleneinteilung $X = f(x)$.

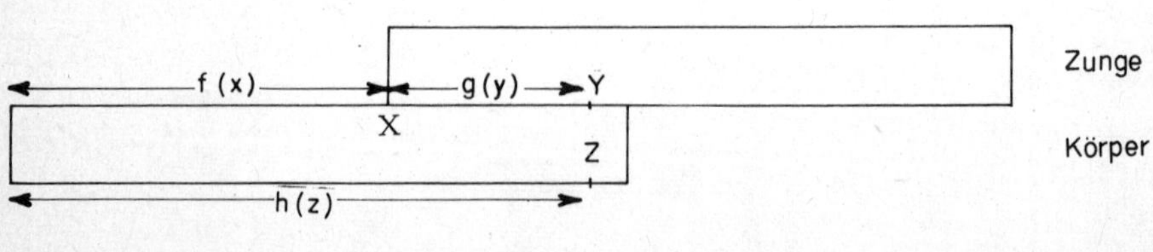

Ein solcher Rechenstab gestattet daher die Berechnung eines Wertes z mit

$$f(z) = f(x) + f(y), \qquad (1.1)$$

bei gegebenen Zahlen x und y (beispielsweise $z = \sqrt[n]{x^n + y^n}$ mit $f(x) = x^n$ oder $z = x \cdot y$ unter Verwendung von $f(x) = \log x$). Bringt man auf der Zunge die Skala $Y = g(y)$ und auf dem Körper zwei weitere Skalen $X = f(x)$ und $Z = h(z)$ an, so kann man bei Ablesung des Z-Wertes auf der Z-Skala Gleichungen der Gestalt $h(z) = f(x) + g(y)$ betrachten.

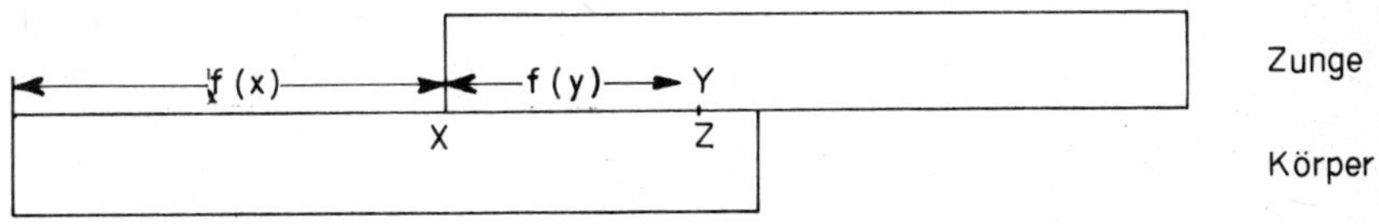

Beispiele

1. Berechnung von $z = (y \cdot 10^x)^3$ mit einer Zungeneinstellung. Durch Logarithmieren zur Basis 10 erhält man

$$\lg z = 3 \cdot \lg y + 3x, \qquad (1.2)$$

was von der obigen Form $h(z) = f(x) + g(y)$ ist.

2. Berechnung von $z = y^x$. Wieder kann man logarithmieren: $\ln z = x \cdot \ln y$ und

$$\ln(\ln z) = \ln x + \ln(\ln y). \qquad (1.3)$$

Also ist auch $z = y^x$ auf die Form $h(z) = f(x) + g(y)$ transformierbar. Da die Berechnung von y^x bei nicht ganz- oder halbzahligen x auf einer Tischrechenmaschine kaum möglich wäre, zeigt sich hier die Überlegenheit des Rechenstabes, falls es nicht auf große Genauigkeit ankommt.

Behandlung des obigen Beispiels auf dem Standard-Rechenstab

Beim gewöhnlichen Rechenstab ist die x-Skala logarithmisch geteilt; man kann $X = \log x$ schreiben und die Basis weglassen, da sie lediglich die Länge des Rechenschiebers festlegt. Die e^x-Skala hat die Darstellung $Y = \log(\ln y)$; denn es ist $X = \log x$ und $y = e^x$ soll dargestellt werden, d.h. es soll $Y = X$ (mit $x = 1 \Leftrightarrow X = 0 \Leftrightarrow Y = 0 \Leftrightarrow y = e$) gelten, also ist $Y = g(y) = \log(\ln y)$ zu setzen. Damit geht die Gleichung $z = y^x$ durch zweimaliges Logarithmieren über in $\log(\ln z) = \log x + \log(\ln y)$ und die Berechnung von $z = y^x$ gestaltet sich folgendermaßen:

1. Stelle den y-Wert auf der e^x-Skala ein.
   Das liefert die Länge $Y = \log(\ln y)$.
2. Stelle die 1 der Zunge darüber.
3. Suche den x-Wert auf der X-Skala der Zunge und lies auf der darunterliegenden e^x-Skala den Wert für z ab.
   Damit hat man $\log x$ addiert und aus der Länge $\log(\ln z)$ durch Ablesen auf der e^x-Skala den z-Wert erhalten.

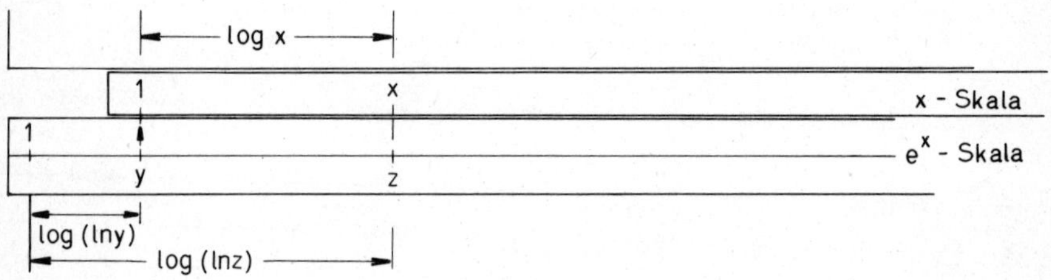

Allgemeiner Fall

Man kann nun die Frage stellen, welche Funktionen sich mit Hilfe einer Zungeneinstellung eines Spezialrechenschiebers von der üblichen Form erzeugen lassen. Dabei geht alles Wesentliche aus der folgenden Skizze hervor:

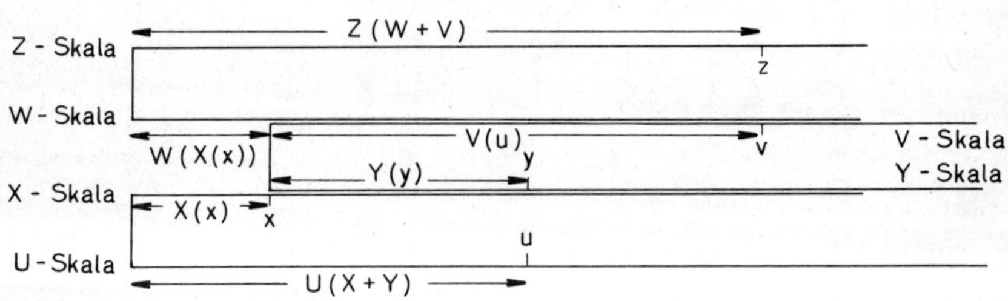

Dabei entstehe der Wert v durch Übertragung von u mit Hilfe des Schiebers auf die V-Skala. Man erhält somit

$$W(X(x)) + V(U(X(x) + Y(y))) = Z(z).$$

Es ist dabei sofort zu sehen, daß ohne Einschränkung der Allgemeinheit $V(u) = u$ gesetzt werden darf.
Das Endergebnis ist also

$$Z(z) = W(X(x)) + U(X(x) + Y(y)). \tag{1.4}$$

Beispiel

Lösung kubischer Gleichungen auf dem Standardrechenstab

Es sei eine reduzierte kubische Gleichung

$$f(x) = x^3 - ax - b = 0 \qquad (1.5)$$

gegeben mit $a \geq 0$, $b > 0$. Schreibt man die Gleichung in der Form

$$x = \Phi(x) := +\sqrt{a + \frac{b}{x}}, \qquad (1.6)$$

so liegt die Durchführung eines Iterationsverfahrens der Form

$$x_{i+1} = \Phi(x_i) = +\sqrt{a + \frac{b}{x_i}} \quad (i \in \mathbb{N}),\ x_1 > 0 \qquad (1.7)$$

nahe. Geometrisch entspricht diesem Verfahren der folgende Prozeß:

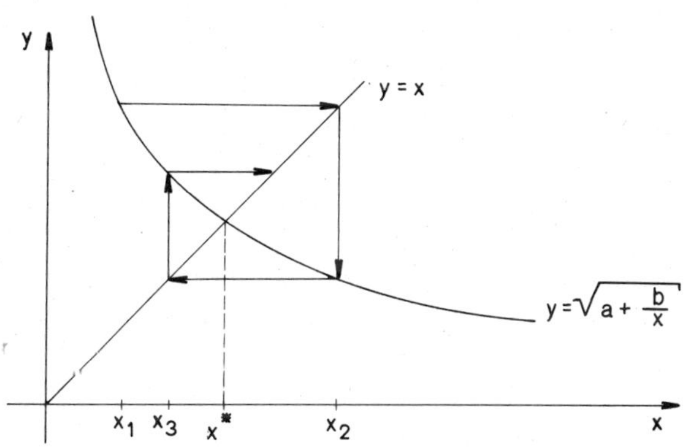

Offenbar genügt es, die positive Wurzel x^* zu bestimmen, da man ja die übrigen Wurzeln aus der quadratischen Gleichung $\frac{f(x)}{x - x^*}$ ermitteln kann.

Konvergenzuntersuchung

Es ist leicht zu sehen, daß bei der Durchführung des Verfahrens (1.7) abwechselnd ein Wert x_i größer und der nächste Wert x_{i+1} kleiner ist als die positive Wurzel x^* von (1.5). Daher liegt es nahe, nur die x_i mit gerad- bzw. ungeradzahligem Index i zu betrachten, d.h. den Iterationsprozeß

$$x_{i+2} = \Psi(x_i) := \Phi(\Phi(x_i)), \quad i \in \mathbb{N}, \quad x_1 > 0 \tag{1.8}$$

zu untersuchen. Für die Funktion $\Psi(x) = \sqrt{a + \frac{b}{\sqrt{a + \frac{b}{x}}}}$ gilt

$$\Psi'(x) = \frac{b^2}{4x^{\frac{1}{2}}\,(ax+b)^{\frac{5}{4}}\,(a(ax+b)^{\frac{1}{2}} + bx^{\frac{1}{2}})^{\frac{1}{2}}},$$

wie man durch Nachrechnen bestätigt; daraus folgt, daß Ψ' für alle positiven x streng monoton fallend die positiven reellen Zahlen durchläuft. Also gibt es genau einen Punkt $x^* \in \mathbb{R}$ mit $\Psi'(x^*) = 1$, d.h. die Ableitung der Funktion $\Psi(x)-x$ hat genau eine Nullstelle. Dann kann $\Psi(x)-x$ höchstens zwei verschiedene Nullstellen haben. Eine dieser Nullstellen ist die positive Wurzel x^* von $f(x) = x^3 - ax - b$. Wegen der Konkavität von $\Psi(x) - x$ und

$$\lim_{x\to 0} (\Psi(x) - x) = \sqrt{a} > 0$$

sowie

$$\lim_{x\to\infty} (\Psi(x) - x) = -\infty$$

ist die Wurzel $x^* \in \mathbb{R}$ von $f(x)$ die einzige positive Nullstelle von $\Psi(x) - x$. Wegen der strengen Monotonie von Ψ gilt überdies

$$x < \Psi(x) < x^* \text{ für alle } x < x^* \text{ und}$$
$$x^* < \Psi(x) < x \text{ für alle } x > x^* .$$

Daher ist für jeden positiven Startwert x_i die Folge $\{x_i\}_{i\in\mathbb{N}}$ durch x^* nach oben bzw. unten beschränkt und streng monoton steigend bzw. fallend, je nachdem $x_1 < x^*$ oder $x_1 > x^*$ gilt. Die Folge $\{x_i\}$ besitzt also einen Grenzwert; dieser ist trivialerweise eine Nullstelle von $\Psi(x) - x$ und somit gleich x^*. Das Verfahren (1.7) konvergiert also für jeden Startwert $x_1 > 0$.

Numerisches Beispiel

$x^3 - 9x - 3 = 0$ sei die vorgelegte Gleichung (d.h. a = 9, b = 3).

1. Bestimmung der positiven Wurzel mit Hilfe des Verfahrens $x_{i+1}^2 = 9 + \frac{3}{x_i}$

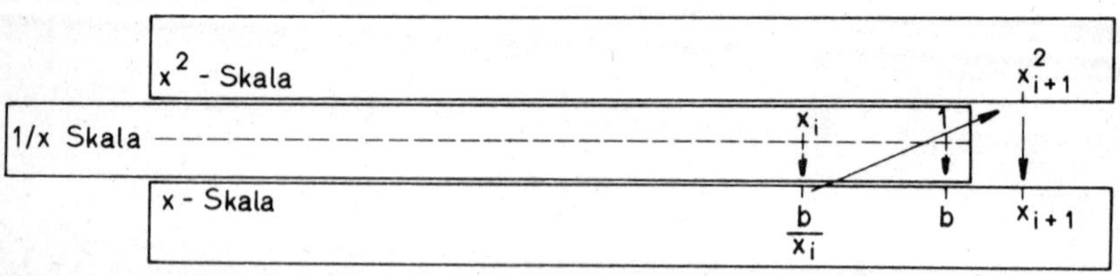

a) Man stelle die 1 der x-Skala der Zunge über den Wert von b auf der x-Skala des Körpers. Diese Einstellung wird während der Iteration nicht verändert! Es wird lediglich der Schieber bewegt.

b) Nun stelle man den Schieber über den Wert von x_i auf der 1/x-Skala. Der darunter befindliche Wert auf der der x-Skala ist dann gerade b/x_i.

c) Durch Addition (im Kopf) bildet man $x_{i+1}^2 = a + \frac{b}{x_i}$ und bringt den Schieber auf diesen Wert der x^2-Skala des Körpers. Der darunter auf der x-Skala befindliche Wert ist dann x_{i+1}.

i :	0	1	2	3
x_i	∞	3	3,16	3,153
x_{i+1}^2	9	10	9,95	

$x_1 = 3,153$

2. Für die negative Wurzel größten Betrages findet man

i :	0	1	2
x_i	-3	-2,825	-2,818
x_{i+1}^2	8	7,94	

$x_2 = -2,818$

3. Mit dem Verfahren $9x_{i+1} = x_i^3 - 3$ erhält man

i :	0	1	2	3
x_i	0	-0,333	-0,339	-0,339
$9x_{i+1}$	-3	-3,052	-3,053	

$x_3 = -0,339$

Einstellung des Rechenstabes:

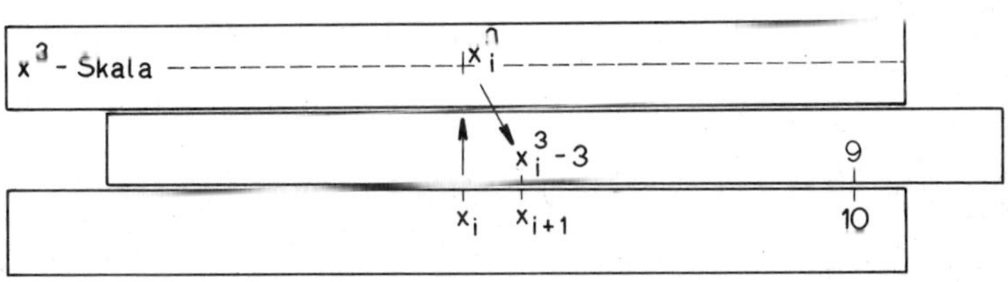

Dabei braucht man lediglich $x_i^3 - 3$ im Kopf zu berechnen.

Probe:

$$\left.\begin{aligned} x_1 + x_2 + x_3 &= -0,004 \\ x_1 \cdot x_2 \cdot x_3 &= 3,007 \end{aligned}\right\} \quad \text{(Vieta).}$$

§2. Tafelwerke

Bemerkung zur Interpolation

Häufig gebrauchte Funktionen sind in der mathematischen Literatur in Form von Wertetabellen für numerische Zwecke vorhanden. Das einfachste Beispiel ist die Logarithmentafel für Schulzwecke. Da es schwierig ist, sich einen Überblick über die in der Literatur verstreuten Tabellen zu verschaffen, gibt es Tabellen der Tabellen (vgl. Literaturverzeichnis).

Tabellen enthalten natürlich nur endlich viele Funktionswerte. Sie sind erst dann "vollständig", wenn angegeben wird, nach welchen Regeln die Funktionswerte in Zwischenwerten zu ermitteln sind.
Von der Schule her sollte die "lineare" Interpolation (gemeint ist "mit einem Polynom 1. Grades") bekannt sein; für einen Wert ξ zwischen x_0 und x_1 wird der Wert $f(\xi)$ aus $f(x_0)$ und $f(x_1)$ näherungsweise durch

$$f(\xi) = f(x_0) + \frac{\xi - x_0}{x_1 - x_0}\,(f(x_1) - f(x_0))$$

ermittelt.

Dieses entspricht genau der Ersetzung des Graphen der Funktion f durch ein Geradenstück zwischen $(x_0, f(x_0))$ und $(x_1, f(x_1))$.
Der dabei begangene Fehler $\varepsilon(\xi)$ genügt der Abschätzung

$$|\,\varepsilon(\xi)\,| = \left|\,\frac{(\xi - x_0)(\xi - x_1)}{2!}\, f''(x)\,\right|$$

mit einem $x \in (x_0, x_1)$. Dies gilt, wenn f in (x_0, x_1) zweimal stetig differenzierbar ist (vgl. (2.12)).

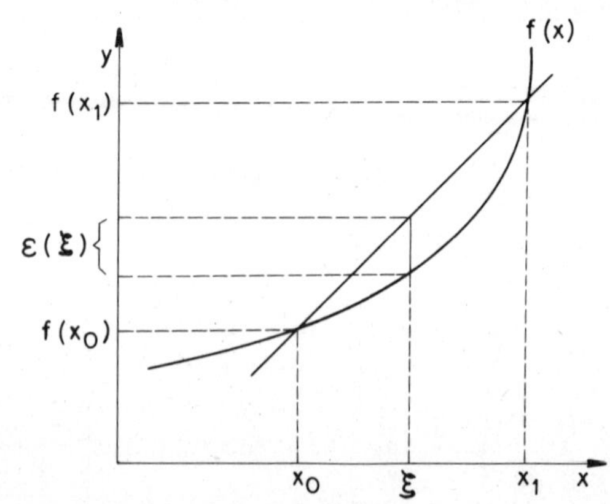

Mit dieser Formel kann man bei vorgegebener Genauigkeit die bei linearer Interpolation erforderliche Schrittweite für Tabelleneintragungen berechnen.

Beispiel

Es soll eine Tabelle zur Berechnung von $f(x) = \cos x$ mit einer Genauigkeit von $\frac{1}{2} \cdot 10^{-4}$ (d.h. 4 Dezimalen) bei linearer Interpolation angefertigt werden. Welche Schrittweite ist zu wählen?

Es ist $f''(x) = -\cos x$, also $|f''(x)| \leq 1$ für alle $x \in \mathbb{R}$. Setzt man $h := x_1 - x_0$ als Schrittweite an, so hat man $|(x-x_0)(x-x_1)| \leq \frac{h^2}{4}$ für jedes $x \in [x_0, x_1]$, weil das geometrische Mittel $((x-x_0)(x_1-x))^{1/2}$ von $x - x_0$ und $x_1 - x$ kleiner oder gleich dem arithmetischen Mittel $h/2$ sein muß. Also gilt für den Fehler

$$|\varepsilon(x)| \leq \frac{h^2}{8} \quad ,$$

und man muß die Schrittweite h kleiner als $2 \cdot 10^{-2}$ wählen, damit $|\varepsilon(x)| < \frac{1}{2}\, 10^{-4}$ gilt.

Für viele Funktionen ist man gezwungen, die Tabellen nicht allzu umfangreich zu machen, so daß man nicht mit linearer Interpolation auskommt. In Verallgemeinerung der linearen Interpolation benutzt man dann mehr als zwei Tabellenwerte und legt durch diese "Stützwerte" ein Polynom. Daher sollte jede Tabelle eine Angabe über die Genauigkeit der angegebenen Funktionswerte und über die jeweilige Interpolationsvorschrift enthalten. Konventionsgemäß sind die betreffenden Funktionswerte bis auf 1/2 Einheit der letzten angegebenen Stelle genau. Reicht die lineare Interpolation nicht aus, so sind zuweilen Hilfsgrößen für die quadratische Interpolation in der Tabelle enthalten. Darauf wird am Schluß dieses Paragraphen noch einmal eingegangen werden.

Theorie der Interpolation

Im folgenden werden Funktionswerte $f(x_i)$ für Argumente x_i als $f_i := f(x_i)$ geschrieben. Zunächst allerdings können die f_i irgendwelche reellen Zahlen sein und brauchen nicht als Funktionswerte aufgefaßt zu werden.

Definition 2.1

Es seien $n + 1$ Paare (x_i, f_i) reeller Zahlen gegeben $(0 \leq i \leq n, n \in \mathbb{N})$, und die x_i seien paarweise verschieden. Ein Polynom P höchstens n-ten Grades mit reellen Koeffizienten heißt dann "Interpolationspolynom" zu (x_i, f_i), wenn $P(x_i) = f_i$ für alle $i \in \{0, \ldots, n\}$ gilt. Die Frage nach der Existenz und Eindeutigkeit eines Interpolationspolynoms wird als Polynominterpolation (auch lineares Interpolationsproblem oder kurz Interpolation) bezeichnet.

Bemerkung

Die obige Formulierung des linearen Interpolationsproblems ist das adäquate Modell für das praktische Problem der allgemeinen Interpolation in Tabellenwerken; man ersetzt die nur punktweise gegebene Funktion f zwischen diesen Punkten, den "Stützstellen", durch ein Polynom P und berechnet die Werte von f näherungsweise durch die Werte von P in den Zwischenstellen. Analog berechnet man numerisch die Ableitung einer punktweise gegebenen Funktion näherungsweise durch die Ableitung des entsprechenden Interpolationspolynoms. Auch bei gewissen Verfahren der numerischen Integration wird vom Interpolationspolynom Gebrauch gemacht: man berechnet etwa ein bestimmtes Integral $\int_a^b f(x)dx$ näherungsweise durch das entsprechende Integral über das Interpolationspolynom, falls f(x) nur punktweise gegeben ist. Dies alles unterstreicht die fundamentale Bedeutung des Interpolationsproblems für die praktische Mathematik.

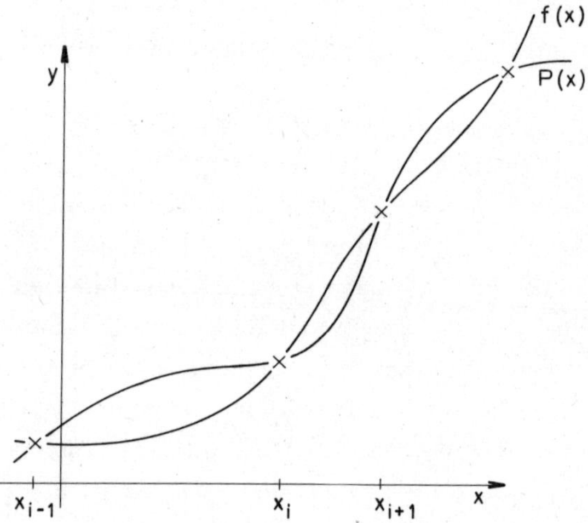

Satz 2.1 (Existenzsatz).

Unter den Voraussetzungen von Definition 2.1 existiert stets ein Interpolationspolynom.

Beweis

durch Konstruktion. Man definiere

$$\Omega_i(x) := \prod_{\substack{j=0 \\ j\neq i}}^{n} (x-x_j) \tag{2.1}$$

und

$$\omega_i(x) := \frac{\Omega_i(x)}{\Omega_i(x_i)} \tag{2.2}$$

füe $i \in \{0,\dots,n\}$. Dann ist

$$P(x) := \sum_{i=0}^{n} f_i \omega_i(x) \tag{2.3}$$

ein Interpolationspolynom zu (x_i, f_i), denn es gilt

$$\omega_i(x_j) = \delta_{ij} \qquad (0 \le i,j \le n) \tag{2.4}$$

Satz 2.2. (Eindeutigkeitssatz).
Das Interpolationspolynom ist eindeutig bestimmt.

Beweis
Es seien die $x_0,\dots,x_n$ fest und paarweise verschieden. Die durch

$$T(a_0,\dots,a_n) := \left(\sum_{i=0}^{n} a_i x_0^i, \dots, \sum_{i=0}^{n} a_i x_n^i\right) \tag{2.5}$$

definierte Abbildung $T : \mathbb{R}^{n+1} \to \mathbb{R}^{n+1}$ ist trivialerweise linear und nach Satz 2.1 auch surjektiv (d.h. eine Abbildung auf den gesamten Raum $\mathbb{R}^{n+1}$), da man bei Vorgabe einer rechten Seite in (2.5) stets ein Polynom $P(x) = \sum_{i=0}^{n} a_i x^i$ finden kann, welches in den Punkten $x_0,\dots,x_n$ die vorgeschriebenen Werte annimmt. Damit ist T als lineare Abbildung zwischen zwei $(n+1)$ - dimensionalen linearen Räumen sogar bijektiv (d.h. umkehrbar eindeutig) und die Injektivität der Umkehrabbildung war gerade zu zeigen.

Bemerkung
Die Koeffizienten $a_0,\dots,a_n$ des Interpolationspolynoms $P(x)$ zu (x_i, f_i) genügen dem linearen Gleichungssystem

$$\sum_{i=0}^{n} a_i x_j^i = f_j \quad (0 \le j \le n),$$

dessen Koeffizientenmatrix eine Vandermonde-Matrix ist und daher die Determinante $\prod_{\substack{j,i=0 \\ i>j}}^{n} (x_i - x_j) \neq 0$ besitzt.

Das liefert eine in vielen Lehrbüchern benutzte Möglichkeit zum Beweis der Sätze 2.1. und 2.2.

Die folgende wichtige Definition dient zur Herleitung der für numerische Zwecke bedeutsamen Newtonschen Interpolationsformel.

Definition 2.2
Der Koeffizient a_n des Interpolationspolynoms $P(x) = \sum_{i=0}^{n} a_i \cdot x^i$ für $(x_i, f_i), 0 \le i \le n$, heißt n-ter Differenzenquotient und wird mit $\Delta^n(x_0,\dots,x_n)f$ bezeichnet.

Lemma 2.1
Der Differenzenquotient $\Delta^n(x_0,\dots,x_n)\, f$ hat die folgenden Eigenschaften:
1. $\Delta^n(x_0,\dots,x_n)f$ ist unabhängig von der Reihenfolge seiner Argumente.

2. Es gilt die Formel

$$\Delta^n(x_0,\dots,x_n)f = \sum_{i=0}^{n} f_i \frac{1}{\Omega_i(x_i)} \tag{2.6}$$

mit den in (2.1) definierten $\Omega_i(x)$.

3. $\Delta^n(x_0,\dots,x_n)$ f ist ein lineares Funktional bezüglich f (d.h. bezüglich des Vektors $(f_0,\dots,f_n)$).

4. $\Delta^n(x_0,\dots,x_n)x^k = \delta_{nk} \quad (0 \le k \le n)$

5. $\Delta^n(x_0,\dots,x_n)f$ berechnet sich rekursiv nach der Formel

$$\Delta^n(x_0,\dots,x_n)f = \frac{1}{x_0 - x_n}\,(\Delta^{n-1}(x_0,\dots,x_{n-1})f - \Delta^{n-1}(x_1,\dots,x_n)f) \tag{2.7}$$

6. Ist f eine n-mal stetig differenzierbare Funktion im Intervall $[x_0,x_n]$ mit $f(x_i) = f_i$ für $i \in \{0,\dots,n\}$, so gilt:

$$\Delta^n(x_0,\dots,x_n)f = \frac{1}{n!} f^{(n)}(\xi)$$

für einen geeigneten Wert $\xi \in [x_0,x_n]$, falls $x_0 < x_1 \dots < x_n$.

Beweis

ad 1): Die Aussage ist trivial, da das gesamte Interpolationsproblem und speziell das Interpolationspolynom eindeutig und unabhängig ist von der Reihenfolge der Punkte (x_i, f_i).

ad 2): Nach (2.3) gilt $P(x) = \sum_{i=0}^{n} f_i \omega_i(x)$, und da jedes der $\omega_i(x)$ als höchsten Koeffizienten $\frac{1}{\Omega_i(x_i)}$ hat, (vgl. (2.2)), gilt die behauptete Formel.

ad 3): Die Umkehrabbildung T^{-1} der in (2.5) definierten bijektiven linearen Abbildung T ist linear in $(f_0,\dots f_n)$ und deren n-te Komponentenabbildung ist gerade die Abbildung $(f_0,\dots,f_n) \to a_n = \Delta^n(x_0,\dots,x_n)f$.

ad 4): Das Polynom $P(x) = x^k$ ist Interpolationspolynom zu den Werten (x_i, x_i^k); dessen n-ter Koeffizient $\Delta^n(x_0,\dots,x_n)x^k$ ist δ_{nk}.

ad 5): Es sei P(x) das Interpolationspolynom zu $(x_0, f_0),\dots, (x_{n-1}, f_{n-1})$ und Q(x) sei das Interpolationspolynom zu $(x_1, f_1),\dots,(x_n, f_n)$. Dann ist

$$\tilde{P}(x) := \frac{1}{x_0 - x_n}\,(\,(x_0 - x)\,Q(x) + (x - x_n)\,P(x)\,)$$

das Interpolationspolynom zu $(x_0, f_0),\dots,(x_n, f_n)$ und die behauptete Formel ergibt sich durch Betrachtung des höchsten Terms von $\tilde{P}(x)$.

ad 6): Es sei $P(x)$ das Interpolationspolynom zu $(x_0,f_0),\ldots,(x_n,f_n)$, es gelte $x_0 < x_1 < \ldots < x_n$ und f sei n-mal stetig differenzierbar in $I := [x_0,x_n]$. Wegen $P(x_i) = f_i = f(x_i)$ für $i = 0,\ldots,n$ hat $f(x) - P(x)$ in I wenigstens $n + 1$ Nullstellen. Dann hat $(f-P)'(x)$ nach dem Satz von Rolle n Nullstellen in I und mit Hilfe vollständiger Induktion erhält man, daß $(f-P)^{(n)}(x)$ noch wenigstens eine Nullstelle ξ in $I = [x_0,x_n]$ hat. Also gilt

$$(f-P)^{(n)}(\xi) = 0 = f^{(n)}(\xi) - P^{(n)}(\xi) =$$

$$= f^{(n)}(\xi) - n! \cdot \Delta^n(x_0,\ldots,x_n)f,$$

woraus die Behauptung folgt.

Satz 2.3

Das Interpolationspolynom $P(x)$ zu den Werten $(x_0,f_0),\ldots,(x_n,f_n)$ läßt sich schreiben als

$$P(x) = \sum_{i=0}^{n} \Delta^i(x_0,\ldots,x_i)f \prod_{j=0}^{i-1} (x-x_j) \tag{2.8}$$

(Newtonsche Interpolationsformel)

Beweis

durch vollständige Induktion.

1. Für $n = 0$ hat man

$$P(x) = \Delta^0(x_0)f = f_0$$

und daher ist alles bewiesen.

2. $Q(x) = \sum_{i=0}^{n-1} \Delta^i(x_0,\ldots,x_i)f \cdot \prod_{j=0}^{i-1} (x-x_j)$

sei das Interpolationspolynom zu den Werten $(x_0,f_0),\ldots,(x_{n-1},f_{n-1})$. Dann hat für jedes reelle α das Polynom

$$P_\alpha(x) := Q(x) + \alpha \cdot \prod_{j=o}^{n-1} (x-x_j) \tag{2.9}$$

in den Punkten $x_0,\ldots x_{n-1}$ gerade die Werte $f_0,\ldots,f_{n-1}$. Da aber $\prod_{j=0}^{n-1} (x_n-x_j) \neq 0$ gilt, kann man

$$\alpha_0 := (f_n - Q(x_n))\Big(\prod_{j=0}^{n-1} (x_n-x_j)\Big)^{-1}$$

wählen und erhält $P_{\alpha_0}(x_n) = f_n$. Damit ist α_0 höchster Koeffizient des Interpolationspolynoms und nach Satz 2.2 und Definition 2.2 gilt $\alpha_0 = \Delta^n(x_0,\ldots,x_n)f$. Mit (2.9) ist der Schluß von $n - 1$ auf n vollzogen.

Bemerkung

Die praktische Berechnung des Interpolationspolynoms durch die Newtonsche Formel gestaltet sich einfach durch den spaltenweisen Aufbau der folgenden Tabelle:

$$
\begin{array}{llllll}
x_0 & f_0 & & & & \\
 & & \Delta^1(x_0,x_1)f & & & \\
x_1 & f_1 & & \Delta^2(x_0,x_1,x_2)f & & \\
 & & \Delta^1(x_1,x_2)f & & \Delta^3(x_0,x_1,x_2,x_3)f & \\
 & & \cdot & & \cdot & \ddots \\
x_2 & f_2 & \cdot & \Delta^2(x_1,x_2,x_3)f & \cdot & \Delta^n(x_0,\ldots,x_n)f \\
\cdot & \cdot & \cdot & \cdot & \ddots & \cdot \\
\cdot & \cdot & \cdot & \cdot & \Delta^3(x_{n-3},x_{n-2},x_{n-1},x_n)f & \\
\cdot & \cdot & \cdot & \Delta^2(x_{n-2},x_{n-1},x_n)f & & \\
\cdot & \cdot & \cdot & & & \\
\cdot & \cdot & \Delta^1(x_{n-1},x_n)f & & & \\
\cdot & \cdot & & & & \\
x_n & f_n & & & &
\end{array}
\qquad (2.10)
$$

unter Benutzung der Rekursionsformel (2.7). Hat man der Tabelle die Differenzenquotienten entnommen, so bilde man das Interpolationspolynom in der Form

$$P(x) = f_0 + (x-x_0)(\Delta^1(x_0,x_1)f + (x-x_1)(\Delta^2(x_0,x_1,x_2)f + (x-x_3)(\Delta^3\ldots))),$$

indem man diese Formel rückwärts aufbaut. Man bilde also sukzessiv die Polynome

$$P_n(x) := (x-x_{n-1})\,\Delta^n(x_0,\ldots,x_n)f,$$

$$P_{k-1}(x) := (x-x_{k-2})\,(\Delta^{k-1}(x_0,\ldots,x_{k-1})f + P_k(x))\ , \quad 2 \le k \le n,$$

$$P(x) = f_0 + P_1(x).$$

Soll noch ein zusätzliches Wertepaar (x_{n+1}, f_{n+1}) zur Berechnung eines "besseren" Interpolationspolynoms $Q(x)$ herangezogen werden, so braucht man lediglich in der Tabelle (2.10) eine untere Schrägzeile neu zu berechnen und $Q(x)$ als

$$Q(x) = P(x) + \prod_{i=0}^{n}(x-x_i)\cdot\Delta^{n+1}(x_0,\ldots,x_{n+1})f$$

zu bestimmen.

Fehlerabschätzung bei Polynominterpolation

Die Punkte $x_0,\ldots,x_n$ seien in der Reihenfolge $x_0 < x_1 < \ldots < x_n$ angeordnet, und es sei f eine $(n+1)$-mal stetig in $[x_0,x_n]$ differenzierbare Funktion mit den Werten $f(x_i) = f_i$. Ferner sei $y = x_{n+1}$ ein fester Wert aus dem Intervall $[x_0,x_n]$.
Dann hat das Interpolationspolynom $Q(x)$ zu den Werten $(x_0,f_0),\ldots,(x_n,f_n),(y,f(y))$ nach der Newtonschen Interpolationsformel die Darstellung

$$Q(x) = \sum_{i=0}^{n+1} \Delta^i(x_0,\ldots,x_i)f \prod_{i=0}^{i-1} (x-x_j)$$

$$= P(x) + \Delta^{n+1}(x_0,\ldots,x_n,y)f \prod_{j=0}^{n} (x-x_j),$$

wenn $P(x)$ das Interpolationspolynom zu den Werten $(x_0,f_0),\ldots,(x_n,f_n)$ ist.
Speziell erhält man im Punkt y:

$$Q(y) = f(y) = P(y) + \Delta^{n+1}(x_0,\ldots,x_n,y)f \prod_{j=0}^{n} (y-x_j).$$

Der Fehler $f(x) - P(x)$ bei Interpolation der Werte $f(x_i)$ der Funktion $f(x)$ in den Punkten $x_0 < \ldots < x_n$ hat also unter Berücksichtigung des Vorzeichens die Darstellung

$$f(x) - P(x) = \Delta^{n+1}(x_0,\ldots,x_n,x)f \prod_{j=0}^{n} (x-x_j). \tag{2.11}$$

Nach der Aussage 6. des Lemmas 2.1 läßt sich der Differenzenquotient $\Delta^{n+1}(x_0,\ldots,x_{n+1})f$ als

$$\Delta^{n+1}(x_0,\ldots,x_{n+1})f = \frac{1}{(n+1)!} f^{(n+1)}(\xi)$$

mit einem Wert $\xi \in [x_0,x_n]$ schreiben.
Damit folgt für den Interpolationsfehler

$$|f(x) - P(x)| \leq \frac{1}{(n+1)!} \max|f^{(n+1)}(\xi)| \cdot |\prod_{j=0}^{n} (x-x_j)|, \xi \in [x_0,x_n], \tag{2.12}$$

und dadurch ist auch die zu Beginn dieses Paragraphen erwähnte Fehlerabschätzung zur linearen Interpolation nachgewiesen.

Quadratische Interpolation in Tabellenwerken

Die quadratische Interpolation benötigt drei Wertpaare (x_0,f_0), (x_1,f_1), (x_2,f_2) zur Bestimmung des Interpolationspolynoms zweiten Grades. Um Symmetrie bezüglich einer Zwischenstelle x zu erhalten, betrachtet man zunächst vier Punkte

$x_0 < x_1 < x < x_2 < x_3$ und mittelt dann die Interpolationspolynome $P^{(1)}(x)$ zu (x_0,f_0), (x_1,f_1), (x_2,f_2) und $P^{(2)}(x)$ zu (x_1,f_1), (x_2,f_2), (x_3,f_3). Da die Tabellen im allgemeinen äquidistante x-Werte verwenden, gilt $x_{j+1} - x_j = h$ für $0 \le j \le 2$. Auf Grund der Newtonschen Interpolationsformel gilt

$$p^{(1)}(x) = f(x_1) + (x-x_1)\Delta^1(x_1,x_2)f + (x-x_1)(x-x_2)\Delta^2(x_0,x_1,x_2)f$$

$$p^{(2)}(x) = f(x_1) + (x-x_1)\Delta^1(x_1,x_2)f + (x-x_1)(x-x_2)\Delta^2(x_1,x_2,x_3)f,$$

weil die Interpolationspolynome und die Differenzenquotienten unabhängig von der Reihenfolge x_i sind. Man erhält

$$Q(x) := \frac{1}{2}(P^{(1)}(x) + P^{(2)}(x))$$

$$= f(x_1) + (x-x_1)\Delta^1(x_1,x_2)f + (x-x_1)(x-x_2)\frac{1}{2}(\Delta^2(x_0,x_1,x_2)f + \Delta^2(x_1,x_2,x_3)f)$$

Der Wert $\delta^2_{1,5} := \frac{1}{2}(x_1-x_2)^2(\Delta^2(x_0,x_1,x_2)f + \Delta^2(x_1,x_2,x_3)f)$ ist oft in der Tabelle mit angegeben. Berücksichtigt man noch die Gleichung $\Delta^1(x_1,x_2)f = \frac{f_2-f_1}{x_2-x_1}$ für den ersten Differenzenquotienten, so erhält man

$$Q(x) = f(x_1) + \frac{x-x_1}{x_2-x_1}(f_2-f_1) + \frac{(x-x_1)(x-x_2)}{(x_2-x_1)(x_2-x_1)}\delta^2_{1,5}$$

für den Wert $Q(x)$ des Interpolationspolynoms Q an der Stelle x. Durch Einführung der Schrittweite h folgt dann

$$Q(x) = f(x_1) + (x-x_1)\cdot\frac{1}{h}(f(x_2) - f(x_1)) + (x-x_1)(x-x_2)\cdot\frac{1}{h^2}\delta^2_{1,5}.$$

Als Fehlerabschätzung ergibt sich aus der allgemeinen Formel

$$|f(x) - Q(x)| = |\tfrac{1}{2}[(f(x) - P^{(1)}(x)) + (f(x) - P^{(2)}(x))]|$$

$$\le \tfrac{1}{2}|f(x) - P^{(1)}(x)| + \tfrac{1}{2}|f(x) - P^{(2)}(x)|$$

$$\le \frac{1}{12}\max|f'''(\xi)|\cdot|x-x_1||x-x_2|(|x-x_0| + |x-x_3|) \text{ mit } \xi \in [x_0,x_3].$$

§ 3. Nomogramme

Nomogramme nennt man die geometrische Darstellung funktionaler Abhängigkeiten. Das einfachste Nomogramm ist die graphische Darstellung der Funktion

$$y = f(x),$$

das die Abhängigkeit zwischen den Variablen x und y darstellt. (O. B. d. A. benutzt man ein rechtwinkliges Koordinatensystem X, Y und trägt zweckmäßigerweise die x-Werte auf der horizontalen X-Achse und die y-Werte auf der vertikalen Y-Achse ab).

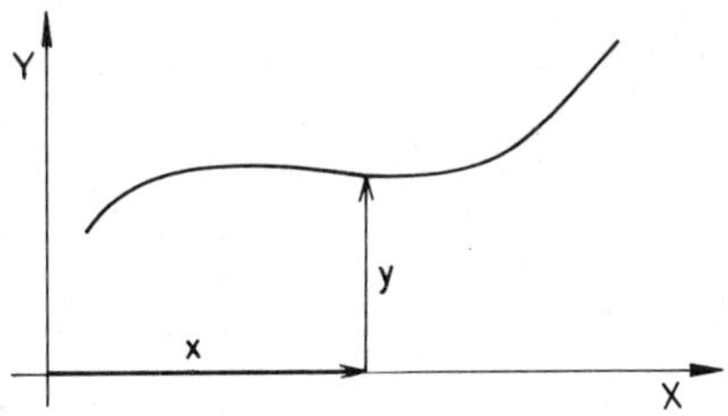

Es sei nun ein funktionaler Zusammenhang von drei Größen betrachtet, der in der Form

$$F(x,y,z) = 0 \tag{3.1}$$

gegeben sei.

Da der Zusammenhang graphisch dargestellt werden soll, werden hier nur solche Funktionen F behandelt, die Lösungen in dem betrachteten Definitionsbereich besitzen. Leider ist keine praktisch brauchbare graphische Darstellung bekannt, deren Skalen sich für jede gegebene Gleichung (3.1) so einteilen lassen, daß die Darstellung zur Lösung der Gleichung verwendbar ist. Man muß also i. a. zu jedem gegebenen Zusammenhang (3.1) einen speziellen Nomogrammtyp auswählen. Es wäre schön, wenn man auf Grund eines speziellen gegebenen funktionalen Zusammenhanges (3.1) sagen könnte, welches die "am besten zu benutzende" Darstellung ist. Leider gibt es hierfür keine Kriterien. Man geht deshalb umgekehrt vor, indem man eine Sammlung von Nomogrammtypen anlegt und angibt, welche speziellen Formen der Gleichung (3.1) durch das jeweilige Nomogramm dargestellt werden können. Man nennt solche Umformungen der Gleichung (3.1) auch Schlüsselgleichungen. Die gegebene Gleichung (3.1) hat man so umzuformen, daß sie die Form einer bereits bekannten Schlüsselgleichung annimmt. Die Werte der Variablen x, y, z werden auf den Nomogrammen entweder durch Linien oder durch Punkte dargestellt.
Ein Beispiel für den ersten Fall sei die Darstellung einer Funktion zweier Veränderlicher

$$y = f(x,z)$$

mit Hilfe einer einparametrigen Kurvenschar.
Jede der Kurven kann man hier als graphische Darstellung der Abhängigkeit y von x bei vorgegebenem konstanten Wert der Variablen z betrachten. Man kann sich im folgenden Bild die Veränderliche x durch die Schar zur Y-Achse paralleler Geraden dargestellt denken, weil man jeder solchen Geraden einen bestimmten x-Wert zuschreiben kann, nämlich ihren Schnittpunkt mit der X-Achse. Die Veränderliche y wird durch die Schar zur X-Achse paralleler Geraden dargestellt.

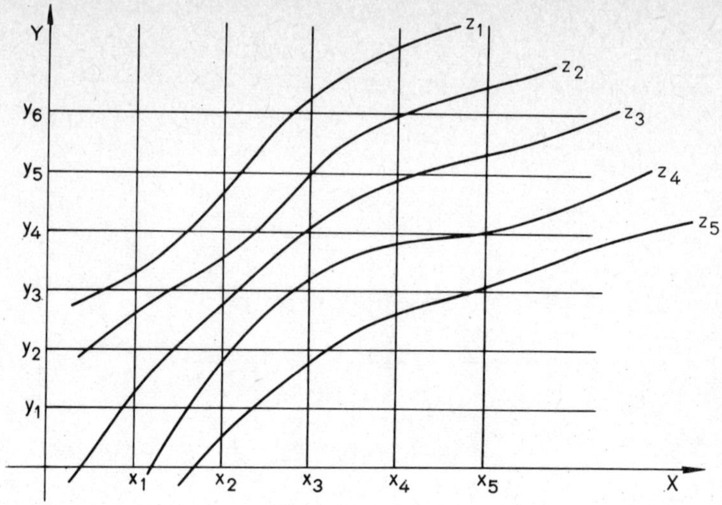

Allgemeiner kann man 3 simultane Gleichungen

$$F_1(X,Y,x) = 0$$

$$F_2(X,Y,y) = 0$$

$$F_3(X,Y,z) = 0$$

betrachten und über der X, Y-Ebene darstellen.
Lösbarkeit vorausgesetzt, erhält man etwa folgendes Bild:

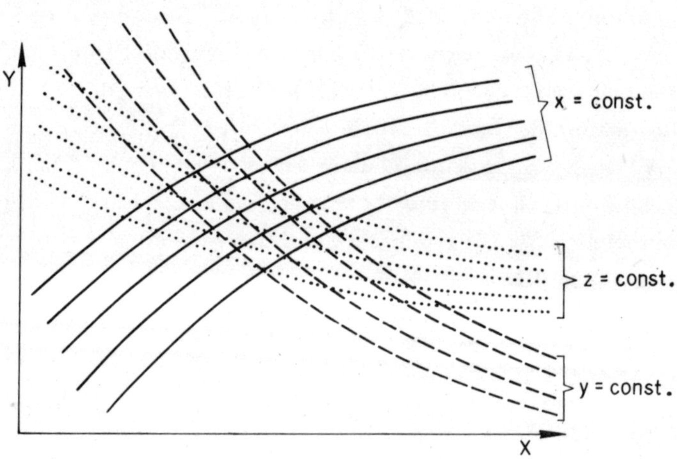

Aus ihm kann man beispielsweise z als Funktion von x und y entnehmen. Man nennt eine solche Darstellung auch Netztafel.

Um nun in einer Netztafel bei gegebenen Werten x_0 bzw. y_0 den Wert einer Veränderlichen z aufzufinden, muß man den Parameterwert der Kurve (aus der Kurvenschar z=const.) bestimmen, die durch den Schnittpunkt der Kurven mit den Parameterwerten x_0 bzw. y_0 (aus den Kurvenscharen x=const., bzw. y=const.) geht. Dies kann, wie man der Zeichnung entnehmen kann, mühsames Interpolieren erfordern.

Besonders wichtig ist der Spezialfall, daß die Funktionen F_i linear in den beiden Argumenten X, Y sind. Das Gleichungssystem hat dann die folgende Gestalt:

$$\begin{aligned} a_1(x)\cdot X + b_1(x)\cdot Y + c_1(x)\cdot 1 &= 0 \\ a_2(y)\cdot X + b_2(y)\cdot Y + c_2(y)\cdot 1 &= 0 \\ a_3(z)\cdot X + b_3(z)\cdot Y + c_3(z)\cdot 1 &= 0 \end{aligned} \tag{3.2}$$

Es liegt ein homogenes lineares Gleichungssystem für (X,Y,1) vor; damit es Lösungen besitzt, muß die Determinante der Koeffizienten verschwinden.

$$\begin{vmatrix} a_1(x) & b_1(x) & c_1(x) \\ a_2(y) & b_2(y) & c_2(y) \\ a_3(z) & b_3(z) & c_3(z) \end{vmatrix} = 0. \tag{3.3}$$

Die Gleichung (3.3) stellt die allgemeine Schlüsselgleichung für geradlinige Netze dar.

In diesem Fall linearer Funktionen F_i in den beiden Argumenten X und Y kann man zur Darstellung durch Fluchtliniennomogramme übergehen. Sie sind einfacher zu zeichnen und zu handhaben als Netztafeln.

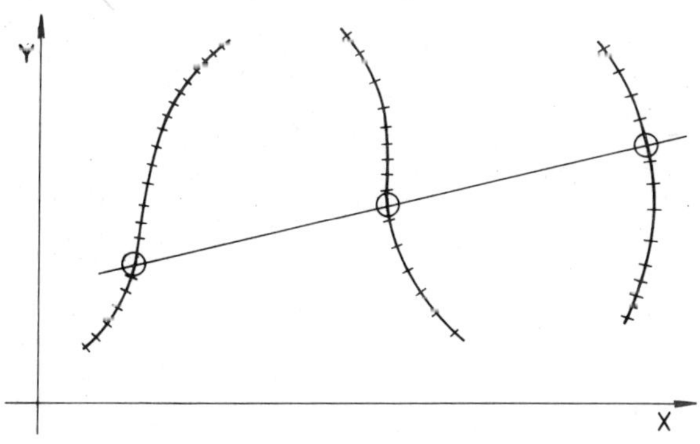

Die Fluchtlinien seien gegeben durch:

$$\begin{aligned} &\text{Fluchtlinie für } x: \quad X = f_1(x), \quad Y = g_1(x) \\ &\text{Fluchtlinie für } y: \quad X = f_2(y), \quad Y = g_2(y) \\ &\text{Fluchtlinie für } z: \quad X = f_3(z), \quad Y = g_3(z). \end{aligned}$$

Damit (x,y,z) eine Lösung von $F(x,y,z) = 0$ ist, also die Punkte (X(x), Y(x)), (X(y), Y(y)) und (X(z), Y(z)) auf einer Geraden liegen, muß gelten:

$$\begin{vmatrix} f_1(x) & g_1(x) & 1 \\ f_2(y) & g_2(y) & 1 \\ f_3(z) & g_3(z) & 1 \end{vmatrix} = 0 \qquad (3.4)$$

Damit hat man eine Schlüsselgleichung für ein Nomogramm mit drei krummlinigen Leitern erhalten.

Anmerkung

Soll zu gegebenen x-, y-Werten der z-Wert aus dem Nomogramm entnommen werden, so legt man zweckmäßigerweise die z-Leiter zwischen die beiden anderen. Man erhöht dadurch die Ablesegenauigkeit.

Definition 3.1

Die nomographische Ordnung ist definiert als Anzahl der in der Schlüsselgleichung auftretenden verschiedenen Funktionen, die nomographische Gattung als Anzahl der im Fluchtliniendiagramm auftretenden krummlinigen Leitern.

Nun seien die verschiedenen Spezialfälle der Fluchtliniendiagramme diskutiert, in denen eine oder mehrere Leitern geradlinig sind.

I. Nomogramme nullter Gattung

1. Drei geradlinige parallele Leitern. O. B. d. A. falle die x-Leiter mit der Y-Achse zusammen.

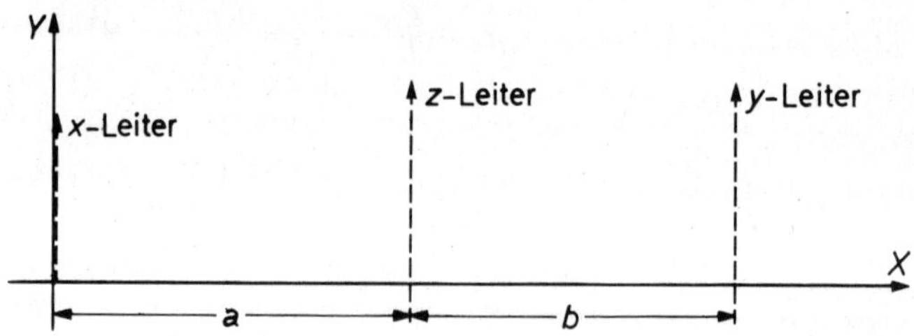

Aus der Determinante (3.4) erhält man für diesen Fall:

$$\begin{vmatrix} 0 & g_1(x) & 1 \\ a & g_3(z) & 1 \\ a+b & g_2(y) & 1 \end{vmatrix} = 0$$

Also: $$(a+b) \cdot g_1(x) + a \cdot g_2(y) - a \cdot g_1(x) - (a+b) \cdot g_3(z) = 0$$

$$b \cdot g_1(x) + a \cdot g_2(y) - (a+b) \cdot g_3(z) = 0$$

Man kann also durch drei geradlinige parallele Leitern einen funktionalen Zusammenhang der Form

$$\Phi(x) + \Psi(y) + \chi(z) = 0 \tag{3.5}$$

darstellen.

2. Drei geradlinige Leitern, die sich in einem endlichen Punkt schneiden. O. B. d. A. sei der Schnittpunkt der Nullpunkt, ferner falle die x-Leiter mit der Y-Achse zusammen.

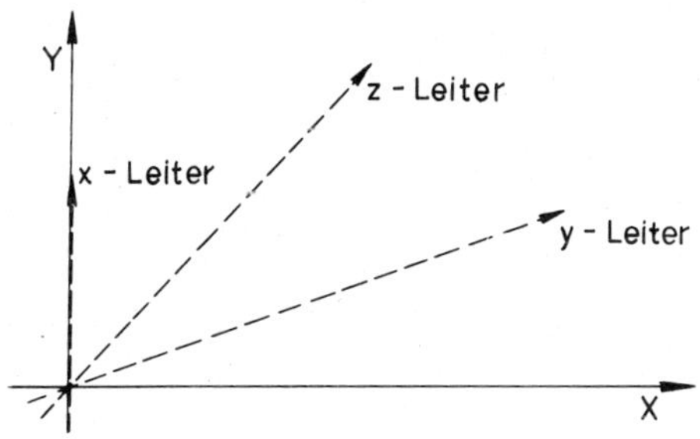

Wenn man mit m_2^{-1} die Steigung der y-Leiter, mit m_3^{-1} die Steigung der z-Leiter bezeichnet, erhält man aus der allgemeinen Schlüsselgleichung (3.4) :

$$\begin{vmatrix} 0 & g_1(x) & 1 \\ m_3 g_3(z) & g_3(z) & 1 \\ m_2 g_2(y) & g_2(y) & 1 \end{vmatrix} = 0$$

Daraus ergibt sich

$$(m_3 - m_2) g_2(y) g_3(z) + m_2 g_1(x) g_2(y) - m_3 g_1(x) g_3(z) = 0,$$

für $g_1(x) \cdot g_2(y) \cdot g_3(z) \neq 0$ folgt hieraus:

$$(m_3 - m_2) \cdot \frac{1}{g_1(x)} + m_2 \cdot \frac{1}{g_3(z)} - m_3 \cdot \frac{1}{g_2(y)} = 0.$$

Man erhält also wieder die Form (3.5) : $\Phi(x) + \Psi(y) + \chi(z) = 0$ als darstellbaren funktionalen Zusammenhang.

3. Drei geradlinige Leitern, die sich in zwei endlichen Punkten und in dem "unendlich fernen" Punkt schneiden (sog. N- oder Z-Nomogramme).

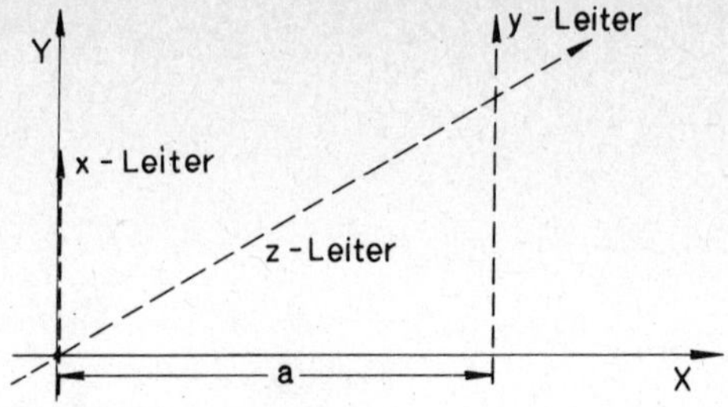

Ist $\frac{1}{m}$ die Steigung der z-Leiter, so folgt aus der Schlüsselgleichung (3.4) :

$$\begin{vmatrix} 0 & g_1(x) & 1 \\ mg_3(z) & g_3(z) & 1 \\ a & g_2(y) & 1 \end{vmatrix} = 0 ;$$

und daraus: $g_1(x)(a - mg_3(z)) = g_3(z)(a - mg_2(y))$.

Für $g_3(z) \neq \frac{a}{m}$ und $g_2(y) \neq \frac{a}{m}$ folgt :

$$\frac{g_1(x)}{a - mg_2(y)} = \frac{g_3(z)}{a - mg_3(z)} .$$

Man kann also durch N- bzw. Z-Nomogramme einen funktionalen Zusammenhang der Form :

$$\chi(z) = \Phi(x) \cdot \Psi(y) \quad \text{darstellen.}$$

3a. Ein Spezialfall dieser N- bzw. Z-Nomogramme ist das sogen. H-Nomogramm, bei dem die z-Leiter die beiden anderen senkrecht schneidet :

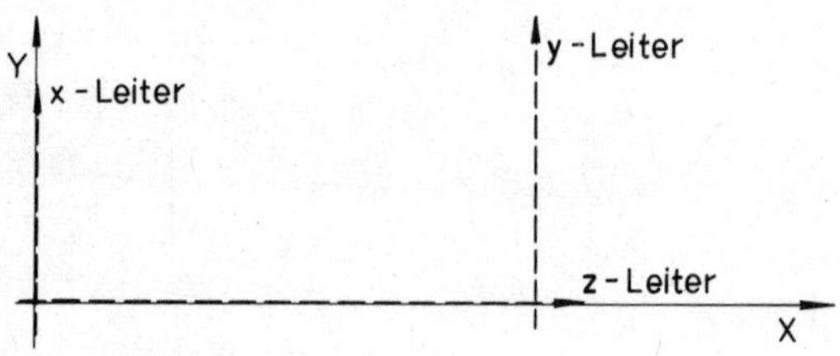

Aus der Schlüsselgleichung (3.4) erhält man :

$$\begin{vmatrix} 0 & g_1(x) & 1 \\ f_3(z) & 0 & 1 \\ a & g_2(y) & 1 \end{vmatrix} = 0 ;$$

woraus folgt

$$\frac{g_1(x)}{g_2(y)} = \frac{f_3(z)}{f_3(z) - a} ,$$

also auch eine Darstellung für $\chi(z) = \Phi(x) \cdot \Psi(y)$.

4. Die drei Leitern schneiden sich in einem endlichen Punkt.
(Spezialfall von 2.)

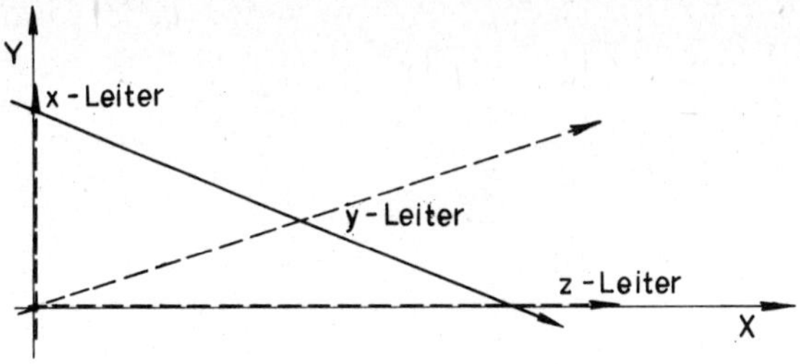

Die zugehörige Schlüsselgleichung folgt aus (3.4) :

$$\begin{vmatrix} 0 & g_1(x) & 1 \\ mg_2(y) & g_2(y) & 1 \\ f_3(z) & 0 & 1 \end{vmatrix} = 0,$$

und es ergibt sich $f_3(z) = \dfrac{mg_1(x)g_2(y)}{g_1(x) - g_2(y)}$.

Man erhält also die Darstellung des funktionalen Zusammenhangs der Form :

$$\chi(z) = \frac{\Phi(x) \cdot \Psi(y)}{\Phi(x) - \psi(y)}.$$

5. Ist ein funktionaler Zusammenhang der Form

$$f_1(x) + f_2(y) + f_3(z) + f_4(w) = 0$$

gegeben, wobei etwa x, y, z unabhängig und w die abhängige Variable sein mögen, dann kann man so vorgehen, daß man zunächst $\Phi(u) := f_1(x) + f_2(y)$ setzt und hierfür ein Nomogramm zeichnet. Da andererseits $\Phi(u) = -f_3(z) - f_4(w)$ ist, kann man auch hierfür nach 1. ein Nomogramm zeichnen.
Die Hilfsleiter für u braucht man dabei gar nicht mit Zahlen zu versehen.

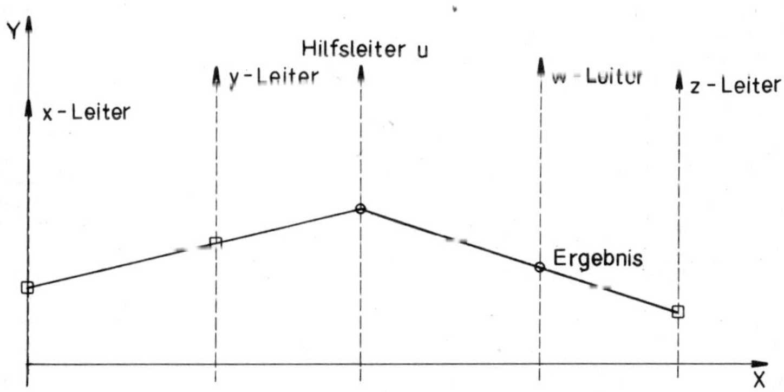

Ganz analog kann man verfahren, wenn ein funktionaler Zusammenhang mit mehr als 3 Variablen gegeben ist und man es mit Nomogrammen höherer Gattung zu tun hat.

II. Nomogramme 1. Gattung

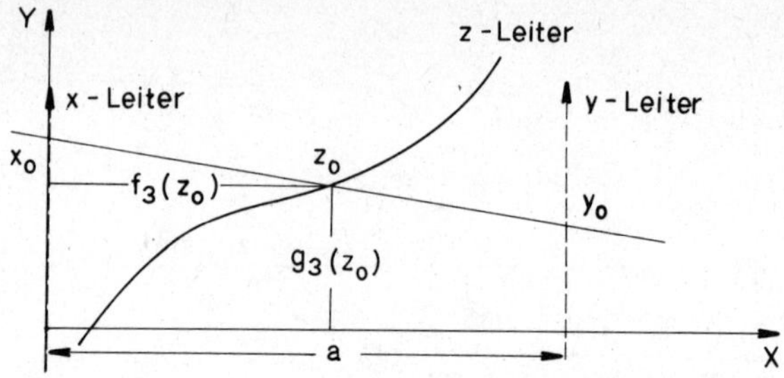

Aus der allgemeinen Schlüsselgleichung (3.4) erhält man :

$$\begin{vmatrix} 0 & g_1(x) & 1 \\ f_3(z) & g_3(z) & 1 \\ a & g_2(y) & 1 \end{vmatrix} = 0.$$

Entwickelt man diese Determinante, so erhält man

$$g_1(x) \cdot \frac{a - f_3(z)}{f_3(z)} + g_2(y) - a \cdot \frac{g_3(z)}{f_3(z)} = 0.$$

Damit bekommt man einen Ausdruck der Form:

$$\Phi(x) \cdot \chi_1(z) + \psi(y) + \chi_2(z) = 0,$$

den man in Nomogrammen 1. Gattung darstellen kann.

Beispiel 3.1

Gegeben sei eine Gleichung 3. Grades, die im Nomogramm 1. Gattung dargestellt werden soll:

$$z^3 - xz + y = 0.$$

Es sei

$$a = 10,$$

$$g_1(x) = -x, \; g_2(y) = y,$$

$$g_3(z) = -\frac{z^3}{1+z},$$

$$f_3(z) = \frac{a}{1+z}.$$

Damit erhält man, falls man nur positive Werte für z betrachtet,

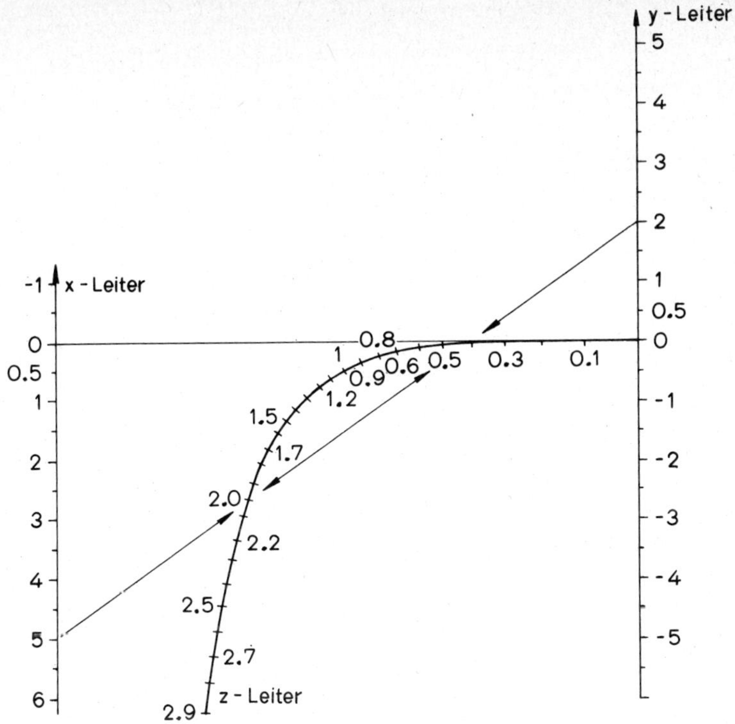

Ablesebeispiel:

Für x = 5 und y = 2 ergeben sich für z die Werte 2 und 0,4.

III. Nomogramme 2. Gattung

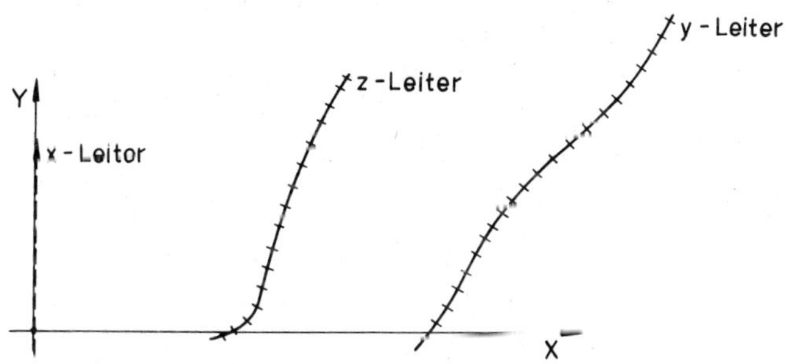

Formt man die allgemeine Schlüsselgleichung (3.4) um, so erhält man als Schlüsselgleichung für dieses Nomogramm:

$$\Phi(x) = \frac{\psi_1(y) - \chi_1(z)}{\psi_2(y) - \chi_2(z)}$$

Hier ergibt sich ein Nomogramm 5. Ordnung.

Besonders wichtig sind die Fälle, in denen die beiden krummlinigen Leitern die Äste einer Parabel bilden (diese kann man leicht konstruieren). Je nach der Lage der Parabel in bezug auf die 3. Leiter unterscheidet man 3 Fälle:

1. Fall: Die z-Leiter berührt die Parabel im Scheitel.

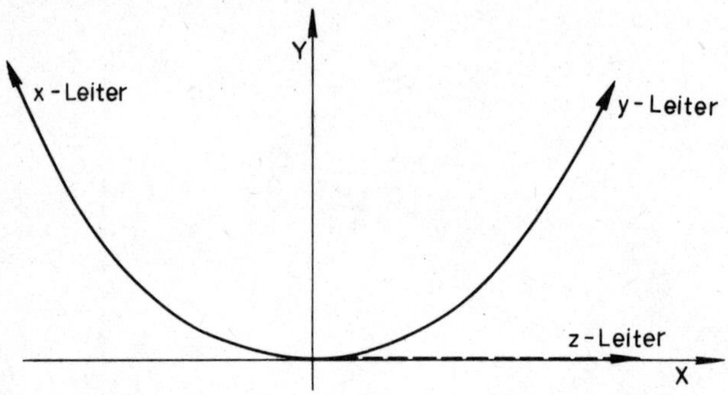

Man erhält als Schlüsselgleichung : $\Phi(x) + \psi(y) + \chi(z) = 0$ (3. Ordnung).

2. Fall: Die z-Leiter liegt auf der Symmetrie-Achse der Parabel.

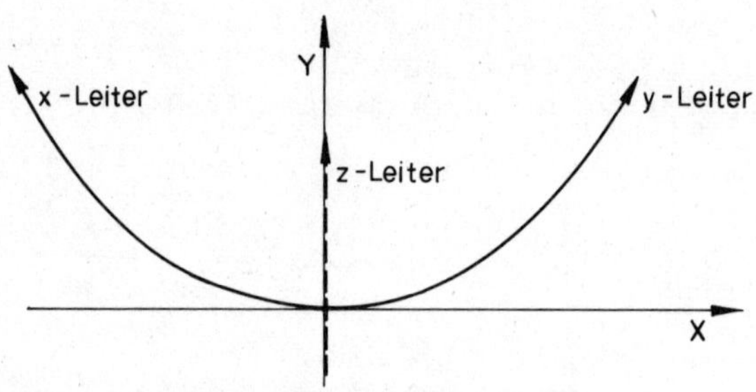

Schlüsselgleichung: $\Phi(x) = \psi(y) \cdot \chi(z)$ (3. Ordnung).

3. Fall: Die z-Leiter berührt die Parabel nicht.

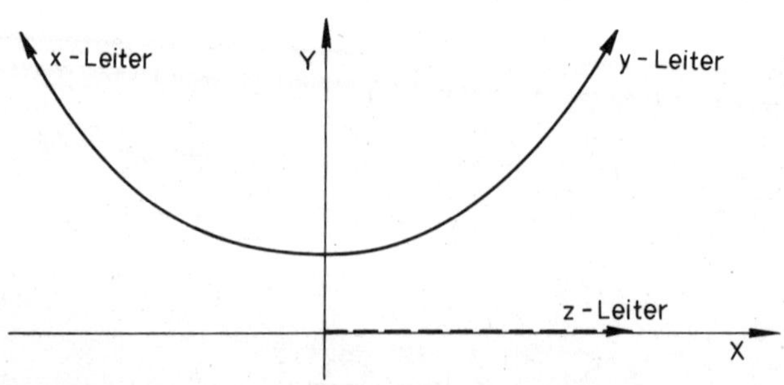

Schlüsselgleichung: $\Phi(x) \cdot \Psi(y) \cdot \chi(z) = \Phi(x) + \Psi(y) + \chi(z)$ (3. Ordnung).

IV. Nomogramme 3. Gattung

Aus der Schlüsselgleichung (3.4) erhält man einen funktionalen Zusammenhang der Form:

$$\frac{\Phi_1(x) + \chi_1(z)}{\Phi_2(x) + \chi_2(z)} = \frac{\psi_1(y) + \chi_1(z)}{\psi_2(y) + \chi_2(z)} \qquad (6.\ \text{Ordnung}).$$

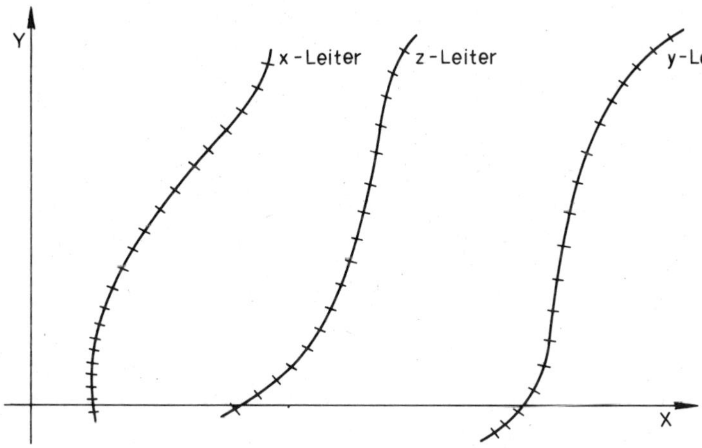

§ 4. Theoretische Grundlagen der digitalen elektronischen Rechenautomaten

Wie bereits in der Einleitung dieses Kapitels gesagt wurde, stellt jedes digitale Rechenhilfsmittel Zahlen durch Ziffern und Ziffern durch Quantitäten irgendwelcher Dinge dar. Die Verarbeitung der Zahlen erfolgt dann durch Umwandlung dieser Quantitäten. In diesem Paragraphen sollen speziell für die digitale elektronische Rechenanlage die Arten der Zifferndarstellungen und die Methoden der damit durchgeführten Rechenoperationen dargestellt werden.

Datendarstellung

Jede Folge irgendwelcher Zeichen läßt sich als eine Folge aus zwei unterscheidbaren Zeichen, z. B. 0 und 1 darstellen. Man muß nur irgendwie festlegen, welche Bedeutung jeder Stelle einer solchen Folge zukommt, d. h. man muß jedes mögliche vorkommende Zeichen als Folge von Nullen und Einsen kodieren. Eine Stelle einer solchen Nullen-Einsen-Folge nennt man ein Bit.

Beispiel: Dualzahlen

Jede ganze Zahl läßt sich als Summe von Zweierpotenzen schreiben, d. h. jedes $n \in \mathbb{N}$ besitzt eine Darstellung

$$n = \sum_{i=0}^{\infty} a_i \cdot 2^i, \quad a_i \in \{0,1\},$$

in der fast alle a_i verschwinden. Zum Beispiel gilt

$$186 = 1 \cdot 10^2 + 8 \cdot 10^1 + 6 \cdot 10^0 = 1 \cdot 2^7 + 0 \cdot 2^6 + 1 \cdot 2^5 + 1 \cdot 2^4 + 1 \cdot 2^3 + 0 \cdot 2^2$$
$$+ 1 \cdot 2^1 + 0 \cdot 2^0 \mathrel{\hat{=}} 10111010 \text{ in Dualdarstellung.}$$

Für Dualzahlen gestalten sich die üblichen Rechenregeln einfach:

Die Additionstafel ist

+	0	1
0	0	1
1	1	10

; (4.1)

dabei bedeuten die Ziffern 10 in der unteren rechten Ecke, daß analog zur dezimalen Addition $9 + 1 = 10$ ein Übertrag entsteht.

Beispiel zur dualen Addition: $186 + 43 = 229$ entspricht

```
10 111 010
   101 011
──────────
11 100 101
```

$11\ 100\ 101 \mathrel{\hat{=}} 1 \cdot 2^7 + 1 \cdot 2^6 + 1 \cdot 2^5 + 1 \cdot 2^2 + 1 \cdot 2^0 = 229.$

Für die Multiplikation erhält man

·	0	1
0	0	0
1	0	1

. (4.2)

Rechenbeispiel: Der dezimalen Multiplikation $31 \cdot 6 = 186$ entspricht das duale Rechenschema

```
11 111 · 110
────────────
           0
      11111
     11111
- - - - - - - - - - - - - - -
    11111        Überträge
─────────────────────────────
  10111010       Ergebnis
```

Die elektronische Realisierung dieser einfachen Rechnungen wird weiter unten behandelt.

In der Praxis benutzt man außer der Dualdarstellung noch die Hexadezimaldarstellung bzw. die Oktaldarstellung, die durch die Zerlegung ganzer Zahlen in Potenzen von 16 bzw. 8 gegeben sind. Dabei werden z. B. bei der Hexadezimaldarstellung die den Zahlen 0 bis 15 entsprechenden hexadezimalen Ziffern 0,...,9, A,...,F durch ihre vierstellige Dualdarstellung verschlüsselt, so daß man nur eine in Vierergruppen gegliederte Dualdarstellung erhält. So hat man beispielsweise

$$186_{\text{dezimal}} = (11 \cdot 16^1 + 10 \cdot 16^0)_{\text{dezimal}} = BA_{\text{hexadezimal}} = 1011\ 1010_{\text{dual}}$$

$$\text{wobei } B_{\text{hexadezimal}} = 11_{\text{dezimal}} = 1011_{\text{dual}} \text{ sowie}$$

$$A_{\text{hexadezimal}} = 10_{\text{dezimal}} = 1010_{\text{dual}} \text{ gilt.}$$

In einer modernen Rechenanlage wird jedoch nicht nur mit Zahlen gerechnet, sondern es werden auch alphabetische Zeichen verarbeitet. Somit ergibt sich die Notwendigkeit, auch das Alphabet zu verschlüsseln. Ferner muß man zu Eingabe- und Ausgabezwecken auch die Dezimalziffern 0 bis 9 im gleichen Codeformat wie die alphabetischen Zeichen und Sonderzeichen verschlüsseln. Man könnte theoretisch die Ziffern 0 bis 9 sowie alle übrigen gebräuchlichen Zeichen durch die 64 möglichen Gruppen von je 6 Bits darstellen. Dies tut beispielsweise die Blindenschrift, obwohl sie nicht das übliche Alphabet verwendet.

Die modernen Rechenanlagen verfügen über Einrichtungen, die jede übermittelte Bitgruppe, z. B. Zwischenergebnisse oder Eingabedaten, innerhalb gewisser Grenzen auf ihre Richtigkeit überprüfen, um etwaige Maschinenfehler in der Rechnung oder Datenübertragung sofort festzustellen. Dies ist aber nur möglich, wenn genügend viele Bitgruppen vom Rechner als "unzulässig" erkannt werden können. Dies erreicht man dadurch, daß man weniger als die Hälfte der möglichen Bitkombinationen zur Verschlüsselung ausnutzt und den Rest für ungültig erklärt (Redundanz). Beispielsweise werden in der Rechenanlage IBM 360/50 des Rechenzentrums der Universität Münster alle Dezimalzahlen, Buchstaben und Sonderzeichen innerhalb der 256 möglichen Gruppen von je 8 Bits (= 1 Byte) verstreut; die bei den Lochkarten verwandte Verschlüsselung ist noch redundanter: alle Zeichen (Buchstaben, Ziffern, Sonderzeichen) verteilen sich auf die $2^{12} = 4096$ möglichen Lochungen in 12 Stellen. Dadurch werden Lochungsfehler trotz der Lesegeschwindigkeit von 1000 Karten oder 80000 Zeichen pro Minute mit hoher Sicherheit erkannt.

In neuerer Zeit (seit SHANNON 1948) werden Fragen der Kodierung und deren Redundanz etc. in der Informationstheorie mathematisch formuliert und behandelt. In gleicher Weise abstrahiert die Automatentheorie die Arbeitsprinzipien elektronischer Rechenanlagen, die im folgenden behandelt werden sollen.

Die Verarbeitung von Bitfolgen in elektronischen Rechenanlagen

Die Verarbeitung nichtnumerischer Daten in einer Rechenanlage besteht lediglich aus Zeichenvergleich und Zeichenübertragung; da der allgemeine Zeichenvergleich analog zum numerischen Zeichenvergleich verläuft, wird im folgenden lediglich die Verarbeitung numerischer Daten beschrieben.

Jedes Bit läßt sich als "Boolesche Variable" auffassen, d. h. als eine Größe, die den Wert "falsch" (d. h. 0) oder "wahr" (d. h. 1) haben kann. Dementsprechend sind für Bits die für Boolesche Variable definierten, den üblichen mengentheoretischen Begriffen entsprechenden logischen Operationen

$\neg$	nicht,	Negation,	Komplementbildung bei Mengen
$\wedge$	und,	Konjunktion,	Durchschnittsbildung bei Mengen
$\vee$	oder,	Disjunktion,	Vereinigungsbildung bei Mengen

sinnvoll. Um die Analogie zur Mengenlehre zu sehen, denke man sich im folgenden stets anstelle von 0 die leere Menge $\emptyset$ und anstelle von 1 deren Komplement, die Klasse aller Mengen. Die Verknüpfungstafeln für die elementaren logischen Operationen haben in ihrer Formulierung für die Bitschreibweise folgende Gestalt:

$\neg$	
0	1
1	0

$\wedge$	0	1
0	0	0
1	0	1

$\vee$	0	1
0	0	1
1	1	1

Weiter unten wird gezeigt, daß sich die elementaren numerischen Operationen wie Vergleich, Addition und Multiplikation von Bitgruppen durch Ausdrücke beschreiben lassen, die nur Bitvariable und die elementaren logischen Operationen $\neg$, $\wedge$, $\vee$ enthalten ("Boolesche Ausdrücke"). Daher wird im folgenden zunächst die maschinentechnische Realisierung der logischen Operationen behandelt.

In einer elektronischen Rechenanlage werden Bits durch Spannungszustände dargestellt; so kann z. B. die Spannung +100V an einer Stelle der Verdrahtung dem Bit 1 und die Spannung 0 V dem Bit 0 entsprechen.

Zur Verarbeitung dieser Spannung dienen dann Bauelemente wie Dioden und Transistoren; früher wurden Röhren und sogar Relais verwendet.

Die Konjunktionsschaltung, d. h. die Schaltung, die bei den Bits a und b an den Eingängen das Bit $a \wedge b$ am Ausgang liefert, läßt sich folgendermaßen aufbauen:

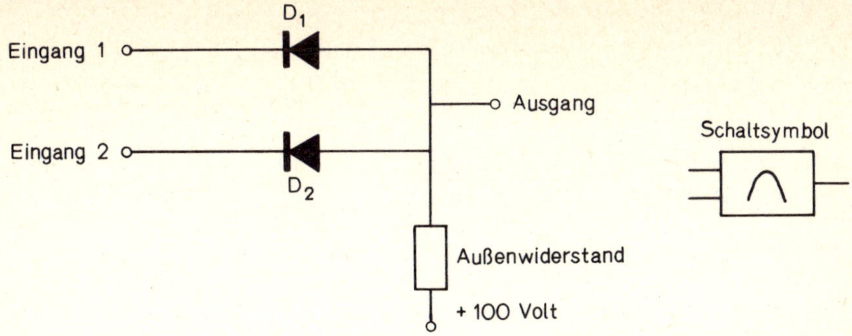

Die Dioden lassen den Strom von dem "Ausgang" zu den Eingängen 1 und 2 fließen, während zwischen den beiden Eingängen selbst kein Ausgleich stattfinden kann.
Liegt einer der Eingänge auf 0 Volt (Bit 0), so findet der Abfall der Spannung am Widerstand statt und der Ausgang liegt ebenfalls auf Null (Bit = 0).
Liegt an beiden Eingängen die Spannung 100 V, so herrscht an allen Stellen der gezeichneten Schaltung die Spannung 100 V, d. h. das Bit 1.
Damit entspricht die Konjunktionsschaltung genau der Verknüpfungstafel für die ∧-Operation.

Die Disjunktionsschaltung bzw. Oder-Schaltung ist analog aufgebaut:

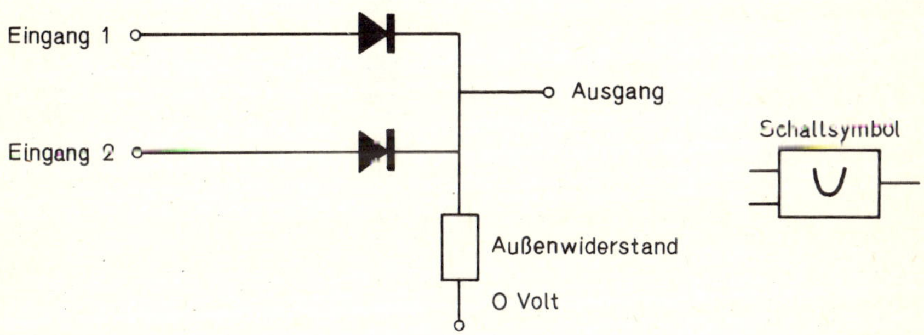

Hier erhält der Ausgang bereits dann die Spannung 100 Volt, wenn an wenigstens einem der Eingänge das Bit 1 liegt.
Die Negationsschaltung läßt sich am besten an einer Röhre erläutern:

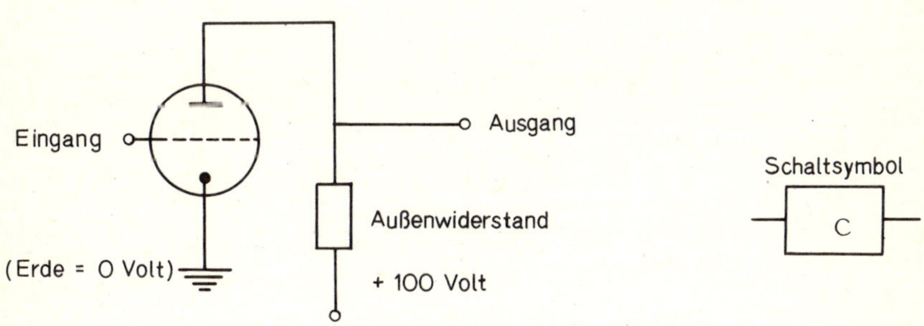

Liegt am Eingang das Bit 1, also die Spannung 100V, so hat das Gitter gegen die Kathode eine hohe positive Spannung; also fließt ein Anodenstrom und, da der Spannungsabfall am Außenwiderstand die Ausgangsspannung liefert, hat man das Bit 0 am Ausgang. Liegt dagegen das Bit 0 am Eingang, so hat das Gitter gegen die Kathode keine Vorspannung; der Anodenstrom ist gedrosselt und an beiden Enden des Außenwiderstandes, also auch am Ausgang liegt (nahezu) die Spannung 100 Volt.

Aus diesen Elementarbausteinen ist ein elektronischer Rechner im Prinzip zusammengesetzt. Es bleibt also nur noch die Frage zu klären, wie sich die gebräuchlichen numerischen Operationen durch die elementaren logischen Verknüpfungen darstellen lassen.

Zunächst einmal muß man sich klarmachen, daß es genügt, alle Operationen in ihrer Wirkung auf je ein Bit zu beschreiben. Die Anwendung von numerischen Operationen auf Bitgruppen läßt sich nämlich als sukzessive Anwendung auf einzelne Bits darstellen. Dies geschieht wie beim Dezimalsystem; ist es möglich, die Ziffern 0 bis 9 zu vergleichen, zu addieren oder zu multiplizieren, so ist dies bereits für alle Dezimalzahlen möglich.

Anmerkung

Die angegebenen Operationen hängen von den (etwa) n Bits der beiden Operanden ab. Man hat also eine Funktion von 2n Argumenten. Jedes Argument kann nur die Werte 0 oder 1 annehmen. Es gibt also nur 2^{2n} verschiedene Funktionen. Diese Funktionen lassen sich durch Oder-Verknüpfungen aus denen aufbauen, die nur für eine einzige Kombination der Argumentwerte den Wert 1 liefern, sonst immer den Wert Null annehmen.
So hat man bei der dualen Addition von zwei einziffrigen Zahlen x, y die Ergebnisse:

$$x + y = (x \wedge y) \cdot 2^1 + [(x \wedge \neg y) \vee (\neg x \wedge y)] \cdot 2^0$$

und diese logischen Ausdrücke lassen sich durch eine Schaltung realisieren. Indes ist diese Schaltung nicht die einfachste und es sollen deshalb die üblichen Schaltungen noch besprochen werden.

Addierwerk für Einzelbits (engl. Halfadder)

Auf Grund der Additionstafel (4.1) kann das Ergebnis x + y der Addition zweier Bits aus zwei Bits bestehen, d.h. zweistellig sein. Bei Zählung von rechts nach links werde das erste Bit mit $(x + y)_1$ bezeichnet, das zweite mit $(x + y)_2$, es gilt also $x + y = (x + y)_2 \cdot 2^1 + (x + y)_1 \cdot 2^0$.

Um die Additionstafel (4.1) zu erhalten, müssen $(x+y)_1$ und $(x+y)_2$ wie folgt aussehen:

$(x+y)_1$	0	1
0	0	1
1	1	0

$(x+y)_2$	0	1
0	0	0
1	0	1

Dies kann man durch die Setzung

$$(x+y)_1 := (x \vee y) \wedge (\neg(x \wedge y))$$

$$(x+y)_2 := x \wedge y$$

erreichen; das Schaltbild sieht dann so aus:

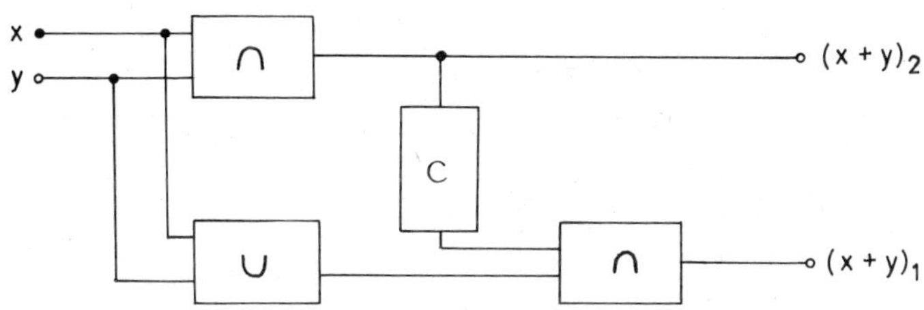

Das Schaltbild als Ganzes kann man durch

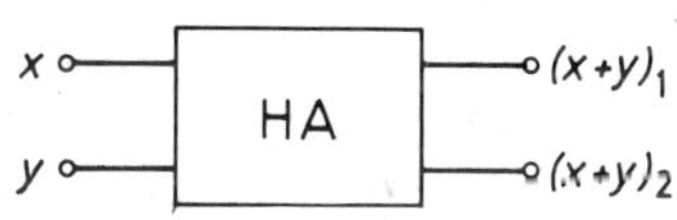

abkürzen. Für die Addition zweier n-stelliger Dualzahlen $x = x_n x_{n-1} \dots x_1$ und $y = y_n y_{n-1} \dots y_1$ mit dem Ergebnis $x + y = z = z_{n+1} z_n z_{n-1} \dots z_1$ hat man dann das auf der folgenden Seite stehende Schaltbild.

Die Rechnung geschieht wie bei der Dezimaladdition. Man addiert erst die letzte (=1.) Stelle. Der Übertrag wird bei der Berechnung der vorletzten Stelle berücksichtigt, usw..

Zur Berechnung der i-ten Stelle müssen also die niedrigeren Stellen bereits berechnet sein (zeitliche Verschiebung).

Zur Verdeutlichung des Schaltbildes innerhalb der gestrichelten Linien ist folgendes zur Entstehung von z_i zu bemerken:

a) Falls der Übertrag $\overset{*}{z}_{i-1}$ gleich Null ist, gilt $z_i = (x_i + y_i)_1$ und $\overset{*}{z}_i = (x_i + y_i)_2$, da bei der Rechnung $\overset{*}{z}_{i-1} + (x_i + y_i)_1$ kein Überlauf entstehen kann.

b) Ist dagegen der Übertrag $\overset{*}{z}_{i-1}$ gleich Eins, so hat man zwei weitere Fälle zu unterscheiden:

α) $(x_i + y_i)_2 = 0$; in diesem Fall entsteht $\overset{*}{z}_i$ aus dem Übertrag bei Addition von $\overset{*}{z}_{i-1}$ zu $(x_i + y_i)_1$.

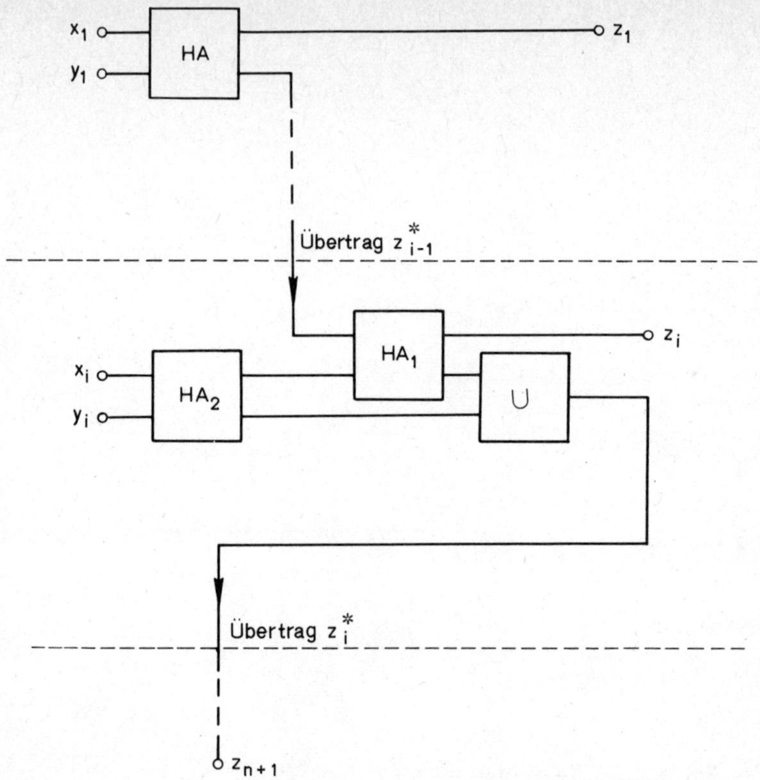

β) $(x_i + y_i)_2 \neq 0$; dann gilt aber $(x_i + y_i)_1 = 0$ und der obere Halfadder 1 kann keinen Überlauf haben. Es ist also $z_i = z^*_{i-1} = 1$ und $z^*_i = 1 = (x_i + y_i)_2$.

Damit ist nachgewiesen, daß das oben angegebene Schaltbild genau das Verlangte leistet; man kommt mit zwei Halfaddern und einem Oder-Glied pro Stelle aus, weil nach b β) nie $(x_i + y_i)_2 = 1$ und $((x_i + y_i)_1 + z^*_{i-1})_2 = 1$ gilt, man also keinen "Überlauf der Überläufe" zu befürchten hat.

Schlußbemerkung

In modernen elektronischen Rechenanlagen sind Additions-, Multiplikations- und Divisionswerke fest verdrahtete Bauteile, d. h. zur "Hardware" gehörig. Daher ist deren Funktion starr festgelegt; dies hat die Konsequenz, daß man die Operanden in genau festgelegte Speicherplätze ("Register") bringen muß und nach der Durchführung des entsprechenden Befehls das Ergebnis aus einem festen Speicherplatz abholen muß. Dabei verläuft die Rechnung weitgehend unabhängig von den übrigen Ereignissen in der Rechenanlage. Viele Anlagen, beispielsweise auch die IBM 360/50 des Rechenzentrums der Universität Münster, haben fest verdrahtete Additions-, Multiplikations- und

Divisionswerke jeweils für Dualzahlen, Dezimalzahlen und hexadezimal verschlüsselte Gleitkommazahlen (siehe § 5). Dadurch hat man die Möglichkeit, mit der jeweils für die Praxis günstigsten Zahlendarstellung zu rechnen.

§ 5. Programmsteuerung, Flußdiagramme, Programmiersprachen, Software

a) Programmsteuerung elektronischer Rechenanlagen

Die Geschwindigkeit, mit der die einzelnen Operationen in einer elektronischen Rechenanlage ablaufen, steht in keinem Verhältnis zur manuellen Bedienung von Operationsknöpfen einer mechanischen oder elektronischen Tischrechenmaschine. Daher ist der Einsatz elektronischer Rechenanlagen nur sinnvoll, wenn man den Ablauf der Operationen automatisch steuern kann; das bedeutet, daß man ein "Programm", d. h. eine Folge von Operationsbefehlen entwerfen und in der Maschine bereitstellen muß.

Beispiel

Iterationsprozeß zur Wurzelbestimmung, (vgl. Kap. II, § 1).

$$x_{i+1} = \frac{1}{2}\left(x_i + \frac{a}{x_i}\right), \quad i = 0, 1, \ldots; \; x_0 := a. \tag{5.1}$$

A) Überlegungen vor der Rechnung

Häufig braucht man das Ergebnis der Iteration vom Problem her nur bis zu einer gewissen Genauigkeit; außerdem ist sowieso durch die Maschine (begrenzte Anzahl von Stellen und auftretende Rundungsfehler) eine Genauigkeitsschranke gesetzt. Daher muß man sich vorher überlegen, wann man den Iterationsprozeß abbrechen soll. Es bestehen zwei Möglichkeiten. Entweder man entscheidet sich für eine feste Anzahl von Iterationen (i. a. weiß man dann aber nicht, wie nahe der so gefundene Wert am Grenzwert des Iterationsprozesses liegt) oder man iteriert solange, bis der Wert bis auf eine vorgegebene Fehlerschranke ε genau berechnet wurde. Beim obigen Problem sieht man sofort, daß für jedes $i \in \mathbb{N}$ immer gilt

$$|x_{i+1} - \sqrt{a}| \le \frac{1}{2}\left|\frac{a}{x_i} - x_i\right|.$$

Man wird den Iterationsprozeß also abbrechen, wenn gilt

$$\frac{1}{2}\left|\frac{a}{x_i} - x_i\right| < \varepsilon.$$

Sinnvollerweise wird man deshalb (5.1) umschreiben zu

$$x_{i+1} = x_i + \frac{1}{2}\left(\frac{a}{x_i} - x_i\right). \tag{5.2}$$

B) Ablauf der Rechnung

1. Bereitstellen von a und einer sinnvollen Fehlerschranke ε (speichern)
2. Prüfen: falls $a \geq 0$, dann weiter bei 3.
   falls $a < 0$, dann weiter bei 12.
3. x_0 bereitstellen (etwa $x_0 = a$), falls $a = 0$, dann weiter bei 11.
4. Rechenwerk löschen
5. a $\Rightarrow$ Rechenwerk
6. x_0 als Divisor bereitstellen und $^a/x_0$ bilden
7. x_0 subtrahieren
8. Ergebnis durch 2 teilen, $\Rightarrow$ c
9. Ergebnis c zu x_0 addieren, neues Ergebnis heiße wieder x_0
10. Prüfung $|c| < \varepsilon$?
    wenn ja, dann weiter bei 11,
    wenn nein, dann weiter bei 4.
11. Schreibe: x_0 ist bis auf ε genau der Grenzwert des Iterationsprozesses.
    Ende
12. Schreibe: a ist negativ, die gestellte Aufgabe besitzt keine Lösungen.
    Ende

Man kann an diesem Beispiel folgendes sehen:

1. den schrittweisen Ablauf einer Rechnung
2. Wiederholter Durchlauf eines Abschnittes; Verzweigungen und Entscheidungen sind notwendig, wenn man aus der "Schleife" herauskommen will.
3. Eine Indizierung der x_i ist überflüssig. Man kann nämlich x_1 auf dem vorher von x_0 belegten Speicherplatz unterbringen usw.. Es interessiert nur der Wert der zuletzt auf diesem Platz gespeicherten Zahl; die Zwischenergebnisse brauchen nicht gespeichert zu werden.
4. Beendigung des Prozesses durch Abfrage.

Für die praktische Behandlung eines Programms in einer Rechenanlage müssen folgende Bestandteile vorhanden sein:

1. Ein- und Ausgabegeräte (E-A-Geräte), die es gestatten, Programme und Daten zwischen Maschine und Außenwelt zu übertragen und sie dabei umzukodieren.
2. Ein Speicher für Daten und Programme.
3. Ein Steuerwerk (Befehlsregister), das die Befehle eines im Speicher befindlichen Maschinenprogramms aus dem Speicher abliest und die entsprechenden Aktionen einleitet, z. B.

   eine Zahl aus dem Speicher holen,
   eine arithmetische Operation durchführen oder
   gewisse Daten zum Drucken an ein Ausgabegerät schicken.

   Ein Sprungbefehl im Programm bewirkt dabei, daß das Steuerwerk nicht den nächstfolgenden, sondern irgendeinen anderen Befehl aus dem Speicher abliest.

4. Ein Rechenwerk, in dem die Grundrechenarten und andere Operationen stattfinden. Das oben angegebene Beispiel veranschaulicht die logische Funktion dieser Teile und ihren Zusammenhang.

Schematische Darstellung des Informationsflusses in einer Rechenanlage

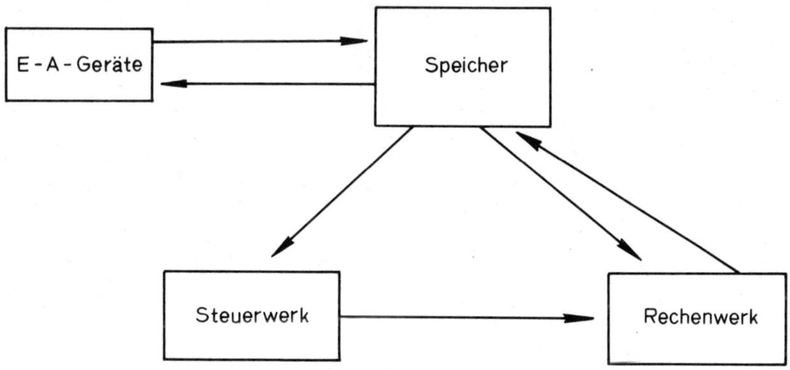

b) Flußdiagramme

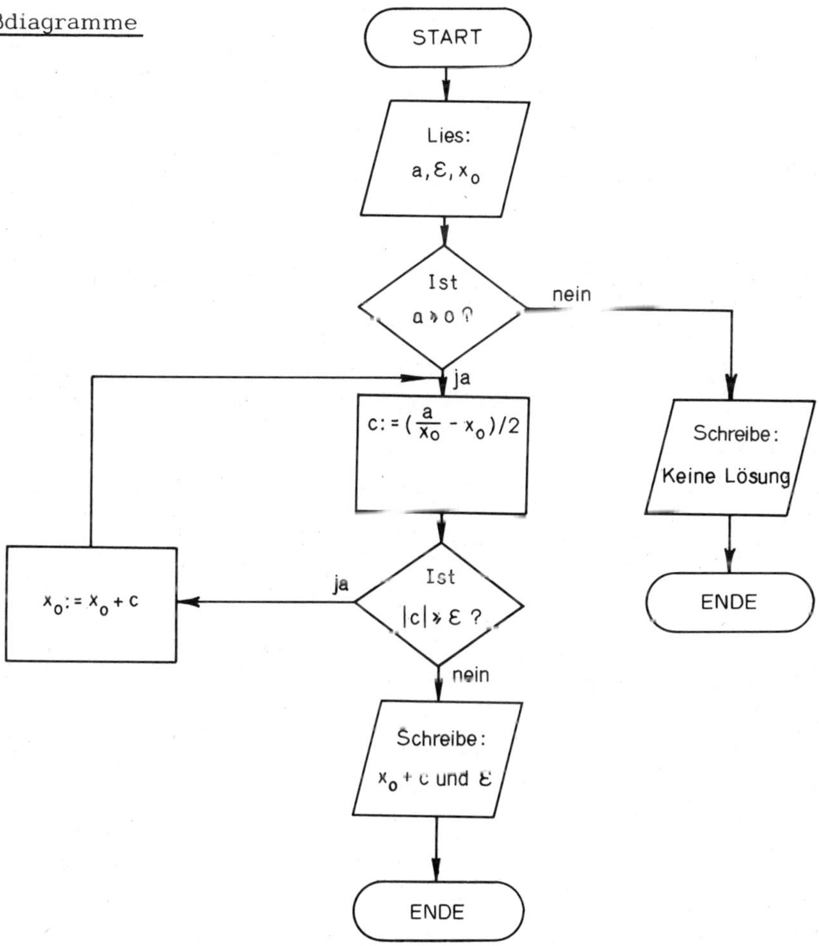

Es ist sinnvoll, vor allem bei umfangreicheren Rechenvorgängen bzw. Prozessen der Informationsverarbeitung ein Flußdiagramm anzufertigen, d. h. die Datenverarbeitungsvorgänge graphisch darzustellen, da man so etwaige Fehler besser erkennt bzw. den Verarbeitungsvorgang vereinfachen kann. Für das obige Beispiel kann man etwa vorangehendes Flußdiagramm entwerfen.
Eine eingehende Erläuterung der auftretenden Symbole erübrigt sich.

c) Programmiersprachen

Eine Rechenanlage verarbeitet zunächst nur Befehle in ihrer sogenannten Maschinensprache, die i. a. für jeden Rechner anders ist. Um ein Maschinenprogramm aufzustellen, muß man einen Rechenprozeß in viele kleine Elementarschritte zerlegen. Um diese Arbeit abzukürzen, hat man problemorientierte Programmiersprachen entwickelt, die im Gegensatz zu den Maschinensprachen im wesentlichen von verschiedenen Rechenanlagen unabhängig sind. Für mathematisch-naturwissenschaftliche Probleme wurden die folgenden Programmiersprachen entwickelt:

FORTRAN (FORMULA - TRANSLATOR).
ALGOL (ALGORITHMIC - LANGUAGE).
Für kommerzielle Zwecke gibt es
COBOL (COMMON BUSINESS - ORIENTED LANGUAGE).
RPG (REPORT - PROGRAM - GENERATOR).
Eine Programmiersprache, die sich sowohl für kaufmännische als auch für naturwissenschaftliche Probleme eignet, ist
PL/I (PROGRAMMING - LANGUAGE I).

Zur Erläuterung sei die in a) gegebene Iterationsaufgabe als FORTRAN-Programm geschrieben:

```
  READ (5,4) A, EPS
  X = A
  IF (A) 2,2,1
1 C = (A/X - X) /2
  X = X + C
  IF ((C - EPS) * (C + EPS)) 2,1,1
2 WRITE (6,4) X, EPS
4 FORMAT (2F 10.5)
  STOP
  END
```

Dieses Programm enthält lediglich Worte der englischen Sprache und mathematische Symbole und benutzt Namen für Speicherplätze in ähnlicher Weise, wie die Mathematik Namen für Variable handhabt. A ist der Speicherplatz für die Variable a, EPS der von ε, X der für die Iterationswerte X_i und C ist der Speicherplatz für das Zwischen

ergebnis $(\frac{a}{x_i} - x_i)/2$. Der erste Befehl besagt, daß von der Eingabeeinheit 5 die Werte von a und ε auf die Speicherplätze A und EPS gebracht werden sollen. Dabei soll das Lesen (und später auch das Schreiben) in demjenigen Ein- und Ausgabeformat erfolgen, das der Befehl mit der Ziffer 4 vorschreibt. Der Befehl X = A bewirkt, daß (ohne Löschen des Inhalts von A) der Inhalt des Speicherplatzes A auf den Speicherplatz X gebracht wird; der vorher auf X befindliche Wert wird dabei vernichtet. Durch IF (A) 2,2,1 erfolgt ein Sprung zum Befehl mit der Ziffer 1, falls der auf dem Platz A befindliche Zahlenwert größer als Null ist; andernfalls wird der Befehl mit der Ziffer 2 ausgeführt.
Die übrigen Befehle sind sinngemäß zu verstehen.

Durch ein bereits vorhandenes Programm (einen "Compiler") kann eine Rechenanlage ein solches problemorientiertes Programm als Daten einlesen, analysieren, auf Fehler prüfen und ein entsprechendes Programm in der Maschinensprache (Objektprogramm) herstellen. Häufig ist das erzeugte Maschinenprogramm noch nicht vollständig, da es i. a. noch mit bereits vorübersetzten Hilfsprogrammen aus einer Programmbibliothek (z. B. mit Programmen zur Berechnung von Sinuswerten, die in der Form Y = SIN (X) im FORTRAN-Programm verwendet werden können) zu einem ausführbaren Programm verbunden werden muß. Dies geschieht in einem zweiten Arbeitsgang ("Linkage"). Der tatsächliche Verlauf der Bearbeitung eines problemorientierten Programms sieht also folgendermaßen aus:

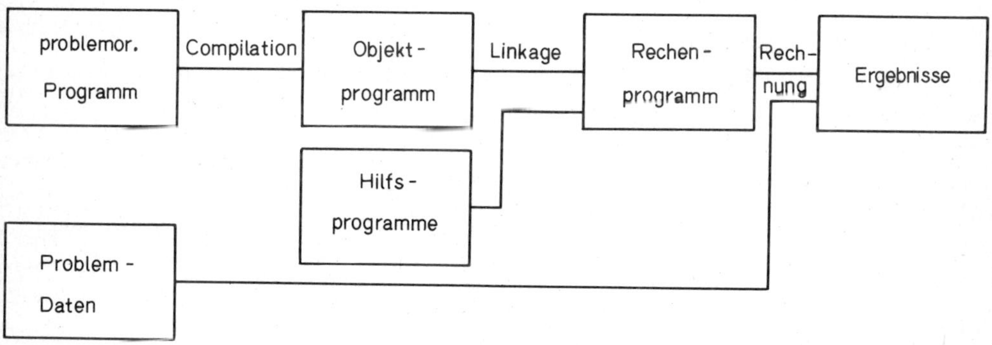

Der Gesamtablauf einer solchen Prozedur läßt sich automatisch gestalten; dies geschieht durch ein übergeordnetes, den Gesamtvorgang steuerndes und überwachendes Programm (Supervisor). Man braucht also neben dem Programm und dessen Daten noch einige Steueranweisungen für den Supervisor, damit dieser für eine wunschgemäße Bearbeitung des Programms sorgt (falls z. B. lediglich die Herstellung eines Objektprogramms gewünscht wird).

d) Diese Überlegungen zeigen, daß man zum Betrieb einer elektronischen Rechenanlage eine Reihe von vorgefertigten Programmen benötigt, die ein sinnvolles Arbeiten mit problemorientierten Programmen erst möglich machen. Die Gesamtheit solcher zur Organisation, zur Programmierhilfe und zur Überwachung dienenden Programme nennt man Software. Sie wird bei modernen elektronischen Rechenanlagen bereits von der Herstellerfirma mitgeliefert und bestimmt weitgehend die Effektivität der Rechenanlage in der Praxis.

§ 6. Fehlerfortpflanzung, Rundungsfehler in digitalen Rechenanlagen

I. Zur Fehlerfortpflanzung

In diesem Abschnitt soll die Abhängigkeit eines Resultats von den Fehlern der Ausgangsparameter diskutiert werden. Wie bereits in der Einleitung gesagt wurde, sind bei vielen Anwendungen numerischer Methoden die Eingangsdaten mit Fehlern behaftet, z.B. mit physikalischen Meßungenauigkeiten oder mit Rundungsfehlern aus den vorhergehenden Rechnungen. Die Fehler kennt man natürlich nicht, weiß aber etwas über ihre Größe. Daher ist es wichtig zu wissen, in welchen Grenzen der Wert des Resultats bei vorgegebenen Schranken für die Ungenauigkeiten der Eingangsdaten liegt. Entsteht das Resultat z aus den numerischen Daten $x_1, \ldots, x_n$ durch Anwendung einer Funktion F, so kann man

$$z = F(x_1, \ldots, x_n) \tag{6.1}$$

schreiben und nach der Änderung Δz von z bei kleinen Änderungen Δx_i der x_i fragen. Die Größe von Δz läßt sich mit folgendem Satz abschätzen, der eine unmittelbare Konsequenz des Mittelwertsatzes der Differentialrechnung ist.

Satz 6.1

Es sei $B \subset \mathbb{R}^n$ ein konvexes Gebiet und F sei eine in B einmal stetig partiell differenzierbare reellwertige Funktion (man schreibt dafür auch $F \in C^1(B)$). Ferner sei $x = (x_1, \ldots, x_n) \in B$ und für die Störung $\Delta x = (\Delta x_1, \ldots, \Delta x_n) \in \mathbb{R}^n$ gehöre auch $x + \Delta x = (x_1 + \Delta x_1, \ldots, x_n + \Delta x_n)$ zu B. Dann gibt es einen Punkt $\xi = (\xi_1, \ldots, \xi_n)$ auf der Strecke zwischen x und $x + \Delta x$ in B, so daß gilt

$$F(x + \Delta x) = F(x) + \sum_{i=1}^{n} \frac{\partial F}{\partial x_i}\Big|_{\xi} \Delta x_i = F(x) + (\operatorname{grad} F(\xi), \Delta x),$$

wobei (,) das übliche Skalarprodukt im $\mathbb{R}^n$ bezeichne und $(\operatorname{grad} F)(\xi)$ der Vektor $\left(\frac{\partial F}{\partial x_1}\Big|\xi, \ldots, \frac{\partial F}{\partial x_n}\Big|\xi\right)$ sei.

Wie genau man mit diesem einfachen Satz die Änderung der Funktionswerte verfolgen kann, sei zunächst an einem Beispiel gezeigt.

Sei

$$y = F(x) := \sqrt[n]{x}$$

Dann gilt

$$\frac{dy}{dx} = \frac{1}{n} \cdot x^{\frac{1}{n} - 1} = \frac{1}{n} \cdot \frac{y}{x},$$

also erhält man für den absoluten Fehler

$$\Delta y = \frac{1}{n} \cdot \frac{y}{x} \cdot \Delta x$$

und für den relativen Fehler

$$\frac{\Delta y}{y} = \frac{1}{n} \cdot \frac{\Delta x}{x}.$$

Bei $x_0 = 0,1$ und $n = 10$ ist

$$y = \sqrt[10]{0,1} = 0,794\,328\ldots .$$

Bei einer Änderung von x_0 um 10%, also um 0,01 erwartet man eine Änderung des Funktionswertes um 1%, d.h. man schätzt

$$y(0,11) \doteq 0,794\,328\ldots + 0,007\,943\ldots = 0,802\,281\ldots,$$

während eine genauere Berechnung

$$y(0,11) = 0,801\,935\ldots$$

liefert.

Im Sinne unserer obigen Betrachtung sei nun angenommen, daß Δx die Größenordnung δ besitzt. Dann erhält man

Korollar 6.1

a) Gilt $\|\Delta x\| := \sum_{i=1}^{n} (\Delta x_i)^2 \leq \delta$, $\delta \in \mathbb{R}$, so folgt

$$|\Delta z| := |F(x + \Delta x) - F(x)| \leq \delta \cdot \|(\operatorname{grad} F)(\xi)\| \leq \delta \cdot \sup_{\substack{\xi \in B \\ \|\xi - x\| \leq \delta}} \|(\operatorname{grad} F)(\xi)\| \leq \tag{6.3}$$

$$\leq \delta \cdot \sup_{y \in B} \|(\operatorname{grad} F)(y)\|.$$

b) Gilt $\max\limits_{1 \le i \le n} |\Delta x_i| \le \delta$, so folgt

$$|\Delta z| \le \delta \cdot \left(\sup_{\substack{\xi \in B \\ \max\limits_{1\le i\le n} |\xi_i - x_i| \le \delta}} \sum_{i=1}^{n} \left| \frac{\partial F}{\partial x_i}\Big|_\xi \right| \right) \le \delta \cdot \left(\sup_{y \in B} \sum_{i=1}^{n} \left| \frac{\partial F}{\partial x_i}\Big|_y \right| \right). \tag{6.4}$$

Beweis

a) Aus (6.2) folgt aufgrund der Cauchy-Schwarzschen Ungleichung $|(a,b)| \le \|a\| \cdot \|b\|$ für $a, b \in \mathbb{R}^n$ mit $a = (a_1, \ldots, a_n)$ und $b = (b_1, \ldots, b_n)$ sowie der euklidischen Norm $\|a\| := \sum_{i=1}^{n} a_i^2$ die Abschätzung

$$|\Delta z| \le \|(\operatorname{grad} F)(\xi)\| \cdot \|\Delta x\| \le \delta \cdot \|(\operatorname{grad} F)(\xi)\| . \tag{6.5}$$

Damit ist die Formel (6.3) bewiesen, da die restlichen Abschätzungen trivialerweise gelten.

b) Aus (6.2) schließt man sofort

$$|\Delta z| = \left| \sum_{i=1}^{n} \frac{\partial F}{\partial x_i}\Big|_\xi \, |\Delta x_i| \right| \le \delta \cdot \sum_{i=1}^{n} \left| \frac{\partial F}{\partial x_i}\Big|_\xi \right| \le \delta \cdot \sup_{\substack{\xi \in B \\ \max\limits_{1\le i\le n} |\xi_i - x_i| \le \delta}} \sum_{i=1}^{n} \left| \frac{\partial F}{\partial x_i}\Big|_\xi \right| \le \delta \sup_{y \in B} \sum_{i=1}^{n} \left| \frac{\partial F}{\partial x_i}\Big|_y \right| .$$

Aus Korollar 6.1 ist zu ersehen, daß die Beträge der Ableitungen $\frac{\partial F}{\partial x_i}$ ein Maß für die "Stabilität" der Funktion F gegen Störung in den Eingabedaten x_i sind.

Definition 6.1

Die reelle Zahl

$$K := \|\operatorname{grad} F\|_B := \sup_{y \in B} \|(\operatorname{grad} F)(y)\|$$

nennt man auch "Konditionszahl" von $z = F(x_1, \ldots, x_n)$ in Abhängigkeit von den Parametern x_j.

Bemerkung

Die Konditionszahl hängt auch von der verwendeten Norm $\|\cdot\|$ ab. Deshalb ist, wenn Verwechslungen möglich sind, etwa durch einen Index anzugeben, auf welche Norm sich die Konditionszahl bezieht.

Beispiel 1

Berechnung des spezifischen Gewichtes σ von Kugeln aus Gewicht G und Radius r. Es gilt

$$\sigma = \frac{G}{\frac{4}{3}\pi r^3}$$

Fehlerquellen sind:

1. Meßfehler bei der Bestimmung von G,
2. Meßfehler bei der Bestimmung von r,
3. Abrundungsfehler beim Einsetzen des Wertes π.

Aus (6.5) erhält man für den absoluten Fehler

$$\Delta\sigma = \frac{3}{4\pi\tilde{r}^3}\,\Delta G - \frac{3\cdot 3\tilde{G}}{4\pi\tilde{r}^4}\,\Delta r - \frac{3\tilde{G}}{4\tilde{r}^3\tilde{\pi}^2}\Delta\pi .$$

Dabei liegen die in den Termen der rechten Seite auftretenden Werte für $\tilde{G}, \tilde{r}$ und $\tilde{\pi}$ irgendwo innerhalb der Genauigkeitsgrenze bei G, r und π. Präzise hat man mit den Meßwerten G und r abzuschätzen

$$|\Delta\sigma| \le \left|\frac{3}{4(\pi-|\Delta\pi|)(r-|\Delta r|)^3}\Delta G\right| + \left|\frac{9(G+|\Delta G|)}{4(\pi-|\Delta\pi|)(r-|\Delta r|)^4}\Delta r\right| + \left|\frac{3(G+|\Delta G|)}{4(r-|\Delta r|)^3(\pi-|\Delta\pi|)^2}\Delta\pi\right|$$

Qualitativ läßt sich jedenfalls sagen, daß beim absoluten Fehler für kleine Radien alle Meßfehler weit stärker ins Gewicht fallen als für große Radien. Für den relativen Fehler ergibt sich dagegen (in 1. Näherung)

$$\frac{\Delta\sigma}{\sigma} = \frac{\Delta G}{G} - \frac{3\Delta r}{r} - \frac{\Delta\pi}{\pi},$$

die relativen Fehler akkumulieren sich also additiv.

Beispiel 2

$P(z) := a_0 + a_1 z + \ldots + a_n z^n$ sei ein Polynom mit reellen oder komplexen Koeffizienten. Ist z_0 eine Nullstelle des Polynoms, so kann man, wenn der Koeffizient a_i in einer kleinen Umgebung variiert, die Änderung der Nullstelle z_0 in Abhängigkeit von a_i betrachten. Mit der Kettenregel erhält man durch Differentiation

$$\frac{\partial P(z)}{\partial a_i}\Big|_{z=z_0} + \frac{\partial P(z)}{\partial z}\Big|_{z=z_0}\cdot\frac{\partial z}{\partial a_i}\Big|_{z=z_0} = 0 .$$

Setzt man voraus, daß z_0 eine einfache Nullstelle von $P(z)$ ist, so erhält man

$$-\frac{\partial z}{\partial a_i}\Big|_{z=z_0} = \left.\frac{\frac{\partial P(z)}{\partial a_i}}{\frac{\partial P(z)}{\partial z}}\right|_{z=z_0} = \frac{z_0^i}{P'(z_0)} . \qquad (6.6)$$

Liegt noch eine weitere Nullstelle dicht bei z_0, so wird $P'(z_0)$ sehr klein sein, und aufgrund der obigen Formel wird der durch Rechnung erhaltene Wert z_0 sehr stark von der Genauigkeit der a_i abhängen.

Aber auch wenn $P'(z_0)$ nicht sonderlich klein ist, kann der Ausdruck $\frac{z_0^i}{P'(z_0)}$ sehr groß werden.

Das belegt das folgende, von Wilkinson stammende Beispiel. Sei

$$P(z) := \prod_{i=1}^{20} (z-i) = (z-1)\cdot(z-2)\cdot\ldots\cdot(z-20).$$

Für die Nullstellen $z_j = j$, $j \in \{1,\ldots,20\}$ erhält man

$$K_{ij} := -\frac{\partial z}{\partial a_i}\Big|_{z_j} = \frac{z_j^i}{P'(z_j)} = \frac{j^i}{\prod\limits_{\substack{k=1\\k\neq j}}^{20}(j-k)} = \frac{j^i(-1)^{20-j}}{(20-j)!(j-1)!}.$$

Der Betrag dieses Ausdruckes ist maximal für $i = 19$, $j = 16$:

$$|K_{19\,16}| = \frac{16^{19}}{4!\cdot 15!} \approx 0{,}24\cdot 10^{10}$$

und minimal für $j = 1$ und beliebiges i:

$$|K_{i1}| = \frac{1}{19!} \approx 0{,}82\cdot 10^{-17}.$$

Daher ist die Berechnung der Nullstelle $z_1 = 1$ unempfindlich gegen Koeffizientenänderungen, während die Bestimmung von $z_{16} = 16$ sogar noch bei Rechnung mit 9 Stellen keine einzige sichere Dezimalstelle liefert.

II. Da es sich beim Arbeiten mit einem Rechenstab bzw. einem Nomogramm ebenfalls um physikalische Messungen handelt, läßt sich das in I. Gesagte auch auf die an Analoggeräten auftretenden Fehler übertragen.

III. Die "Arithmetik" bei digitalen Rechenanlagen

Je nach der Art der Zahlendarstellung gibt es in einer Rechenanlage verschiedene Arten von "Arithmetik".

a) Festkomma-Arithmetik für Dualzahlen

Bei Festkommadarstellung hat man immer nur Zahlen aus einem festen Intervall (a,b) mit $a,b \in \mathbb{R}$, $a<b$, zur Verfügung, und zwar in der Regel aus dem Intervall $(-1,1)$. Durch geschickte Skalierung der Größen in den Formeln muß sichergestellt sein, daß alle während einer Rechnung auftretenden Zahlen im Intervall $(-1,+1)$ liegen, da sonst die Rechnung wegen Bereichsüberschreitung abgebrochen wird. In der Rechenanlage wird eine solche Dualzahl durch eine feste Anzahl t von Bits dargestellt:

$$x = \pm \sum_{j=1}^{t} x_j 2^{-j}, \quad x_j \in \{0,1\}. \tag{6.7}$$

Hinzu kommt ein Bit für das Vorzeichen und ein Kontrollbit (von dem der Benutzer nichts merkt). Häufig hat das Ergebniswerk des Rechners zur Aufnahme des Ergebnisses 2t + 2 Stellen; d.h. das Ergebnis wird zunächst in doppelter Genauigkeit berechnet und vor dem Wegspeichern gerundet. Bei jeder Rechnung tritt dabei ein Fehler ε mit

$$|\varepsilon| \leq \frac{1}{2}\, 2^{-t} \tag{6.8}$$

auf.

b) Gleitkomma-Arithmetik

Eine reelle Zahl $x \neq 0$ wird in diesem Falle in der Form

$$x = \sigma \cdot a \cdot b^{c} \quad \text{(halblog. Darstellung)} \tag{6.9}$$

dargestellt. Dabei sei die Mantisse a die positive Festkommazahl

$$a = \sum_{j=1}^{t} \alpha_j b^{-j} \in [\tfrac{1}{b}, 1), \; \alpha_j \in \{0, \ldots, b-1\} \; \underline{\text{normalisiert}} \text{ durch } \alpha_1 \neq 0$$

und $\sigma = \pm 1$ steht für das Vorzeichen der Zahl x. Die Basis b ist in der Regel in Rechenanlagen eine Potenz von 2 oder 10 (Dezimalarithmetik) und der Exponent $c \in \mathbb{Z}$ stammt aus einem Bereich, der die zur Verfügung stehenden Zahlen spezifiziert, z.B. $-65 \leq c \leq +63$ und $t \leq 14$. (Vorzeichen, Exponent und Mantisse werden mit 64 Bits dargestellt.) Die Zahl $x = 0$ erhält die Mantisse 0.

1. Rundungsfehler bei der Addition von Gleitkommazahlen

Es seien die Gleitkommazahlen x_1, x_2 dargestellt als

$$x_1 = \sigma_1 a_1 b^{c_1} \text{ mit } a_1 = \sum_{j=1}^{t} \alpha_j b^{-j} \text{ und}$$

$$x_2 = \sigma_2 a_2 b^{c_2} \text{ mit } a_2 = \sum_{j=1}^{t} \beta_j b^{-j}.$$

Die Indizierung sei so gewählt, daß $|x_1| \geq |x_2|$, also auch $c_1 \geq c_2$ gilt. Zur Vorbereitung der Addition wird zunächst a_2 durch Rechtsverschiebung um $c_1 - c_2$ Stellen so umgewandelt, daß man $\sigma_1 \cdot a_1$ und $\sigma_2 \cdot b^{c_2 - c_1}$ mit 2t Stellen in Festkommadarstellung addieren kann.

x_1	α_1	α_2	·	·	α_t					
x_2			β_1	β_2	·	·	β_t			

Vor dem Wegspeichern wird das Ergebnis von $x_1 + x_2$ wieder normiert und auf Stellen gerundet. Wir nehmen an, daß auch das Ergebnis nicht den Bereich der im speziellen Rechner zulässigen Zahlen verläßt. (Sonst erfolgt eine Fehlermeldung, der Rechner stoppt den weiteren Ablauf des Programms.) Wir wollen nun zeigen:
Bei einer Gleitkommaaddition (der beschriebenen Art) tritt ein <u>kleiner</u> <u>relativer</u> Fehler durch das Runden auf. Genau gesagt, es gibt ein ε mit $|\varepsilon| \leq \eta = \frac{1}{2} b^{1-t}$, so daß gilt

$$gl(x_1 \pm x_2) = (x_1 \pm x_2)(1+\varepsilon) \tag{6.10}$$

Besonders bemerkenswert ist folgende Tatsache:
Heben sich bei einer Addition (bzw. Subtraktion) zweier Zahlen einige Stellen auf, so daß im Ergebnis die von Null verschiedenen Ziffern einen Bereich von weniger als $t+1$ Stellen einnehmen, so braucht nicht gerundet zu werden. Das Ergebnis wird dann nur "<u>normalisiert</u>", d.h. die Mantisse nach "rechts" oder "links" verschoben, so daß die Ergebnismantisse in $[\frac{1}{b}, 1)$ liegt, das Ergebnis ist <u>exakt</u>.
Es soll nun (6.10) verifiziert werden. Für die Addition von x_1 und x_2 ergibt sich

$$x_1 + x_2 = \sigma_1 \Big(\sum_{j=1}^{t} \alpha_j b^{-j} + \sigma_1 \cdot \sigma_2 \cdot \sum_{j=1}^{t} \beta_j b^{-j} b^{c_2 - c_1} \Big) b^{c_1}.$$

Es sind mehrere Fälle möglich. Sei etwa x_1 positiv.

1. $c_1 - c_2 > t$

Es ist also $|\sigma_1 \sigma_2 \cdot a_2 \cdot b^{c_2 - c_1}| < b^{-t-1} \leq \frac{1}{2} b^{-t}$. Beim Runden wird dieser Term also verschwinden und es gilt

$gl(x_1 + x_2) = x_1$.

2.a) $2 \leq c_1 - c_2 \leq t$

Die zur Festkommaaddition bereitgestellten Zahlen veranschaulicht etwa des Schema

x_1	α_1	α_2	$\cdot$	$\cdot$	α_t		
x_2			β_1	β_2	$\cdot$	$\cdot$	β_t

Wegen $x_1 \geq b^{-1}$ gilt dann $|x_2| < b^{-2} \leq b^{-1} \cdot x_1$ und daraus folgt, wobei nun $\sigma_1 \cdot \sigma_2$ berücksichtigt wird, $2x_1 \geq x_1 \pm x_2 \geq x_1 \underbrace{(b-1)b^{-1}}_{\neq 0}$. Bei der Addition kann ein Überlauf auftreten, es kann aber auch eine führende Null entstehen. In jedem Falle ist der Rundungsfehler kleiner als $\frac{1}{2} b^{-t+1}$ der führenden Stelle des Ergebnisses.

b) $0 \le c_1 - c_2 \le 1$

x_1	α_1	α_2	$\cdot$	$\cdot$	α_t					
x_2		β_1	β_2	$\cdot$	$\cdot$	β_t				

Jetzt können mehrere Nullen durch Auslöschen entstehen. Es bleiben dann aber höchstens t Ziffern übrig, die (bei $x_1 \neq x_2$) nicht alle verschwinden. Das Ergebnis ist dann exakt. In jedem Fall sieht man, daß der Rundungsfehler kleiner als $\frac{1}{2}b^{-t+1}$ der führenden Stelle des Ergebnisses ist, somit gilt allgemein (6.10).

2. Wie bei der Addition verläuft die Analyse der <u>Gleitkomma-Multiplikation</u> und <u>Gleitkomma-Division</u>. Falls die Ergebnisse im Bereich bleiben, der im Rechner darstellbar ist, erhält man

$$gl(x_1 \cdot x_2) = x_1 \cdot x_2(1+\varepsilon) \quad \text{mit } |\varepsilon| \le \frac{1}{2}b^{1-t} = \eta \tag{6.11}$$

und für $x_2 \neq 0$

$$gl\left(\frac{x_1}{x_2}\right) = \frac{x_1}{x_2}(1+\varepsilon_3) \qquad \text{mit } |\varepsilon| \le \frac{1}{2}b^{1-t}. \tag{6.12}$$

Für $x_1 = 0$ hat man in jedem Fall ein exaktes Ergebnis.

IV. <u>Fehleranalyse beim Rechnen mit Gleitkommazahlen</u>.

Es soll nun der Einfluß der Rundungsfehler bei der Kombination mehrerer Gleitkommaoperationen untersucht werden. Vorausgesetzt wird, daß der Rechenprozess bereits auf endlich viele arithmetische Operationen und Entscheidungsbefehle zurückgeführt ist. Durch eine Vorschrift (Algorithmus, Programm) sei eindeutig festgelegt, in welcher Reihenfolge die Operationen auszuführen sind. Grundsätzlich treten bei jeder dieser Operationen Rundungsfehler auf, so daß man etwa statt

$$a \square b \text{ den Wert } gl(a \square b) = (a \square b)(1+\varepsilon) \text{ mit } \square \text{ für } +,-,\cdot,/,$$

erhält, wie aus (6.10-12) folgt. Dabei hat man in $\eta = \frac{1}{2}b^{1-t}$ eine Schranke für den Betrag von ε. Man kann den Einfluß der Rundungsfehler beherrschen, in dem man zunächst in den Gleichungen, die den Algorithmus beschreiben, jede Operation wie oben angedeutet mit einem Faktor $(1+\varepsilon_j)$ versieht. Der jten Operation sei der Parameter ε_j zugeordnet. Auf diese Parameter wendet man die zuvor entwickelte Theorie der Fehlerfortpflanzung an.

So kann man die Parameter zu einem Parametervektor e zusammenfassen. Für $e=0$ erhielte man den gesuchten (exakten) Wert der Rechnung $F(x,0)$. Der berechnete Wert entspricht $F(x,e_0)$ mit einem e_0, das zwar unbekannt ist, dessen Komponenten

ε_j jedoch alle $|\varepsilon_j| \leq \eta$ erfüllen. Man kann nun wieder $\text{grad}_e F$ bilden und mit seiner Hilfe nach Satz 6.1 den Einfluß der Rundungsfehler auf das Ergebnis abschätzen. Man kann oft noch einen Schritt weitergehen und die Variation der Parameter auf Änderungen der eingegebenen Werte der arithmetischen Operationen reduzieren. Diese Technik der Abschätzung stammt von Wilkinson und wurde von ihm "backward analysis" genannt. Man projiziert nämlich die Rundungsfehler zurück auf Fehler in den Eingangsdaten und verwendet dann das Gesetz der Fehlerfortpflanzung.

Beispiel 3

Die Berechnung von

$$y = \frac{a-b}{c-d}.$$

Zur Festlegung des Rechnungsablaufs kann man schreiben

$$y_1 = c - d$$
$$y_2 = a - b$$
$$y = y_2 / y_1,$$

mit Einführung der Parameter also

$$y_1(\varepsilon_1) = (c-d)\cdot(1+\varepsilon_1)$$
$$y_2(\varepsilon_2) = (a-b)\cdot(1+\varepsilon_2)$$
$$y(\varepsilon_1, \varepsilon_2, \varepsilon_3) = \frac{y_2}{y_1}(1+\varepsilon_3) = \frac{(a-b)(1+\varepsilon_2)}{(c-d)(1+\varepsilon_1)}(1+\varepsilon_3)$$

und dies kann man unter Berücksichtigung von $|\varepsilon_j| \leq \eta$ umformen zu

$$y(\varepsilon_1, \varepsilon_2, \varepsilon_3) = \frac{a-b}{c-d}(1+\varepsilon_2+\varepsilon_3-\varepsilon_1+0(\eta^2)) \tag{6.14}$$
$$= \frac{a-b}{c-d}(1+3\varepsilon_4+0(\eta^2)),$$

d.h. den Einfluß der 3 Parameter, $\varepsilon_2+\varepsilon_3-\varepsilon_1$, kann man durch einen Parameter ε_4 bis auf Terme $0(\eta^2)$ erfassen. Denn es ist

$$|3\varepsilon_4| = |\varepsilon_2+\varepsilon_3-\varepsilon_4| \leq 3\eta.$$

Also gilt auch für ε_4 die Abschätzung $|\varepsilon_4| \le \eta$. Nach Wilkinson kann man schreiben

$$\tilde{y} = \frac{\tilde{a} - \tilde{b}}{\tilde{c} - \tilde{d}}, \text{ indem man etwa } \begin{aligned} \tilde{a} &= a(1+\varepsilon_2)(1+\varepsilon_3) \\ \tilde{b} &= b(1+\varepsilon_2)(1+\varepsilon_3) \\ \tilde{c} &= c(1+\varepsilon_1) \\ \tilde{d} &= d(1+\varepsilon_1) \end{aligned}$$

einführt. Hier ist noch keine Vernachlässigung von Größen höherer Ordnung aufgetreten. Sieht man von Termen der Ordnung $0(\eta^2)$ ab, so betragen die relativen Fehler bei a,b höchstens 2η, bei c,d höchstens η.

Bei der zuvor abgeleiteten Darstellung, man könnte von einer Entwicklung nach Termen 1. Ordnung oder Linearisierung sprechen, erhält man

$$|y(\varepsilon_1,\varepsilon_2,\varepsilon_3) - y(0,0,0)| \le (3\cdot\eta + 0(\eta^2))|y|, \tag{6.15}$$

wie sofort aus (6.14) abzulesen ist.

Im nächsten Beispiel betrachten wir die Auswertung der Formel, die bei der Regula Falsi auftritt. Die Indizierung der Parameter ε_j macht deutlich, in welcher Reihenfolge die Operationen in diesem Beispiel ausgeführt werden sollen.
Man erkennt, welchen starken Einfluß schon eine einfache Umformung eines Ausdruckes auf die Genauigkeit des Ergebnisses haben kann.

Beispiel 4

Seien x_1, f_1, x_2, f_2 im Rechner darstellbare Zahlen, so daß kein Rundungsfehler bei der Eingabe entsteht. Dann gilt

$$\tilde{y} = gl\left(\frac{x_1f_2 - x_2f_1}{f_2 - f_1}\right) = \frac{(x_1f_2(1+\varepsilon_1) - x_2f_1\ (1+\varepsilon_2))(1+\varepsilon_3)}{(f_2 - f_1)(1+\varepsilon_4)}(1+\varepsilon_5).$$

Die Schranken für die Beträge der ε_j sind wieder durch $\eta = \frac{1}{2}b^{-t+1}$, b = Basis der Gleitkommadarstellung, t Anzahl der Mantissenstellen, bestimmt.

$$gl\left(\frac{x_1f_2 - x_2f_1}{f_2 - f_1}\right) = \frac{x_1f_2 - x_2f_1}{f_2 - f_1} + \frac{x_1f_2\cdot\varepsilon_1 - x_2f_1\cdot\varepsilon_2}{f_2 - f_2} + \frac{x_1f_2 - x_2f_1}{f_2 - f_1}\cdot(\varepsilon_3 \quad \varepsilon_4 + \varepsilon_5) + 0(\eta^2) \tag{6.16}$$

Hier ist vor allen Dingen der zweite Term auf der rechten Seite kritisch. Sind f_2 und f_1 etwa nahezu gleiche positive Zahlen und sind auch x_1, x_2 positiv, so kann der Nenner klein sein. Haben ε_1 und ε_2 verschiedene Vorzeichen, so ist der Zähler vom Betrag gleich

$$x_1f_2\cdot|\varepsilon_1| + x_2f_1|\varepsilon_2|.$$

Es können also ε_1 und ε_2 mit den Faktoren $\frac{x_1 f_2}{f_2 - f_1}$ und $\frac{x_2 f_1}{f_2 - f_1}$ verstärkt werden. Diese Faktoren sind unkontrollierbar in ihrer Größe. Berechnet man jedoch den genannten Ausdruck gemäß

$$\frac{x_1 f_2 - x_2 f_1}{f_2 - f_1} = x_1 - \frac{x_2 - x_1}{f_2 - f_1} \cdot f_1 ,$$

so findet man

$$\tilde{z} = \mathrm{gl}\left(x_1 - \frac{x_2 - x_1}{f_2 - f_1} f_1\right) = \left[x_1 - \frac{(x_2 - x_1)(1 + \varepsilon_1)}{(f_2 - f_1)(1 + \varepsilon_2)} (1 + \varepsilon_3) \cdot f_1 \cdot (1 + \varepsilon_4)\right](1 + \varepsilon_5) \tag{6.17}$$

$$= \left[x_1 - \frac{x_2 - x_1}{f_2 - f_1}\right](1 + \varepsilon_5) - \frac{x_2 - x_1}{f_2 - f_1} \cdot f_1 \cdot (\varepsilon_1 - \varepsilon_2 + \varepsilon_3 + \varepsilon_4) + O(\eta^2).$$

Bei dieser Auswertung kommt es auf die offenbar auch in der Rechnung selbst wichtige Größe $\frac{x_2 - x_1}{f_2 - f_1} \cdot f_1$ an. Gilt beispielsweise $f_i = f(x_i)$ und ist f eine stetig differenzierbare Funktion, so ist $\frac{x_2 - x_1}{f_2 - f_1} = \frac{1}{f'(\xi)}$ mit zwischen x_1 und x_2 liegendem ξ.

Um den Effekt deutlich zu machen, geben wir noch ein Zahlenbeispiel an.

Seien

$$x_1 = 1{,}00\,000 \quad f_1 = 2{,}71\,828 \quad \approx \exp(x_1),$$
$$x_2 = 1{,}00\,100 \quad f_2 = 2{,}72\,100 \quad \approx \exp(x_2),$$

gerechnet werde im Dezimalsystem mit 6 geltenden Ziffern.

Es ist

$$x_1 \cdot f_2 = 2{,}72\,100$$
$$x_2 \cdot f_1 = 2{,}72\,100,$$

also $\tilde{y} = 0$.

Rechnet man nach der zweiten Form, so erhält man

$$\mathrm{gl}\left(\frac{x_2 - x_1}{f_2 - f_1}\right) = \mathrm{gl}\left(\frac{1}{2.72}\right) = 0{,}36\,76\,47,$$

$$\mathrm{gl}\left(\frac{x_2 - x_1}{f_2 - f_1} \cdot f_1\right) = 0{,}99\,9367,$$

$$\tilde{z} = 0{,}000\,633.$$

Bei 10 stelliger Rechnung erhält man für $\tilde{z}$ den Wert 0,000 500 129.... Dies kann man auch aus einer Entwicklung von

$$\frac{e^{1+\Delta x}-(1+\Delta x)\cdot e^1}{e^{1+\Delta x}-e^1} = 1 - \frac{\Delta x e^1}{e^1(1+\Delta x+\frac{\Delta x^2}{2}+\ldots-1)} = \frac{\Delta x}{2} + O(\Delta x^2)$$

als Wert für Rechnung mit exakter Arithmetik erwarten.
Es sei dem Leser überlassen zu prüfen, daß der große Fehler bei $\tilde{y}$ innerhalb der durch (6.16) gegebenen Fehlertoleranz liegt. Auch bei $\tilde{z}$ ist der relative Fehler bereits erheblich, das Ergebnis ist jedoch wesentlich genauer.

Beispiel 5

Rundungsfehler bei Summen.
Sei

$$F_n(x_1,\ldots,x_n) := x_1 + \ldots + x_n.$$

Der Einfachheit halber werde angenommen, daß die x_j in der Rechenanlage darstellbare Zahlen sind, sonst wäre noch der bei der Eingabe entstehende Fehler zu berücksichtigen.
Da das numerische Ergebnis durchaus von der Reihenfolge der Summation abhängen kann, vereinbaren wir, daß die Additionen in folgender Reihenfolge durchgeführt werden.

$$s_1 := x_1$$
$$s_r := s_{r-1} + x_r \quad \text{für } 1 < r \le n.$$

Mit (6.10) schreiben wir dies

$$gl(s_1) = x_1$$
$$gl(s_r) = gl(gl(s_{r-1}) + x_r) = (gl(s_{r-1}) + x_r)(1+\varepsilon_r). \tag{6.18}$$

Zur Analyse des Rundungsfehlereinflusses bilden wir den Gradienten von F nach den Parametern $\varepsilon_2,\ldots,\varepsilon_n$. Durch Differenzieren von (6.18) nach ε_j und anschließendes Nullsetzen aller ε_k erhält man

$$\frac{\partial}{\partial\varepsilon_j} gl(s_r)\Big|_{e=0} = s_r \cdot \frac{\partial\varepsilon_r}{\partial\varepsilon_j} + \frac{\partial}{\partial\varepsilon_j} gl(s_{r-1}). \tag{6.19}$$

Daraus folgt durch Induktion

$$\frac{\partial}{\partial\varepsilon_j} gl(s_r) = \begin{cases} 0 & \text{für } r<j \\ s_j & \text{für } r \ge j \end{cases}, \quad j = 2,\ldots,n.$$

Für die parameterabhängige Summe findet man also

$$F_n(x_1,\dots,x_n,\varepsilon_2,\dots,\varepsilon_n) = s_n + s_2\cdot\varepsilon_2 + s_3\cdot\varepsilon_3 + \dots + s_n\cdot\varepsilon_n + O(\eta^2). \tag{6.20}$$

Man erhält also

$$|F_n(x_1,\dots,x_n;\varepsilon_2,\dots,\varepsilon_n) - F_n(x_1,\dots,x_n;0,\dots,0)| \le K\cdot\eta + O(\eta^2)$$

mit der Konditionszahl

$$K := |s_2| + |s_3| + \dots + |s_n|. \tag{6.21}$$

Diese möchte man möglichst klein halten.
Dies legt eine Strategie für die Reihenfolge, in der man die Terme einer Summe addieren sollte, nahe.
In dem Spezialfall, daß alle Summanden nichtnegativ sind, findet man

$$K := (n-1)\cdot x_1 + (n-1)\cdot x_2 + (n-2)x_3 + \dots + 2\cdot x_{n-1} + x_n$$

und es ist klar, daß man die Terme der Größe nach und mit dem kleinsten beginnend summieren sollte.
Weiß man nichts über die Vorzeichen der x_j und will man langwierige Suchprozesse vermeiden, so ist eine gute, wenn vielleicht auch nicht die beste Strategie eine Summation nach aufsteigenden Beträgen.

<u>Beispiel 6</u>

Die beiden letzten Beispiele sind den Rundungsfehlern gewidmet, die bei der Interpolation auftreten.
Zunächst soll über eine Idee von P. R. Graves-Morris (1980) berichtet werden. Er gibt eine Strategie zur Festlegung der Reihenfolge an, in der man eine gegebene Menge von Interpolationspunkten abarbeiten sollte, um die Abweichung zwischen den Eingabewerten und den korrespondierenden aus dem Interpolationspolynom gewonnenen Werten (sie würde bei exakter Arithmetik Null sein) relativ gering zu halten. Die Berechnung des Interpolationspolynoms soll numerisch nach Newton (2.8) erfolgen, die Koeffizienten seien also durch die mit Rundungsfehlern behafteten Differenzenquotienten gegeben. Die Auswertung des so entstandenen Polynoms erfolge jedoch mit exakter Arithmetik. Zur Kontrolle werde bei gegebener Punktmenge (x_j, f_j), $j=0,\dots,n$, der Wert des berechneten Interpolationspolynoms in den x_j bestimmt.

Graves-Morris fordert, daß die Indizierung der Punkte so gewählt sei, daß gilt

$$1) \qquad |f_0| \le |f_j| \text{ für } j=1,\dots,n \text{ und} \tag{6.22}$$

$$2) \qquad |\Delta^j(x_0,\dots,x_j)f| \le |\Delta^j(x_0,\dots,x_{j-1},x_l)f| \text{ für } l>j \text{ und } j=1,\dots,n-1.$$

Diese Forderung gestattet es, sukzessiv $x_0, x_1, \dots$ festzulegen.
Das in den Punkten $(x_0,f_0),\dots,(x_k,f_k)$ interpolierende Polynom sei mit $p_k(x)$ bezeichnet, das numerisch erhlaltene mit $\tilde{p}_k(x)$.
Machen wir vereinfachend die Annahmen, daß sowohl die x_j wie auch die f_j in der verwendeten Rechenanlage darstellbare Zahlen sind, (anderenfalls muß man noch einen relativen Fehler der Größe η bei Gleitkommarechnung in Kauf nehmen,) so gilt also

$$p_0(x_0) = f_0$$

und es tritt kein Fehler auf.
Für $n=1$ besitzt das Newtonsche Interpolationspolynom (2.8) die Form

$$p_1(x) = p_0(x) + (x-x_0)\cdot\Delta^1(x_0,x_1)f$$

bzw. das berechnete Polynom

$$\tilde{p}_1(x) = \tilde{p}_0(x) + (x-x_0)\cdot\tilde{\Delta}^1(x_0x_1)f,$$

wobei $\tilde{\Delta}^1(x_0,x_1)f$ den numerisch gemäß folgendem "Ablaufschema" ermittelten Differenzenquotienten bezeichnet

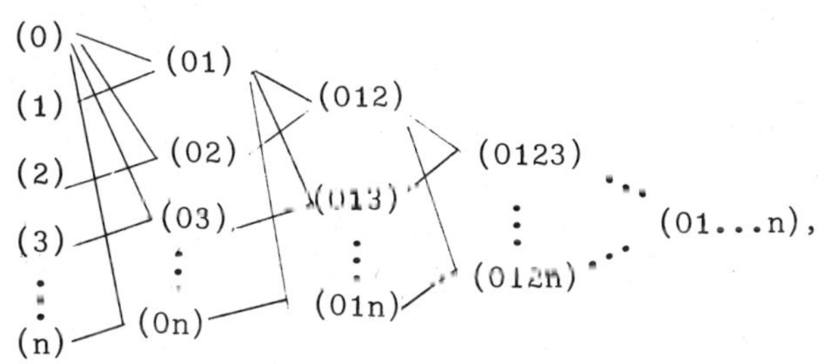

(6.23)

das man etwa durch folgende Befehle charakterisieren kann:

for $\quad j=1(1)n$ (6.24)

  for $\quad l=j(1)n$

$$\Delta^j(x_0,\dots,x_{j-1},x_l)f = \frac{\Delta^{j-1}(x_0,\dots,x_{j-2},x_l)f - \Delta^{j-1}(x_0,\dots,x_{j-1})f}{x_l - x_{j-1}}$$

  end

end.

Man kann nun nach Beispiel 1 schreiben

$$\tilde{\Delta}(0,1)f := \frac{f_1 - f_0}{x_1 - x_0}(1 + 3\varepsilon_{01} + 0(\eta^2)). \tag{6.25}$$

Hier ist in einleuchtender Weise der bei den Differenzenquotientenberechnungen auftretende Fehler indiziert worden. Für alle diese Fehler gilt dann

$$|\varepsilon_{i\ldots j}| \le \eta.$$

Im folgenden wollen wir zur Vereinfachung der Formeln alle Gleichungen "mod η^2" schreiben, also alle Terme $0(\eta^2)$ weglassen.
Mit diesen Konventionen erhalten wir nun

$$\tilde{p}_1(x_1) = p_0 + (x_1 - x_0)\cdot\frac{(f_1 - f_0)}{x_1 - x_0}(1 + 3\varepsilon_{01})$$

$$= p_1(x_1) + (f_1 - f_0)\cdot 3\varepsilon_{01}$$

also mit (6.22) und wegen $p_1(x_1) = f_1$ die Abschätzung

$$|\tilde{p}_1(x_1) - f_1| \le (|f_1| + |f_0|)\cdot 3\eta \le 6\cdot\eta\cdot|f_1|.$$

Der relative Fehler ist also 6η.

Aufgrund der Newtonschen Interpolationskonstruktion ist

$$\tilde{p}_j(x_k) = \tilde{p}_k(x_k) \text{ für } k < j,$$

hier insbesondere

$$\tilde{p}_1(x_0) = \tilde{p}_0(x_0) = p_0(x_0) = f_0,$$

so daß auch in x_0 der Fehler, der gleich Null ist, durch 6η abgeschätzt werden kann. Es zeigt sich im folgenden, daß jeweils der größte Wert für den relativen Fehler von $\tilde{p}_j(x)$ in x_j geschätzt wird, wie zunächst noch für $j = 2$ verifiziert sei.

$$p_2(x_2,e) := \tilde{p}_2(x_2) = p_0 + (x_2 - x_0)\Big[\Delta^1(x_0,x_1)f(1 + 3\varepsilon_{01}) +$$

$$+ (x_2 - x_1)\cdot\frac{\Delta^1(x_0,x_2)f(1 + 3\varepsilon_{02}) - \Delta^1(x_0,x_1)f\cdot(1 + 3\varepsilon_{01})}{x_2 - x_1}(1 + 3\varepsilon_{012})\Big]$$

$$= p_2(x_2) + (x_2 - x_0)\Big[\Delta^1(x_0,x_1)f\cdot 3\varepsilon_{01} + (x_2 - x_1)\frac{\Delta^1(x_0,x_2)f\cdot 3\varepsilon_{02} - \Delta^1(x_0,x_1)f\cdot 3\varepsilon_{01}}{x_2 - x_1}$$

$$+ (x_2 - x_1)\cdot\Delta^2(x_0,x_1,x_2)f\cdot 3\varepsilon_{012}\Big].$$

Wieder folgt mit (6.22) und $p_2(x_2) = f_2$ die Abschätzung

$$|\tilde{p}_2(x_2) - f_2| = |x_2 - x_0| \cdot |\Delta^1(x_0,x_1)f \cdot 3\varepsilon_{01} + \Delta^1(x_0,x_2)f \cdot 3\varepsilon_{02} - \Delta^1(x_0,x_1)f \cdot 3\varepsilon_{01} + (\Delta^1(x_0,x_2)f - \Delta^1(x_0,x_1)f) \cdot 3\varepsilon_{012}|$$

$$\le |x_2 - x_0| \cdot \left[|\Delta^1(x_0,x_2)f \cdot 3\varepsilon_{02}| + 2|\Delta^1(x_0,x_2)f \cdot 3\varepsilon_{012}| \right]$$

$$\le (|f_2| + |f_0|) \cdot 3(\eta + 2\eta) \le 2 \cdot 3(1+2) \cdot \eta \cdot |f_2| .$$

Der relative Fehler ist also durch $6(1+2)\cdot\eta$ abgeschätzt, dies gilt auch, wie wir bereits sahen, als Schranke für den Fehler in x_1 und x_0 von $\tilde{p}_2(x)$.

Es soll nun gezeigt werden, daß man im allgemeinen Fall unter der obigen Voraussetzung über die Indizierung der Interpolationspunkte bei der Newtonschen Interpolationsformel für den relativen Fehler die Abschätzung

$$|\tilde{p}_n(x_n) - f_n| \le |f_n| \cdot 6(1 + 2 + \ldots + 2^{n-1})\eta + O(\eta^2) \text{ für } n = 1,2,\ldots \qquad (6.26)$$

bekommt.

Zur Verifikation dieser Abschätzung wird $p_n(x,e)$ mit dem Vektor e der Rundungsfehlerparameter $\varepsilon_{01}, \varepsilon_{02}, \ldots, \varepsilon_{012\ldots n}$ wie im vorangegangenen Beispiel für $n = 2$ gebildet. Der Koeffizient von $|f_n|$ ergibt sich durch Abschätzen der Betragssumme der Komponenten von $\mathrm{grad}_e p_n(x,e)$ für $x = x_n$ und $e = 0$.

Der Beweis beruht auf zwei Hilfssätzen.

Hilfssatz 6.1

Die Interpolationspunkte mögen gemäß (6.22) indiziert sein.
Dann besteht die Ungleichung

$$|(x_l - x_0)(x_l - x_1)\ldots(x_l - x_{j-1}) \cdot \Delta^j(x_0,\ldots,x_{j-1},x_l)f| \le 2^j |f_l|$$

$$\text{für } l \ge j,\ j = 0,\ldots,n. \qquad (6.27)$$

Beweis:

Für $j = 0$ ist $|\Delta^0(x_l)f| = |f_l|$ und der Fall $j = 1$, nämlich

$$|(x_l - x_0) \cdot \Delta^1(x_0,x_l)f| = |f_l - f_0| \le 2|f_l|$$

kam bereits beim Fall $n = 1$ der Newton-Interpolation vor. Der Induktionsschritt ist einfach und benutzt wieder (6.22) als einziges wesentliches Hilfsmittel:

$$|(x_l - x_0)\ldots(x_l - x_{j-2})\cdot(x_l - x_{j-1})\cdot\Delta^j(x_0,\ldots,x_{j-1},x_l)f| =$$

$$|(x_l - x_0)\ldots(x_l - x_{j-2})\cdot(\Delta^{j-1}(x_0,\ldots,x_{j-2},x_l)f - \Delta^{j-1}(x_0,\ldots,x_{j-1})f)| \leq$$

$$2\cdot|(x_l - x_0)\ldots(x_l - x_{j-2})\cdot\Delta^{j-1}(x_0,\ldots,x_{j-2},x_l)f| \leq 2\cdot 2^{j-1}|f_l|.$$

Der zweite Hilfssatz gibt Auskunft darüber, wie der bei einem Differenzenquotienten auftretende Fehler den Wert von $p_n(x,e)$ beeinflußt. So sieht man im obigen Fall $n=2$ etwa, daß ε_{01} bei der Berechnung von $|\tilde{p}_2(x_2) - f_2|$ herausfällt, ε_{02} den Faktor $3\cdot 2|f_2|$ und ε_{012} den Faktor $3\cdot 2^2|f_2|$ erhält. Dies sind Spezialfälle von

Hilfssatz 6.2

Sei $p_n(x,e)$ das Polynom, dessen Koeffizienten in der Newtonschen Interpolationsformel (2.8) gemäß Schema (6.23) berechnet sind, wobei
$\tilde{\Delta}^{j+1}(x_0,\ldots,x_j,x_l)f = (\tilde{\Delta}^j(x_0,\ldots,x_{j-1},x_l)f - \tilde{\Delta}^j(x_0,\ldots,x_j)f)/(x_l - x_j)\cdot(1+3\varepsilon_{0\ldots jl})$
ist. Dann gilt

$$\frac{\partial p_n(x_n,e)}{\partial\varepsilon_{0\ldots jl}}\Big|_{e=0} = \begin{cases} 0 \text{ für } j<l<n \\ (x_n - x_0)\ldots(x_n - x_j)\Delta^j(x_0,\ldots,x_j,x_l)f \text{ für } j<l=n. \end{cases} \tag{6.28}$$

Beweis:

Es gilt

$$p_n(x,e) = d_0(e) + (x-x_0)\Big[d_1(e) + (x-x_1)\Big[d_2(e) + \ldots + (x-x_{n-1})\cdot d_n(e)\Big]\Big] \tag{6.29}$$

mit $d_j(e) = \tilde{\Delta}^j(x_0,\ldots,x_j)f$, entnommen aus (6.23). Man sieht, daß der Differenzenquotient mit dem (festen) Satz von Indizes $(0,\ldots,j,l)$ und damit auch $\varepsilon_{0\ldots jl}$ nur bei der Bildung der höheren Differenzenquotienten mit den Indizes

$$(0,\ldots,j+1,l),\ldots,(0,\ldots,l-1,l)$$

auftritt, sowie bei jedem Differenzenquotienten der Ordnung $l+2,\ldots,n$.

Die Ableitung $\frac{\partial d_\nu(e)}{\partial\varepsilon_{0\ldots jl}}\Big|_{e=0}$ verschwindet also, wenn $\nu<l$ ist. Für $\nu=l$ kann man annehmen, daß alle Komponenten von e mit Ausnahme von $\varepsilon_{0\ldots jl}$ Null sind. $d_l(e)$ läßt sich mit Hilfe der Lagrange-Form des Differenzenquotienten der Ordnung $l-j-1$ schreiben

$$d_l(e) = \sum_{k=j+1}^{l} \tilde{\Delta}^{j+1}(x_0,\ldots,x_j,x_k)f \Big/ \prod_{\substack{\nu=j+1\\ \nu\neq k}}^{l} (x_k - x_\nu).$$

Daraus entnimmt man nach Beispiel 1 und analog zu (6.25)

$$\frac{\partial d_l(e)}{\partial \varepsilon_{0\ldots jl}} = \frac{\Delta^{j+1}(x_0,\ldots,x_j,x_l)f}{(x_l - x_{j+1})\ldots(x_l - x_{l-1})} \cdot 3 .$$

Für $j \leq n-1$ und $l = n$ erhält man damit durch Einsetzen

$$\left.\frac{\partial p_n(x_n,e)}{\partial \varepsilon_{0\ldots jn}}\right|_{e=0} = (x_n - x_0)\ldots(x_n - x_{n-1}) \cdot \frac{\Delta^{j+1}(x_0,\ldots,x_j,x_n)f}{(x_n - x_{j+1})\ldots(x_n - x_{n-1})} \cdot 3$$

$$= 3 \cdot (x_n - x_0)\ldots(x_n - x_j) \cdot \Delta^{j+1}(x_0,\ldots,x_j,x_n)f.$$

Es ist noch der Wert der Ableitungen von $p_n(x_n,e)$ nach $\varepsilon_{0\ldots jl}$ für $l<n$ zu bestimmen. Sei also $\varepsilon := \varepsilon_{0\ldots jl}$ die einzige variabel gehaltene Komponente von e, alle übrigen Komponenten seien Null. Dann erhält man nach den vorangegangenen Überlegungen

$$d_l(e) = \Delta^l(x_0,\ldots,x_l)f + c \cdot \varepsilon + O(\eta^2),$$

die übrigen lten Differenzenquotienten im Schema (6.23)

$$\tilde{\Delta}^l(x_0,\ldots,x_{l-1},x_k)f \text{ mit } k>l$$

hängen jedoch nicht von $\varepsilon = \varepsilon_{0\ldots jl}$ ab.
Der in $\varepsilon_{0\ldots jl}$ lineare Teil von $p_n(x,e)$ entsteht nun gerade durch Interpolation der Werte $(x_l, \varepsilon c), (x_{l+1},0),\ldots,(x_n,0)$ mit einer Konstanten c, denn durch den in (6.29) zu der lten, (l+1)ten,...,nten Spalte von (6.23) gehörenden Klammerausdruck $q(x,e) = [d_l(e) + (x - x_l) \cdot [d_{l+1}(e) + \ldots (x - x_{n-1})d_n(e)]\ldots]$ werden die obengenannten lten Differenzenquotienten interpoliert.

$$q(x_n,e) = \Delta^l(x_0,\ldots,x_{l-1},x_n)f$$

ist, wie gesagt, von $\varepsilon_{0\ldots jl}$ unabhängig, $\frac{\partial q(x_n,e)}{\partial \varepsilon}$ und damit $\frac{\partial p_n(x_n,e)}{\partial \varepsilon_{0\ldots jl}}$ verschwindet also für $l<n$.
Damit ist die im Hilfssatz angegebene Formel vollständig bewiesen.
Die Kombination der beiden vorangegangenen Hilfssätze zur Abschätzung der Betragssumme des Gradienten ergibt nun gerade die Abschätzung (6.26).

<u>Beispiel 7</u>

Auswertung von Interpolationspolynomen

Es sei $p(x) = d_0 + (x - x_0)[d_1 + (x - x_1)d_2]$ mit in der Rechenanlage darstellbaren, gegebenen Koeffizienten d_i und vorgegebenen Stellen x_0, x_1. Man kann - um Operationen zu sparen - das Polynom umschreiben

$$p^*(x) = (a_2 \cdot x + a_1) \cdot x + a_0$$

mit

$$a_2 = d_2$$
$$a_1 = d_1 - (x_1 + x_0)d_2$$
$$a_0 = d_0 - x_0(d_1 - x_1 d_2).$$

Dann erhält man mit der bereits mehrfach verwendeten Technik

$$p(x,e) = [[d_2 \cdot (x - x_1) \cdot (1 + 2\varepsilon_1) + d_1](x - x_0)(1 + 2\varepsilon_2) + d_0](1 + \varepsilon_3),$$

dabei stammen die Faktoren 2 davon, daß wir den Fehler einer Multiplikation und Subtraktion zusammengefaßt haben. Für den Gradienten von p bezüglich ε erhalten wir

$$\operatorname{grad}_e p(x,0) = \begin{pmatrix} 2 \cdot d_2(x - x_1)(x - x_0) \\ 2 \cdot d_1(x - x_0) \\ d_0 \end{pmatrix}.$$

Entsprechend kann man bei p^* den Parametervektor e einführen $p^*(x,e) = ((a_2 \cdot x(1 + \varepsilon_1) + a_1) \cdot x(1 + 2\varepsilon_2) + a_0)(1 + \varepsilon_3)$ und findet

$$\operatorname{grad}_e p^*(x,0) = \begin{pmatrix} a_2 \cdot x^2 \\ 2a_1 x \\ a_0 \end{pmatrix}.$$

Die Größen d_0, d_1, d_2 sind, wie in (2.8) gezeigt wurde, Differenzenquotienten, mithin durch die Größe von Ableitungen zu kontrollieren. a_0, a_1, a_2 sind durch Funktionswerte und Ableitungen im Nullpunkt auszudrücken.

Sind nun x_0, x_1 verhältnismäßig große Zahlen, d.h. liegt das Interpolationsintervall weit vom Nullpunkt entfernt, so muß man damit rechnen, daß die a_j verhältnismäßig ungenau sind, möglicherweise auch von der Problemstellung her eigentlich nicht definiert sind, (wenn etwa $f(x) = \frac{1}{x^2 - 9000}$ in $x_0 = 100$, $x_1 = 101$, $x_2 = 102$ interpoliert worden ist, also eine Singularität zwischen 0 und den Interpolationspunkten liegt.) Wir wollen jedoch von dieser Problematik einmal absehen. Dann bleibt immer noch die Analyse der Norm der Gradienten, x wird in der Umgebung der Punkte x_0, x_1, x_2 liegen, so daß grad p Komponenten besitzt, die durch die Größe der Funktionswerte und die mit kleinen Faktoren $(x - x_j)$ versehenen Differenzenquotienten bestimmt sind. Deren Fehler werden also auch nicht wesentlich verstärkt.

Bei grad p^* hingegen treten Potenzen von x auf, die bei großen Werten von x zu großen Komponenten und damit starker Fehlervergrößerung führen können.

Es empfiehlt sich also trotz einiger zusätzlicher Additionsoperationen ein Interpolationspolynom in der Newton-schen Form zu belassen und nicht zu der theoretisch einfacheren Form der Entwicklung um den Nullpunkt überzugehen. Der Leser kann dies etwa an obigem Beispiel verifizieren, indem er die Interpolationspolynome p und p^* ermittelt und prüft, wie gut bei einer Rechnung mit einer festen Stellenzahl der Eingabewert f(102) reproduziert wird.

Hinsichtlich anderer Techniken zur Erfassung der Rundungsfehler sei neben dem Werk von Wilkinson auf neuere Arbeiten von Stummel und die Veröffentlichungen zur Intervallarithmetik von Nickel, Moore u.a. verwiesen.

§ 7. Elektronische Analogrechner

1. Allgemeines

Abgesehen von speziellen Rechengeräten (Kurvenscheibenintegrator, Multiplikationsgetriebe usw.) begann man erst nach dem 2. Weltkrieg Analogrechenmaschinen für allgemeinere Zwecke zu bauen. Hierbei wurden mit Erfolg zwei Wege beschritten. Der erste war die Entwicklung mechanisch arbeitender Präzisions-Analogrechner unter Zuhilfenahme elektrischer Steuerungen und Kupplungen, der zweite zielte auf die Entwicklung vollelektronischer Analogrechner hin. Heutzutage sind die mechanisch arbeitenden Analogrechner den elektronisch arbeitenden Analogrechnern in der Vielzahl der Anwendungsgebiete unterlegen. Allerdings arbeiten die mechanischen Analogrechner etwa eine Größenordnung genauer als die normalen elektronischen Analogrechner.

Im Gegensatz zu den Digitalrechnern, bei denen der Genauigkeit theoretisch keine Grenze gesetzt ist, ist für den Analogrechner eine Genauigkeitsschranke vorgegeben. Die Genauigkeit kann grundsätzlich nicht größer sein als die Genauigkeit, mit der man physikalisch - technische Größen einstellen und messen kann. Ein Analogrechner ist auch in der Lage, z. B. Rechenoperationen wie die Integration direkt durchzuführen. Eine Einschränkung besteht allerdings darin, daß die unabhängige Veränderliche stets die Zeit ist. Diese Einschränkung gestaltet z. B. das Lösen partieller Differentialgleichungen sehr schwierig. Eine beliebte Anwendung des Analogrechners ist die modellmäßige Nachbildung eines vorgegebenen Systems; d. h. der Bau eines Simulators.
Insgesamt kann man sagen, daß das Hauptanwendungsgebiet des elektronischen Analogrechners die Lösung von Differentialgleichungen ist. Die Ordnung der Differentialgleichung spielt dabei i. a. keine Rolle. Ebenso ist es weitgehend unwichtig, ob die Gleichungen linear oder nichtlinear sind.

2. Grundelemente des elektronischen Analogrechners

Bei elektronischen Analogrechnern wird jede abhängige Variable durch eine Potentialdifferenz dargestellt, deren Größe der abhängigen Variablen proportional ist. Da die unabhängige Variable stets die Zeit ist, erhält man sämtliche abhängige Variablen stets als Funktionen der Zeit. Die Sichtbarmachung dieser Zeitfunktionen geschieht durch Aufzeichnung der Kurven auf Schreibpapier oder Photopapier oder durch Ablenkung des Elektronenstrahls beim Elektronenstrahloszillographen; die Ergebnisse können auch auf Magnetband gespeichert werden.
Wie beim Rechnen mit Festkommazahlen muß man beim Rechnen mit elektronischen

Analogrechnern darauf achten, daß sämtliche auftretenden Spannungen und Ströme innerhalb gewisser Grenzen bleiben. Falls die auftretenden Werte sehr klein werden sollten, kann man sie durch geeignete Verstärkerschaltungen vergrößern.

Die an den einzelnen Schaltelementen jeweils auftretenden Ströme und Spannungen kann man mit Hilfe der Kirchhoff' schen Regeln berechnen. Um nicht jede Schaltung in ihrer Gesamtheit durchrechnen zu müssen, verwendet man nur solche Schaltelemente die rückwirkungsfrei sind, d. h. deren Verhalten unabhängig von der Last ist.

Symbolliste der wichtigsten Schaltelemente

Wirkung:

1. Potentiometer:

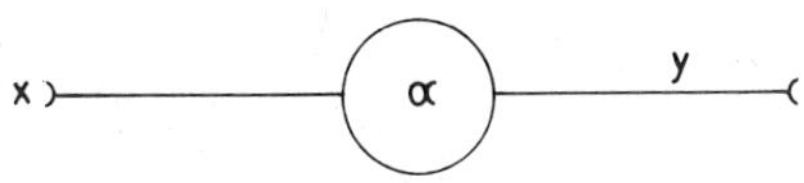

$$y = x \cdot \alpha$$

2. Inverter:

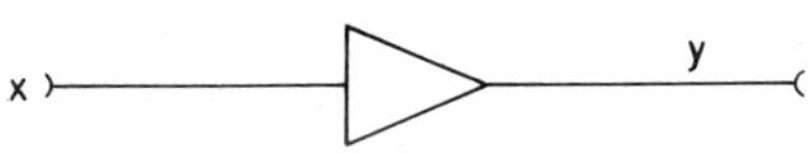

$$y = -x$$

3. Summator:

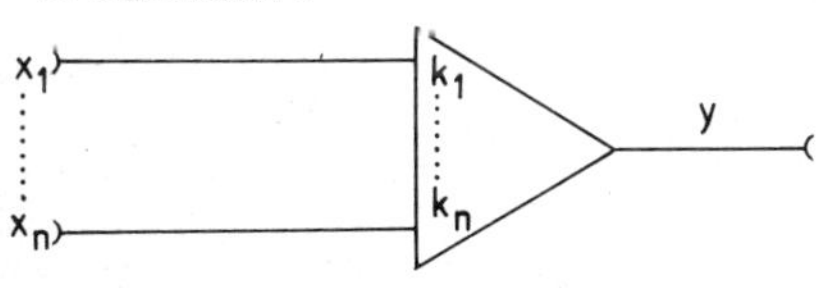

$$y = -\sum_{i=1}^{n} k_i \cdot x_i \quad (k_i \geq 0)$$

4. Integrator:

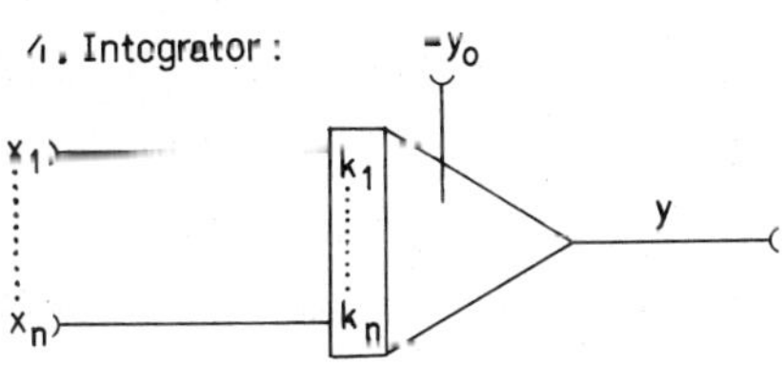

$$y = -\sum_{i=1}^{n} \int_0^t k_i \cdot x_i (\tau) d\tau + y_0$$

$$\text{d. h. } : \dot{y} = -\sum_{i=1}^{n} k_i \cdot x_i$$

5. Multiplikator:

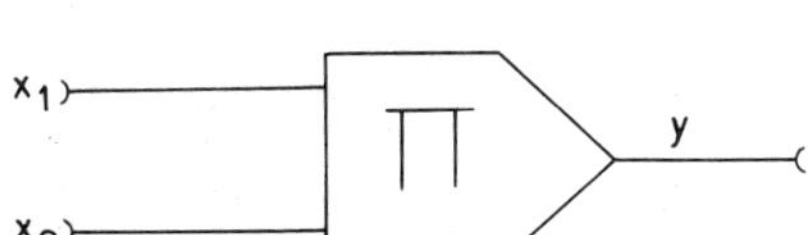

$$y = x_1 \cdot x_2$$

6. Komparator:

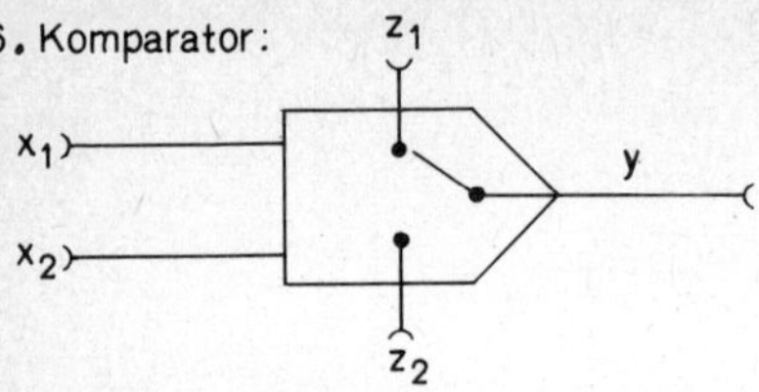

$$y = \begin{cases} z_1 & \text{falls } x_1 + x_2 > 0 \\ z_2 & \text{falls } x_1 + x_2 < 0 \end{cases}$$

7. Funktionsgeber:

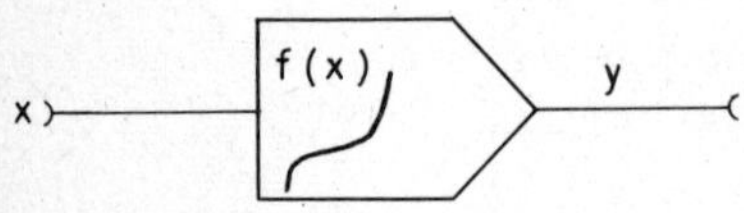

$$y = f(x)$$

Durch einen Funktionsgeber läßt sich eine willkürliche Funktion angenähert darstellen. Für die vorhandenen Spannungsquellen von beispielsweise 10V bzw. -10V benutzt man die Symbole 1)— bzw. -1)—.

Anmerkung

Falls in den Schaltelementen 3) und 4) keine Werte für die k_i angegeben sind, so wird $k_i = 1$ gesetzt, für $i = 1,\dots,n$. Ein weggelassener Anfangswert y_0 beim Schaltelement 4) wird als 0 angenommen.

Beispiel 1

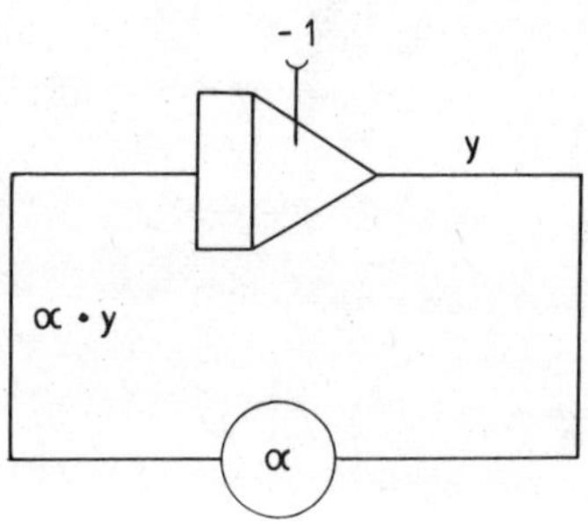

Es gilt $\dot{y} = -\alpha y$,

daraus folgt

$$y(t) = c \cdot e^{-\alpha t};$$

wegen der Anfangsbedingung

$$y(0) = 1$$

ergibt sich

$$\underline{y(t) = e^{-\alpha t}.}$$

Beispiel 2

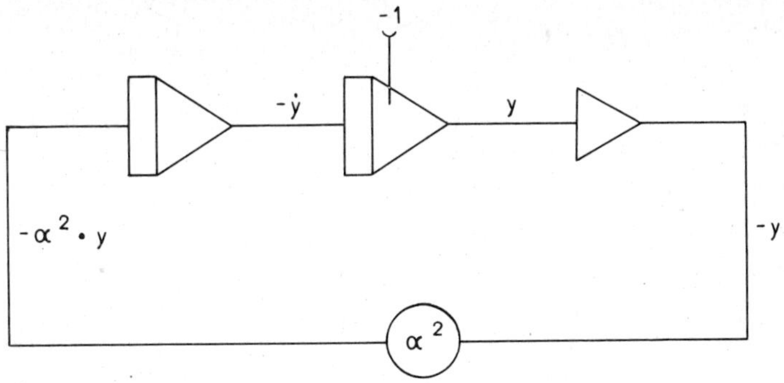

Es gilt

$$\ddot{y} = -\alpha^2 y$$

d. h. $\quad y(t) = c_1 \cos \alpha t + c_2 \sin \alpha t,$

wegen $\quad y(0) = 1,\ \dot{y}(0) = 0 \quad$ folgt

$$\underline{y(t) = \cos \alpha t.}$$

Wenn man die Schaltung wie folgt abändert,

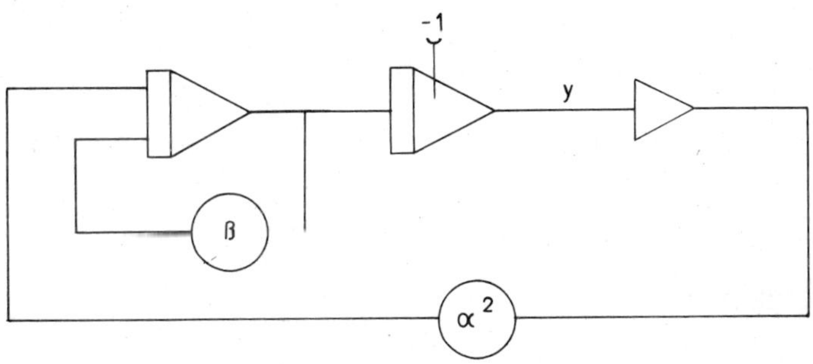

erhält man die Differentialgleichung einer gedämpften Schwingung

$$\ddot{y} = -\alpha^2 y - \beta \dot{y}\ .$$

Realisierung einiger Schaltelemente

1. Aufbau eines Integrators

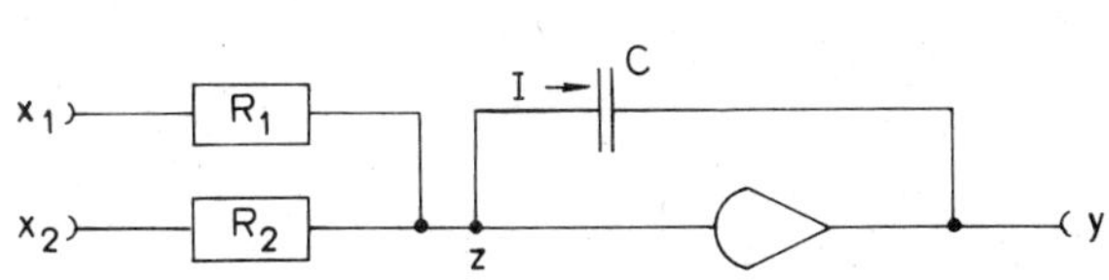

Dabei ist

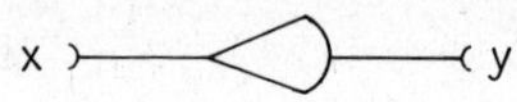

ein sogenannter "offener" Verstärker mit

$$y = -V \cdot x\,, \quad V \approx 10^9,$$

der nahezu keinen Strom durchläßt.
Es gilt

$$I = \frac{z - x_1}{R_1} + \frac{z - x_2}{R_2} = C \cdot \frac{d}{dt}(y - z)$$

Daraus folgt

$$C \cdot \dot{y} = -\left(\frac{x_1}{R_1} + \frac{x_2}{R_2}\right) + \frac{z}{R_1} + \frac{z}{R_2} + C \cdot \dot{z}\,.$$

Wegen $z = -\frac{1}{V} \cdot y$ sind z und $\dot{z}$ vernachlässigbar klein, daher gilt

$$y = -\frac{1}{C} \int_0^t \left(\frac{x_1}{R_1} + \frac{x_2}{R_2}\right) dt + y_0\,.$$

Durch geeignetes Anbringen einer Anfangsbedingung erhält man also mit der obigen Schaltung einen Integrator.

2. Aufbau eines Summators

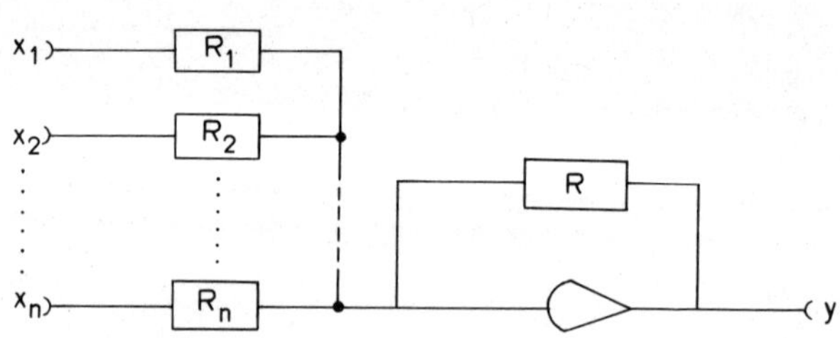

Ersetzt man in der Schaltung für den Integrator C durch R, so erhält man damit die Schaltung für einen Summator:

$$y = -R \cdot \sum_{i=1}^{n} \frac{x_i}{R_i} = -\sum_{i=1}^{n} \frac{R}{R_i} x_i\,.$$

3. Aufbau eines Multiplikators

Eine Multiplikation kann man dadurch realisieren, daß man von der Beziehung

$$x \cdot y = \frac{1}{4} [(x+y)^2 - (x-y)^2]$$

Gebrauch macht. Nimmt man an, daß man einen Quadrierer zur Verfügung hat, erhält man folgende Schaltung

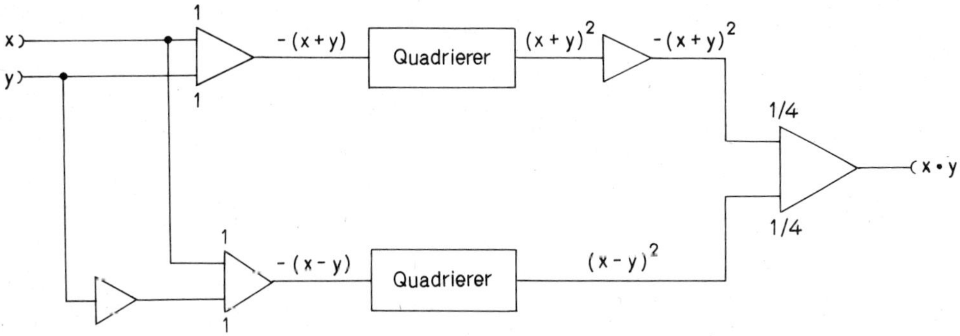

Um das Quadrat einer Größe, hier einer Spannung, zu erzeugen, kann man sich z. B. so helfen, daß man die weitgehend quadratische Charakteristik eines Gleichrichters ausnutzt.

Beispiel 3

Wurzelschaltung

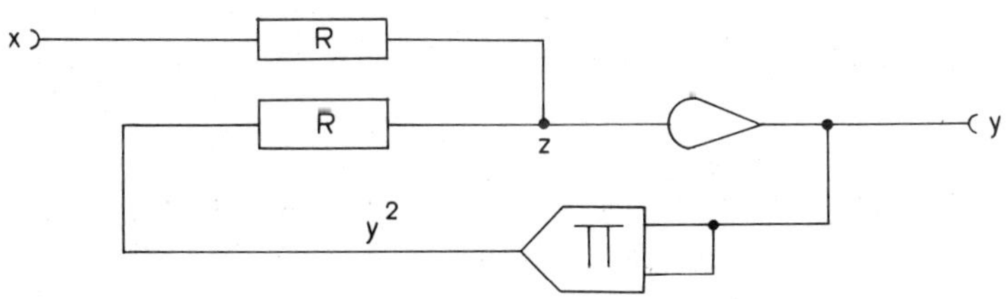

Wie in den obigen Beispielen erzwingt der offene Verstärker die Spannung $z \approx 0$ an seinem Eingang. Man erhält also:

$$x + y^2 = z = 0$$

und somit für die negative Spannung x

$$y = +\sqrt{-x}$$

Beispiel 4

Zur Aufnahme der Resonanzkurve eines Schwingkreises benutzt man einen Wobbelgenerator, d. h. man erzeugt Schwingungen, deren Frequenzen man mit t, hier in der Form $\omega = \frac{1}{2} t$ variiert.

$$x = \sin \frac{1}{2} t^2 \quad , \qquad y = \cos \frac{1}{2} t^2$$

$$\dot{x} = t \cos \frac{1}{2} t^2 \quad , \qquad \dot{y} = - t \sin \frac{1}{2} t^2$$

$$\dot{x} = t \cdot y \qquad\qquad \dot{y} = - t \cdot x$$

Eine Realisation der Funktionen x und y erhält man also durch folgende Schaltung:

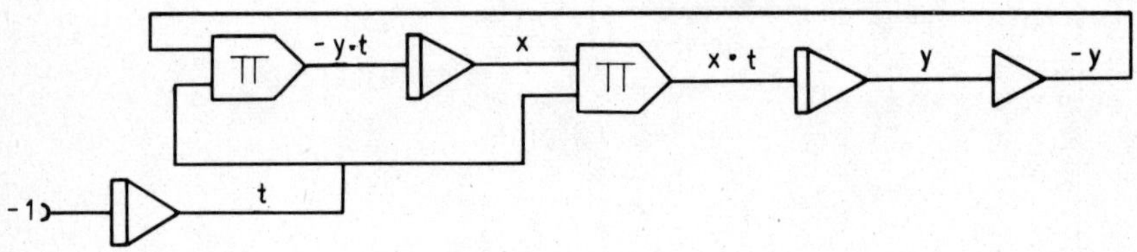

Kapitel II
Numerische Methoden zur Lösung von Gleichungen

In diesem Kapitel werden die Existenz und die numerische Bestimmung der Lösungen von Gleichungen bzw. Gleichungssystemen untersucht. Die Gleichungen werden je nach Art des zu verwendenden Verfahrens geschrieben als

$$x = F(x)$$

oder als

$$F(x) = 0$$

mit einer geeignet definierten Abbildung F. Durch diese Schreibweisen braucht nicht zwischen Gleichungssystemen und Gleichungen unterschieden zu werden.* Die Lösung der Gleichung soll durch numerische Verfahren erfolgen, die sich für elektronische Rechenanlagen eignen. Als Ergebnis einer allgemein durchgeführten Theorie erhält man Iterationsverfahren. Außerdem werden Abschätzungen für den beim Abbruch nach dem m-ten Schritt entstehenden Fehler hergeleitet.

§ 1. Das Iterationsverfahren für kontrahierende Abbildungen

Betrachtet werde eine Gleichung

$$x = f(x) \tag{1.1}$$

mit einer Funktion f, deren Eigenschaften später genau festgelegt werden. Eine Lösung solch einer Gleichung (ein "Fixpunkt" von f) läßt sich nur in den seltensten Fällen exakt bestimmen. Beispielsweise sind die Lösungen $+\sqrt{2}$ und $-\sqrt{2}$ der Gleichung

$$x = \frac{1}{x} + \frac{x}{2}$$

nicht rational und somit auf einer digitalen Rechenanlage nicht darstellbar. Im allgemeinen kennt man allerdings einen Näherungswert x_0 für die wahre Lösung x^*. Wenn dann $x_1 := f(x_0)$ definiert ist, kann man sich fragen, ob x_1 "näher" an x^* ist oder nicht. Diese Fragestellung liegt nahe, weil für x^* der Wert $f(x^*)$ wieder x^* liefert und man bei "gutartigen" Funktionen f vermuten kann, daß die Werte von f in "nahe" bei x^* gelegenen Punkten wieder "nahe" bei x^* liegen. Bereits bei dieser Plausibilitätsbetrach-

---

* Bei reellwertigen Funktionen wird im folgenden auch f(x) statt F(x) geschrieben.

tung sieht man, daß man bei der Behandlung von Lösungsmethoden der Gleichung (1.1) die Funktion f auf Punktmengen $\mathfrak{R}$ definieren muß, bei denen der Begriff "nahe" etwa durch eine geeignete Abbildung $\mathfrak{R} \times \mathfrak{R} \to \mathbb{R}$ beschrieben wird und daß dieser Begriff entscheidend ist für die Konvergenz eines Iterationsverfahrens der Gestalt

$$x_{i+1} = f(x_i) \ (i \in \mathbb{N}). \tag{1.2}$$

Speziell wird man von der Funktion f verlangen müssen, daß sie "benachbarte" Punkte in "benachbarte" Punkte abbildet. Das gegen $\sqrt{2}$ konvergierende und innerhalb der rationalen Zahlen verlaufende Iterationsverfahren

$$x_{i+1} = \frac{x_i}{2} + \frac{1}{x_i} \qquad (i \in \mathbb{N}), \quad x_1 = 1 \tag{1.3}$$

zeigt, daß der Grenzwert eines solchen Verfahrens außerhalb der Punktmenge liegen kann, in der das Verfahren verläuft. Man wird also vom Definitionsbereich $\mathfrak{R}$ der Funktion f verlangen müssen, daß er mit einer konvergenten Folge auch deren Limes enthält, d. h. daß er in gewissem Sinne "vollständig" ist. Tatsächlich ergibt sich, daß man zum Aufbau einer befriedigenden Theorie im wesentlichen mit den obengenannten Begriffen auskommt. Der Rest dieses Paragraphen ist der Darstellung dieser Theorie gewidmet.

Zunächst soll ein möglichst allgemeiner Bereich definiert werden, in dem eine Distanz (Metrik) $d(x,y)$ erklärt ist.

Definition 1.1

Eine nichtleere Menge $\mathfrak{R}$ zusammen mit einer Abbildung

$$d: \mathfrak{R} \times \mathfrak{R} \to \mathbb{R}$$

heißt "metrischer Raum", falls für alle $x, y, z \in \mathfrak{R}$ die beiden folgenden Eigenschaften zutreffen:

1. $d(x,y) = 0$ genau dann, wenn $x = y$.
2. $d(x,y) \leq d(x,z) + d(y,z)$.

Bemerkung

a) Aus 1. und 2. folgt im Spezialfall $z = x$:

$$d(x,y) \leq d(x,x) + d(y,x) = d(y,x),$$

was aus Symmetriegründen die Gleichung

$$d(x,y) = d(y,x) \quad (x,y \in \mathfrak{R})$$

liefert. Die Distanzfunktion d ist also symmetrisch bezüglich ihrer Argumente.

b) Für jedes x und $y \in \mathfrak{R}$ hat man nach Definition 1.1 die Abschätzung

$$0 = d(x,x) \leq d(x,y) + d(x,y) = 2d(x,y),$$

d. h. $d(x,y)$ nimmt keine negativen Werte an, was der anschaulichen Vorstellung von einer Distanzfunktion entspricht.

c) Man bedenke, daß die Definition eines metrischen Raumes nicht die Existenz irgendeiner Struktur auf $\mathfrak{R}$ voraussetzt (außer der Distanzfunktion). Zum Beispiel braucht $\mathfrak{R}$ kein linearer Raum zu sein.

Beispiele

1. Im $\mathbb{R}^n$ ist $d((x_1,\dots,x_n), (y_1,\dots,y_n)) := (\sum_{i=1}^{n} (x_i - y_i)^2)^{1/2}$ eine Distanzfunktion

   $\mathbb{R}^n \times \mathbb{R}^n \to \mathbb{R}$, die $\mathbb{R}^n$ zu einem metrischen Raum macht ($d(x,y) = |x - y|$ für $x,y \in \mathbb{R}^1$).
2. Eine andere Metrik auf $\mathbb{R}^n$ kann durch

$$d((x_1,\dots,x_n), (y_1,\dots,y_n)) := \max_{1\leq j\leq n} |x_j - y_j|$$

   eingeführt werden.
3. Jede nichtleere Teilmenge eines metrischen Raumes ist ein metrischer Raum. Speziell ist jede nichtleere Menge von Punkten des $\mathbb{R}^n$ mit der obigen (oder einer anderen) Metrik ein metrischer Raum.
4. Es sei $C[a,b]$ die Menge der stetigen reellwertigen Funktionen auf einem abgeschlossenen Intervall $[a,b] \subset \mathbb{R}$. Setzt man

$$d(f,g) := \max_{x\in[a,b]} |f(x) - g(x)|$$

   für alle $f,g \in C[a,b]$, so ist $C[a,b]$ ein metrischer Raum mit der Distanzfunktion d. (Eine "Verallgemeinerung" von 2. auf die mit x indizierten "Komponenten" $f(x)$.)

Definition 1.2

Ein metrischer Raum $\mathfrak{R}$ mit der Distanzfunktion d heißt "vollständig", wenn zu jeder Cauchyfolge $\{x_k\}$ in $\mathfrak{R}$ ein Grenzelement in $\mathfrak{R}$ existiert, d.h. wenn aus

$$d(x_k,x_l) \to 0 \quad \text{für } k\to\infty,\ l\to\infty$$

die Existenz eines $\tilde{x} \in \mathfrak{R}$ folgt mit

$$d(x_k,\tilde{x}) \to 0 \quad \text{für } k\to\infty .$$

Beispiele

1. Der $\mathbb{R}^n$ ist vollständig, denn Konvergenz der Vektoren impliziert Konvergenz der Komponenten und nach dem Cauchyschen Konvergenzkriterium für die reellen Zahlen haben die Folgen der einzelnen Komponenten der Vektoren Grenzwerte. Diese Grenzwerte liefern den Grenzvektor.
2. Der metrische Raum der rationalen Zahlen als Teilmenge von $\mathbb{R}^1$ ist nicht vollständig, da die durch (1.3) definierte konvergente Folge rationaler Zahlen keinen rationalen Limes besitzt.

3. Der metrische Raum $C[a,b]$ ist vollständig, wenn man

$$d(f,g) := \max_{x \in [a,b]} |f(x) - g(x)| \text{ für } f,g \in C[a,b] \text{ setzt;}$$

für $d(f,g) := (\int_a^b (f(x) - g(x))^2 \, dx)^{1/2}$ ist er dagegen <u>nicht</u> vollständig.

<u>Definition 1.3</u>

Eine Abbildung F eines metrischen Raumes $\mathfrak{R}$ in sich heißt <u>stark kontrahierend</u>, wenn eine Zahl $k < 1$ existiert mit

$$d(F(x), F(y)) \leq k \cdot d(x,y) \tag{1.4}$$

für alle $x,y \in \mathfrak{R}$. Man nennt k die <u>"Kontraktionszahl"</u> von F.

<u>Anmerkung</u>

Wenn nichts anderes gesagt wird, soll "kontrahierend" stets "stark kontrahierend" bedeuten.

<u>Beispiel</u>

Die in (1.3) gebrauchte Funktion $f(x) := \frac{x}{2} + \frac{1}{x}$ ist als Abbildung des metrischen Raumes der reellen Zahlen ≥ 1 in sich eine stark kontrahierende Abbildung mit $k = \frac{1}{2}$. Diese Aussage erhält man durch die folgende Abschätzung:

$$d(f(x), f(y)) = |f(x) - f(y)| = |\tfrac{1}{2}(x-y) + \tfrac{1}{x} - \tfrac{1}{y}|$$

$$= |\tfrac{1}{2}(x-y) - \tfrac{x-y}{xy}|$$

$$= |x-y| \, |\tfrac{1}{2} - \tfrac{1}{xy}| \leq \tfrac{1}{2}|x-y| = \tfrac{1}{2} d(x,y)$$

für alle reellen Zahlen x,y mit $x \geq 1$; $y \geq 1$.

Die Konvergenz des Iterationsverfahrens (1.3) folgert man aus dem

<u>Satz 1.1</u> (Kontraktionssatz)

Jede stark kontrahierende Abbildung eines vollständigen metrischen Raumes $\mathfrak{R}$ in sich besitzt einen Fixpunkt. Wird die Abbildung durch $y = F(x)$ beschrieben, so konvergiert die durch (1.2) definierte Folge gegen einen Fixpunkt, und zwar bei beliebigem Anfangswert $x_0 \in \mathfrak{R}$.

<u>Beweis</u>

Es sei $\mathfrak{R}$ ein vollständiger metrischer Raum mit der Distanzfunktion d und F vermittle eine stark kontrahierende Abbildung $\mathfrak{R} \to \mathfrak{R}$, d. h. es gelte (1.4) mit einer Zahl $k < 1$. Da nur der zweite Teil der Behauptung von Satz 1.1 bewiesen wird und daraus sofort der erste Teil folgt, ist der Beweis von Satz 1.1 konstruktiv. Es sei x_0 beliebig aus $\mathfrak{R}$, man bilde $x_{i+1} := F(x_i) \in \mathfrak{R}$ für alle $i \in \mathbb{N}$. Die Folge $\{x_i\}_{i \in \mathbb{N}}$ ist eine Cauchyfolge; man kann nämlich für alle $m > n$ die Abschätzungen

$$\begin{aligned} d(x_n,x_m) &\le d(x_n,x_{n+1}) + d(x_{n+1},x_{n+2}) + \ldots + d(x_{m-1},x_m) \\ &\le d(x_n,x_{n+1}) \cdot (1+k+\ldots+k^{m-n-1}) \\ &\le \frac{1}{1-k} d(x_n,x_{n+1}) \end{aligned} \tag{1.5}$$

und

$$d(x_n,x_{n+1}) \le k^n d(x_0,x_1)$$

aus der Kontraktionseigenschaft von F sowie aus den Eigenschaften von d folgern. Es ergibt sich also

$$d(x_n,x_m) \le \frac{k^n}{1-k} d(x_0,x_1) \quad \text{für} \quad m > n,$$

d. h. $\{x_i\}$ ist eine Cauchyfolge wegen $k < 1$.

Auf Grund der Vollständigkeit von $\mathfrak{R}$ hat $\{x_i\}$ also einen Grenzwert $x^* \in \mathfrak{R}$, d.h. es gilt

$$d(x_n,x^*) \to 0 \quad \text{für} \quad n \to \infty. \tag{1.6}$$

Aus der Abschätzung

$$\begin{aligned} 0 \le d(x^*,F(x^*)) &\le d(x^*,x_{n+1}) + d(x_{n+1},F(x^*)) \\ &= d(x^*,x_{n+1}) + d(F(x_n),F(x^*)) \\ &\le d(x^*,x_{n+1}) + k\, d(x_n,x^*) \end{aligned}$$

schließt man $x^* = F(x^*)$, da die rechte Seite für $n \to \infty$ wegen (1.6) gegen Null strebt. Damit ist Satz 1.1 bewiesen.

Für spätere Zwecke benötigt man noch die Abschätzungen

$$d(x_{n+1},x^*) = d(F(x_n),F(x^*)) \le k\, d(x_n,x^*), \tag{1.7}$$

$$d(x_n,x^*) \le \frac{1}{1-k} d(x_n,x_{n+1}). \tag{1.8}$$

Die zweite Ungleichung folgt aus (1.5) durch die für jedes $m > n$ geltende Abschätzung

$$\begin{aligned} d(x_n,x^*) &\le d(x_n,x_m) + d(x_m,x^*) \\ &\le \frac{1}{1-k} d(x_n,x_{n+1}) + d(x_m,x^*) \end{aligned}$$

durch Grenzübergang $m \to \infty$ und Benutzung von (1.6). Durch Kombination von (1.7) und (1.8) erhält man zum Beispiel die Fehlerabschätzung

$$d(x_{n+1},x^*) \le \frac{k}{1-k}\, d(x_n,x_{n+1}) \le \frac{k^n}{1-k}\, d(x_1,F(x_1)) \quad (n \in \mathbb{N}). \tag{1.9}$$

Beispiel

Ist f eine stetig differenzierbare reellwertige Funktion auf einem abgeschlossenen Intervall $[a,b]$ der reellen Zahlen mit Werten in $[a,b]$, so ist f genau dann stark kontrahierend in $[a,b]$, wenn die Ableitung von f in $[a,b]$ dem Betrage nach kleiner als eine Zahl $k < 1$ ist.

Beweis

1. f sei stark kontrahierend in $[a,b]$; d.h. für alle $x,y \in [a,b]$ gelte

$$|f(x)-f(y)| \le k|x-y| \quad \text{mit} \quad k < 1.$$

Dann gilt für alle $x,y \in [a,b]$, $x \neq y$

$$\left|\frac{f(x)-f(y)}{x-y}\right| \le k,$$

und die linke Seite dieser Ungleichung liefert beim Grenzübergang $y \to x$ die Behauptung.

2. Es gelte $|f'(x)| \le k < 1$ für alle $x \in [a,b]$. Dann gilt für alle $x,y \in [a,b]$ mit $x \neq y$ nach dem ersten Mittelwertsatz der Differentialrechnung:

$$\left|\frac{f(x)-f(y)}{x-y}\right| = |f'(\xi)| \le k < 1$$

mit einem $\xi \in (a,b)$. Damit hat man

$$|f(x)-f(y)| \le k|x-y|, \quad k < 1,$$

für alle $x,y \in [a,b]$, d. h. f ist stark kontrahierend.

Bemerkung

Die Eindeutigkeit eines Fixpunktes x einer Abbildung F eines metrischen Raumes $\mathfrak{R}$ in sich ist unter schwächeren Voraussetzungen beweisbar. Die Vollständigkeit von $\mathfrak{R}$ ist überflüssig und der Begriff "stark kontrahierend" kann durch die folgende Definition abgeschwächt werden.

Definition 1.4

Eine Abbildung F eines metrischen Raumes $\mathfrak{R}$ in sich heißt schwach kontrahierend, wenn für alle $x,y \in \mathfrak{R}$, $x \neq y$ die Abschätzung

$$d(F(x),F(y)) < d(x,y)$$

gilt.

Bemerkung

Trivialerweise folgt "schwach kontrahierend" aus "stark kontrahierend".

Satz 1.2

Hat eine schwach kontrahierende Abbildung F eines metrischen Raumes $\mathfrak{R}$ in sich einen Fixpunkt x^*, so ist er eindeutig bestimmt.

Beweis

Es seien x^* und y^* zwei Fixpunkte, $x^* \neq y^*$. Dann gilt

$$0 < d(x^*, y^*) = d(F(x^*), F(y^*)) < d(x^*, y^*).$$

Widerspruch!

Bemerkung

Zum Beweis der Existenz eines Fixpunktes einer Abbildung eines vollständigen metrischen Raumes $\mathfrak{R}$ in sich kann man die Voraussetzung "stark kontrahierend" durch "schwach kontrahierend" unter gewissen Zusatzvoraussetzungen ersetzen.

Satz 1.3

Es sei F eine schwach kontrahierende Abbildung eines vollständigen metrischen Raumes $\mathfrak{R}$ in sich. Obendrein besitze in $F(\mathfrak{R})$ jede Folge eine konvergente Teilfolge (diese Eigenschaft nennt man "folgenkompakt").

Dann hat F in $\mathfrak{R}$ einen Fixpunkt.

Beweis

Wie im Beweis von Satz 1.2 wird die Konvergenz des Iterationsverfahrens (1.2) für jeden Anfangswert x_1 bewiesen.

Es sei $x_1 \in \mathfrak{R}$ beliebig. Die Folge $x_{i+1} = F(x_i)$, $i \in \mathbb{N}$, liegt in $F(\mathfrak{R})$ und besitzt also eine konvergente Teilfolge

$$\{x_i\}_{i \in K \subset \mathbb{N}}$$

mit dem Limes $x^* \in \mathfrak{R}$.

Die Zahlenfolge c_m mit $0 \leq c_m := d(x_m, x_{m+1}) = d(F(x_{m-1}), F(x_m))$

$$\leq d(x_{m-1}, x_m) = c_{m-1}$$

ist monoton fallend und nach unten beschränkt.

Es gibt also eine reelle Zahl ε mit

$$\lim_{m \to \infty} c_m = \varepsilon \geq 0.$$

Für die Zahlen $m \in K \subset \mathbb{N}$ kann man dann abschätzen:

$$\begin{aligned} d(x^*, F(x^*)) &\leq d(x^*, x_m) + d(x_m, x_{m+1}) + d(x_{m+1}, F(x^*)) \\ &\leq d(x^*, x_m) + \quad c_m \quad + d(F(x_m), F(x^*)) \\ &\leq c_m + 2d(x^*, x_m). \end{aligned}$$

Durchläuft m die Indexmenge K, so hat man wegen $x_m \to x^*$, $c_m \to \varepsilon$ die Ungleichung

$$d(x^*,F(x^*)) \leq \varepsilon. \tag{1.10}$$

Zu zeigen bleibt, daß ε verschwindet. Dazu betrachte man für jedes $m \in K$ die Abschätzung

$$\begin{aligned}\varepsilon \leq c_{m+1} &= d(x_{m+1},x_{m+2})\\ &\leq d(x_{m+1},F(x^*)) + d(F(x^*),F(F(x^*))) + d(F(F(x^*)),x_{m+2})\\ &\leq d(x_m,x^*) + d(F(x^*),F(F(x^*))) + d(x^*,x_m).\end{aligned}$$

Durchläuft wieder m die Indexmenge K, so hat man wegen $x_m \to x^*$ und (1.10) im Falle $\varepsilon > 0$ offenbar $x^* \neq F(x^*)$ und deshalb den Widerspruch

$$\begin{aligned}\varepsilon &\leq d(F(x^*),F(F(x^*)))\\ &< d(x^*,F(x^*)) \leq \varepsilon.\end{aligned}$$

Damit ist Satz 1.3 bewiesen. Man kann nun noch zeigen, daß die (gesamte) Folge der Punkte x_i gegen x^* konvergiert, d. h. daß das Aussondern einer Teilfolge überflüssig ist. Ist nämlich $m \in K$ und $\ell \in \mathbb{N}$, so hat man

$$d(x_{m+\ell},x^*) = d(F^\ell(x_m),F^\ell(x^*)) \leq d(x_m,x^*)$$

und damit konvergiert die gesamte Folge der x_i gegen x^*.

Beispiele

1. Für positive reelle Zahlen a betrachte man in einem geeigneten abgeschlossenen Intervall I mit $\frac{1}{a} \in I \subset (\frac{1}{2a},\frac{3}{2a})$, den Iterationsprozeß

$$x_{i+1} = F(x_i) := 2x_i - ax_i^2$$

für Startwerte aus I. Da $|F'(x)| < 1$ für alle $x \in I$ gilt und I abgeschlossen ist, muß in I $\max |F'(x)| < 1$ gelten. Wegen der Vollständigkeit abgeschlossener Intervalle der reellen Zahlen existiert also ein Fixpunkt in I als Limes der x_i. Aus der Gleichung

$$x^* = 2x^* - ax^{*2}$$

folgert man wegen $0 \notin I$ die Beziehung $x^* = \frac{1}{a}$. Der obige Iterationsprozeß liefert also eine Methode zur Division unter ausschließlicher Benutzung von Multiplikationen.

2. Man kann das Beispiel 1. auf Matrizen verallgemeinern: Ist A eine nichtsinguläre $n \times n$-Matrix und E die $n \times n$-Einheitsmatrix, so kann man bei geeigneter Wahl

des metrischen Raumes $\mathfrak{R}$ und der Distanzfunktion d das Iterationsverfahren

$$X_{i+1} = X_i(2E - AX_i)$$

zur Berechnung von A^{-1} verwenden.

3. Das Iterationsverfahren

$$x_{i+1} = \frac{1}{2}(x_i + \frac{a}{x_i}), \quad x_0 = a > 0, \quad a \in \mathbb{R}$$

konvergiert gegen $\sqrt{a}$, was man durch geeignete Wahl von $\mathfrak{R} \subset \mathbb{R}$ nach Satz 1.1 beweist.

4. In einem geeignet gewählten Intervall gilt: Das Iterationsverfahren

$$x_{i+1} = \sqrt{a + \frac{b}{x_i}}, \quad x_i \in \mathbb{R}; \quad a,b \in \mathbb{R}; \quad a,b > 0$$

konvergiert gegen eine Lösung von $x^3 - ax - b = 0$. Dieser Prozeß wurde bereits bei der Behandlung des Rechenstabes betrachtet.

5. Ein Beispiel für die Lösung nichtlinearer Gleichungssysteme mit Hilfe des Kontraktionssatzes.

Gesucht seien reelle Zahlen x_1, x_2 mit

$$\begin{aligned} x_1 &= \qquad \frac{1}{40}x_1^2 + 2x_2 + \frac{2}{25}x_2^2 - 0{,}5 \\ x_2 &= 3x_1 + \frac{1}{20}x_1^2 + \;0\; + \frac{1}{100}x_2^2 - 1{,}0. \end{aligned} \tag{1.11}$$

Schreibt man Vektoren des $\mathbb{R}^2$ als $X = \begin{pmatrix} x_1 \\ x_2 \end{pmatrix}$, so kann man (1.11) als

$$X = F(X)$$

mit

$$F(X) = F\begin{pmatrix} x_1 \\ x_2 \end{pmatrix} = \begin{pmatrix} \frac{1}{40}x_1^2 + 2x_2 + \frac{2}{25}x_2^2 - 0{,}5 \\ 3x_1 + \frac{1}{20}x_1^2 + \frac{1}{100}x_2^2 - 1{,}0 \end{pmatrix}$$

darstellen. Der Definitionsbereich sei dabei die Menge der Vektoren X mit $x_1 \geq 0$ und $x_2 \geq 0$. Versucht man nun, mit einer passenden Distanzfunktion $d: \mathbb{R}^2 \times \mathbb{R}^2 \to \mathbb{R}$ die Größe $d(F(X), F(Y))$ abzuschätzen, so erleidet man Schiffbruch; denn wegen der Terme $2x_2$ bzw. $3x_1$ besteht keine Möglichkeit, durch Ausklammern von $(x_1 - y_1)$ bzw. $(x_2 - y_2)$ die Ungleichung

$$d(F(X),F(Y)) < d(X,Y)$$

zu beweisen.

Durch elementare Umformungen der Gleichungen (1.11) lassen sich diese Schwierigkeiten umgehen. Man bringt nämlich alle linearen Terme auf die linke Seite und löst nach x_1 und x_2 auf. Man erhält

$$\begin{aligned} -5x_1 &= \frac{5}{40}x_1^2 + \frac{10}{100}x_2^2 - 2{,}5 \\ -5x_2 &= \frac{5}{40}x_1^2 + \frac{25}{100}x_2^2 - 2{,}5. \end{aligned} \tag{1.12}$$

Dieses Gleichungssystem, als

$$X = F(X)$$

geschrieben, nimmt die Gestalt

$$X = \begin{pmatrix} x_1 \\ x_2 \end{pmatrix} = F(X) = \begin{pmatrix} 0{,}5 - \frac{1}{40}x_1^2 - \frac{1}{50}x_2^2 \\ \\ 0{,}5 - \frac{1}{40}x_1^2 - \frac{1}{20}x_2^2 \end{pmatrix} \tag{1.13}$$

an. Beim näheren Betrachten erkennt man, daß die quadratischen Terme wegen ihrer kleinen Koeffizienten lediglich "Korrekturen" der Konstanten 0,5 darstellen, die die Lösung geringfügig verkleinern. Man wird also den durch (1.13) gegebenen Iterationsprozeß

$$X_{i+1} = F(X_i) \quad \text{mit} \quad X_1 = \begin{pmatrix} 0{,}5 \\ 0{,}5 \end{pmatrix}$$

im Intervall $I = [0,1/2]^2 \subset \mathbb{R}^2$ betrachten, das Intervall wird dabei in sich abgebildet, und dabei die Metrik

$$d(X,Y) = d\left(\begin{pmatrix} x_1 \\ x_2 \end{pmatrix}, \begin{pmatrix} y_1 \\ y_2 \end{pmatrix}\right) = \max(|x_1 - y_1|, |x_2 - y_2|)$$

verwenden. Dann erhält man

$$\begin{aligned} d(F(X),F(Y)) &= \max\left(\left|\frac{1}{40}(x_1^2 - y_1^2) + \frac{1}{50}(x_2^2 - y_2^2)\right|,\right. \\ &\qquad \left.\left|\frac{1}{40}(x_1^2 - y_1^2) + \frac{1}{20}(x_2^2 - y_2^2)\right|\right) \\ &\le \max\left(\left|\frac{1}{40}(x_1 + y_1) + \frac{1}{50}(x_2 + y_2)\right|,\right. \\ &\qquad \left.\left|\frac{1}{40}(x_1 + y_1) + \frac{1}{20}(x_2 + y_2)\right|\right) \cdot d(X,Y) \\ &\le \frac{3}{40}\, d(X,Y). \end{aligned}$$

Die Abbildung F ist also stark kontrahierend mit der Kontraktionszahl $\frac{3}{40}$. Die Existenz eines Fixpunktes ist damit gesichert.

Numerische Resultate

$$X_1 = \begin{pmatrix} 0,5 \\ 0,5 \end{pmatrix},$$

$$X_2 = \begin{pmatrix} 0,48875 \\ 0,48125 \end{pmatrix},$$

$$X_3 = \begin{pmatrix} 0,489396 \\ 0,482448 \end{pmatrix}.$$

Aus der Gleichung (1.9) erhält man für den Fehler:

$$d(X_3, X^*) \leq \frac{\frac{3}{40}}{1 - \frac{3}{40}} \, d(X_2, X_3)$$

$$\leq \frac{3}{37} \cdot 1,2 \cdot 10^{-3} < 1 \cdot 10^{-4}.$$

Bemerkung

Die oben aufgeführten Beispiele zeigen, daß die Auswahl eines geeigneten metrischen Raumes $\mathfrak{R}$ mit $F(\mathfrak{R}) \subset \mathfrak{R}$ einerseits sehr wichtig ist und andererseits auch Schwierigkeiten bereitet. Beispielsweise ist die Iterationsfunktion in den Beispielen 1. und 3. nicht im gesamten Bereich der nichtnegativen reellen Zahlen kontrahierend. Das gleiche gilt für die Mehrzahl aller in der Praxis vorkommenden Iterationsfunktionen. Der nächste Paragraph wird sich mit diesen und verwandten Problemen befassen.

§ 2. Praktische Formulierung des Fixpunktsatzes

Für die Angabe eines metrischen Raumes $\mathfrak{R}$, den eine Iterationsfunktion F in sich abbildet, kann man die in Satz 2.1 anzugebende Hilfskonstruktion durchführen. Um die Konvergenz eines Iterationsverfahrens zu beweisen, braucht dann im allgemeinen nur noch die Kontraktionseigenschaft nachgewiesen zu werden.

Satz 2.1

Es sei F eine Abbildung einer Teilmenge D eines vollständigen metrischen Raumes $\mathfrak{R}$ in $\mathfrak{R}$. Ferner gebe es ein $y \in D$ und eine positive reelle Zahl r mit den Eigenschaften

1. Die Menge $K_r(y) := \{x \mid x \in \mathfrak{R},\ d(x,y) \leq r\}$ ist in D enthalten.
2. F sei in $K_r(y)$ stark kontrahierend mit einer Kontraktionszahl $k < 1$.
3. Es gelte $d(y, F(y)) \leq r(1-k)$.

Dann besitzt F in $K_r(y)$ einen Fixpunkt.

Beweis

Sei z ein Punkt aus $K_r(y)$. Dann gilt

$$\begin{aligned} d(F(z),y) &\le d(F(z),F(y)) + d(F(y),y) \\ &\le k \cdot d(z,y) \quad + r(1-k) \le r \end{aligned}$$

und daher gilt $F(K_r(y)) \subset K_r(y)$.

Zu zeigen bleibt, daß die Abgeschlossenheit der Kugel $K_r(y)$ ihre Vollständigkeit impliziert. Es sei $\{x_i\}$ eine Cauchyfolge in $K_r(y)$. Da $\mathfrak{R}$ vollständig ist, besitzt $\{x_i\}$ einen Grenzwert x^* in $\mathfrak{R}$. Dann hat man

$$\begin{aligned} d(x^*,y) &\le d(x^*,x_i) + d(x_i,y) \\ &\le d(x^*,x_i) + r \quad , \end{aligned}$$

weil $\{x_i\}$ in $K_r(y)$ liegt. Für $i \to \infty$ erhält man damit

$$d(x^*,y) \le r$$

und es folgt $x^* \in K_r(y)$. Die Kugel $K_r(y)$ ist also vollständig. Durch Anwendung von Satz 1.1 folgt die Behauptung von Satz 2.1.

Bemerkung

Es gibt Fixpunkte x^* einer Abbildung F eines metrischen Raumes $\mathfrak{R}$ in sich, für die F in keiner Kugel $K_r(x^*)$ eine Kontraktionsbedingung erfüllt ("abstoßende Fixpunkte"). Ist x^* für F abstoßend, existiert aber die Umkehrfunktion $F^{-1}: \mathfrak{R} \to \mathfrak{R}$, so kann man manchmal für F^{-1} in x^* eine Kontraktionsbedingung nachweisen. Ist F beispielsweise eine einmal stetig differenzierbare Funktion von $[a,b]$ in $[a,b]$ und gilt $|F'(x)| \ge K > 1$ für alle $x \in [a,b]$, so existiert F^{-1} und das Iterationsverfahren $x_1 \in [a,b]$, $x_{i+1} = F^{-1}(x_i)$ für $i \in \mathbb{N}$ konvergiert gegen einen Fixpunkt x^* von F in $[a,b]$, da man dort $|(F^{-1})'(x)| = \left|\frac{1}{F'(F^{-1}(x))}\right| \le \frac{1}{K} < 1$ hat und Satz 1.1 anwendbar ist.

In praktischen Fällen hat man wegen der auftretenden Rundungsfehler etc. statt der Funktion F stets nur eine Funktion G zur Verfügung, welche sich von F nur "wenig" unterscheidet, d. h. für alle x aus dem Definitionsbereich D von F und G gilt

$$d(F(x),G(x)) \le \varepsilon \tag{2.1}$$

mit einer geeigneten positiven Zahl ε.

Hilfssatz 2.1

Es sei F eine stark kontrahierende Abbildung einer Teilmenge D eines vollständigen metrischen Raumes $\mathfrak{R}$ in sich; k sei die Kontraktionszahl von F. Ferner sei G eine Abbildung von D in D und es gelte (2.1) mit einer positiven Zahl ε.

Dann ist

$$d(F^m(x),G^m(x)) \leq \varepsilon(1+k+\ldots+k^{m-1}) \tag{2.2}$$

für alle $x \in D$ und $m \in \mathbb{N}$.

Bemerkung: "Stark" kontrahierend wird erst im Satz 2.2 gebraucht.

Beweis

Vollständige Induktion nach m.

Für $m = 1$ besteht die Behauptung aus (2.1). Gilt (2.2) für $m \in \mathbb{N}$, so erhält man

$$\begin{aligned} d(F^{m+1}(x),G^{m+1}(x)) &\leq d(F(F^m(x)),F(G^m(x))) + d(F(G^m(x)),G(G^m(x))) \\ &\leq kd(F^m(x),G^m(x)) + \varepsilon \\ &\leq \varepsilon(1+k+\ldots+k^m). \end{aligned}$$

Die Abbildung G braucht keinen Fixpunkt zu besitzen. Oft treten jedoch zyklische Folgen auf: Nach n Schritten wiederholen sich die gleichen Elemente, d. h. G^n hat Fixpunkte. Diese Situation behandelt

Satz 2.2

Unter den Voraussetzungen des obigen Hilfssatzes gilt für Fixpunkte x^* von F und y^* von G^n, $n \in \mathbb{N}$, die Abschätzung

$$d(x^*,y^*) \leq \frac{\varepsilon}{1-k}. \tag{2.3}$$

Beweis

Für jedes $\ell \in \mathbb{N}$ ist y^* auch Fixpunkt von $G^{n\cdot\ell}$; damit gilt:

$$\begin{aligned} d(x^*,y^*) &= d(F^{n\cdot\ell}(x^*),G^{n\cdot\ell}(y^*)) \\ &\leq d(F^{n\cdot\ell}(x^*),F^{n\cdot\ell}(y^*)) + d(F^{n\cdot\ell}(y^*),G^{n\cdot\ell}(y^*)) \\ &\leq k^{n\cdot\ell}d(x^*,y^*) + \varepsilon(1+k+\ldots+k^{n\cdot\ell-1}) \\ &\leq k^{n\cdot\ell}d(x^*,y^*) + \varepsilon\cdot\frac{1}{1-k}. \end{aligned}$$

Der Grenzübergang $\ell \to \infty$ liefert dann (2.3).

Satz 2.3 (Fehlerabschätzung für $y_m = G^m(y_0)$)

Unter der Voraussetzung von Hilfssatz 2.1 gilt für einen Fixpunkt x^* von F und die Iterierte $y_m = G^m(y_0)$ von G die Fehlerabschätzung

$$d(x^*,y_m) \leq \frac{1}{1-k}(\varepsilon + k^m d(y_0,G(y_0))).$$

Beweis

Unter Benutzung von (1.9) und Hilfssatz 2.1 folgt

$$
\begin{aligned}
d(x^*,y_m) &\le d(x^*,F^m(y_0)) + d(F^m(y_0),G^m(y_0)) \\
&\le \frac{k^m}{1-k} d(y_0,F(y_0)) + \varepsilon(1+k+\ldots+k^{m-1}) \\
&\le \frac{k^m}{1-k} (d(y_0,G(y_0)) + \varepsilon) + \varepsilon(1+k+\ldots+k^{m-1}) \\
&= \frac{k^m}{1-k} d(y_0,G(y_0)) + \underbrace{\varepsilon(1+k+\ldots+k^{m-1} + \frac{k^m}{1-k})}_{=\varepsilon/(1-k)} \\
&= \frac{1}{1-k} (\varepsilon + k^m d(y_0,G(y_0))).
\end{aligned}
$$

Es ist bemerkenswert, daß die in Satz 2.3 gegebene Abschätzung nur Größen benutzt, die beim Arbeiten mit einem Computer leicht bestimmt werden können oder gegeben sind.

Bemerkung

Der vorstehende Satz zeigt, daß bei Iteration mit G anstelle von F zwar nicht unbedingt ein Fixpunkt erreicht wird, aber zumindest der Fixpunkt von F bis auf $\frac{\varepsilon}{1-k}$ angenähert wird.

§ 3. Nullstellen reeller Funktionen, Konvergenzgeschwindigkeit

I. Berechnung von Nullstellen

Gegeben sei eine reellwertige Funktion $f(x)$ einer reellen Veränderlichen in einem Intervall I; ferner besitze $f(x)$ die im folgenden verwendeten Differenzierbarkeitseigenschaften.

Gesucht wird dann ein Wert $\tilde{x}$ aus I mit $f(\tilde{x}) = 0$. Daß f in I wenigstens eine Nullstelle besitzt, sei bekannt und es geht jetzt vor allen Dingen um ihre konstruktive Ermittlung. Versucht wird eine Iteration gemäß

$$x^{m+1} = \Phi(x^m) \qquad m = 0,1,\ldots \tag{3.1}$$

mit einer geeignet gewählten Iterationsvorschrift, d. h. mit einer Iterationsfunktion $\Phi(x)$. Diese Funktion kann man auch als eine Transformation der Funktion $f(x)$ auffassen und $\Phi[f](x)$ schreiben.

Zuweilen werden die Werte von $f(x)$ und der Ableitungen auch an verschiedenen Punkten verwendet, vgl. Regula falsi. Hier hat man es mit einer Funktion $\phi(x^m, x^{m+1}, \ldots)$ zu tun.

a) Direkte Anwendung des Iterationsverfahrens

$$0 = f(\tilde{x}) \text{ wird umgeschrieben zu}$$

$$\tilde{x} = \phi(\tilde{x})$$

mit

$$\phi(x) = \phi[f](x) := x - f(x).$$

Nimmt man nun ϕ als Iterationsfunktion, so tritt Konvergenz ein, wenn in I (bzw. einer geeigneten Umgebung von $\tilde{x}$) gilt

$$|\phi'| = |1 - f'| < 1 \qquad (\text{"anziehender" Fixpunkt}).$$

Ist $|\phi'| > 1$, so ist der Fixpunkt "abstoßend". Welcher Fall vorliegt, hängt von $f(x)$ ab. Das Verfahren ist sicherlich nicht allgemein brauchbar.

b) Das Newton-Verfahren

Ein Ansatz zur Konvergenzverbesserung des obigen Iterationsverfahrens ist durch die Iterationsfunktion

$$\phi[f](x) := x - g(x) \cdot f(x)$$

mit einer in I stetig differenzierbaren Funktion g gegeben, die allerdings in I keine anderen Nullstellen als $\tilde{x}$ haben darf.

Es ist

$$\phi'(\tilde{x}) = 1 - g'(\tilde{x})\underbrace{f(\tilde{x})}_{=0} - g(\tilde{x}) \cdot f'(\tilde{x}).$$

Falls in I (bzw. einer geeigneten Umgebung von $\tilde{x}$) $f'(x) \neq 0$ gilt (einfache Nullstellen von f!), kann man die Funktion

$$g(x) := \frac{1}{f'(x)}$$

verwenden, um $\phi'(x)$ klein, in $\tilde{x}$ sogar gleich Null zu machen. Dies führt auf die Newtonsche Iterationsformel mit

$$\phi(x) = \phi[f](x) := x - \frac{f(x)}{f'(x)}. \qquad (3.2)$$

Zur Newtonschen Iterationsformel kann man auch durch die folgende geometrische Betrachtung kommen: Es sei etwa $x^{(0)}$ eine Näherung für $\tilde{x}$. Legt man im Punkt $x^{(0)}$ die Tangente an die Kurve $y = f(x)$ und bestimmt deren Schnittpunkt $x^{(1)}$ mit der x-Achse, so ergibt sich

$$x^{(1)} = x^{(0)} - \frac{f(x^{(0)})}{f'(x^{(0)})} = \Phi(x^{(0)}).$$

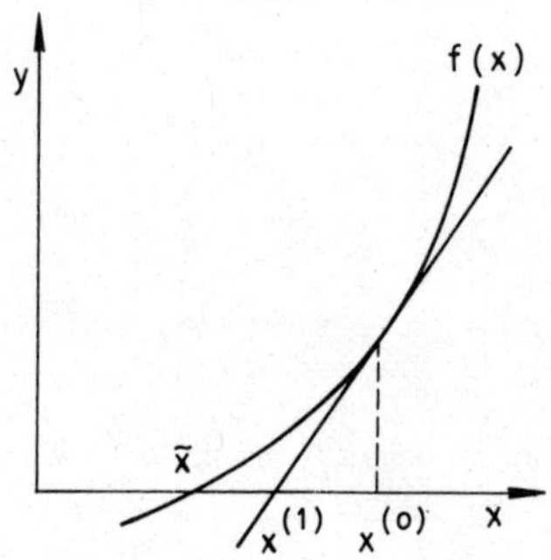

Daß diese Iterationsvorschrift nicht in jedem Fall zu einer Lösung des Problems $f(x) =$
zu führen braucht, sieht man an Hand der beiden Skizzen:

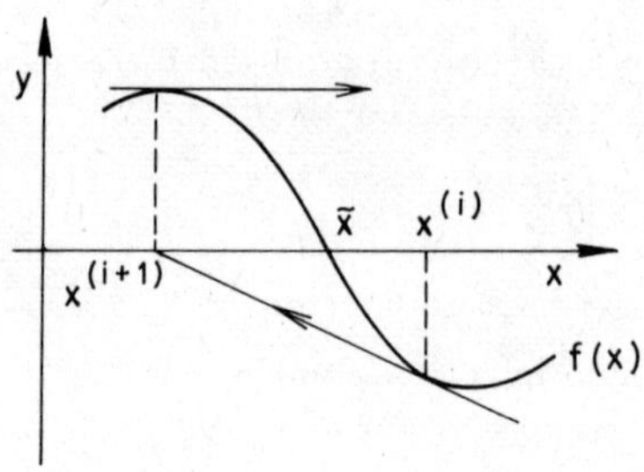

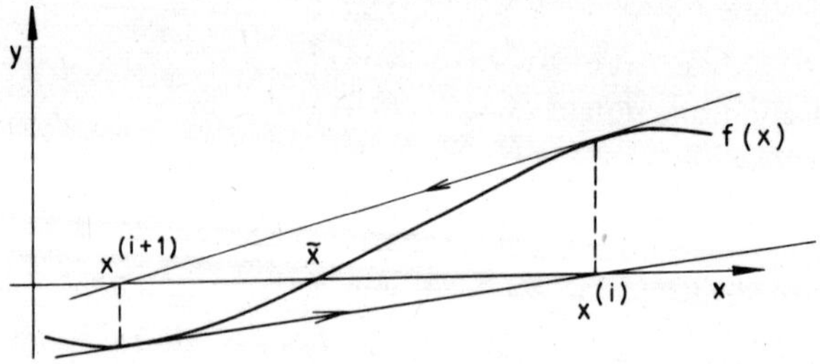

c) Regula falsi

Eine weitere Iterationsvorschrift ist die Regula falsi. Man interpoliert $f(x)$ linear an zwei nahe der Nullstelle liegenden Werten.

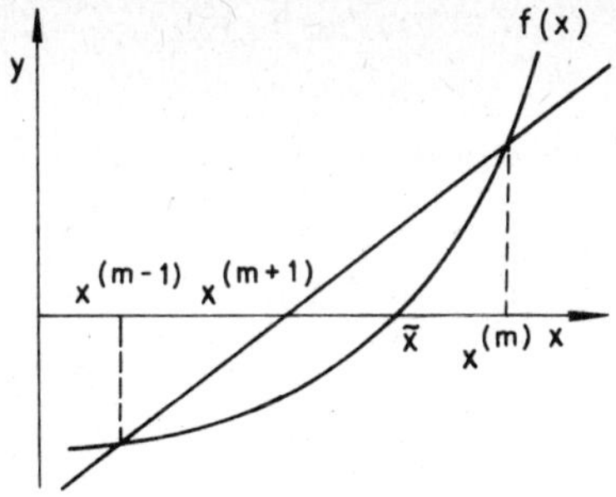

$$x^{(m+1)} = \frac{x^{(m)} f(x^{(m-1)}) - x^{(m-1)} f(x^{(m)})}{f(x^{(m-1)}) - f(x^{(m)})}$$

$$= x^{(m)} - \frac{x^{(m-1)} - x^{(m)}}{f(x^{(m-1)}) - f(x^{(m)})} \cdot f(x^{(m)}) \qquad (3.3)$$

Bemerkungen

1. Betrachtet man die zweite Form in (3.3), so kann man die Regula falsi auch so interpretieren: Man approximiert die Ableitung $f'(x^{(m)})$ in der Newtonschen Formel.
2. In der "Primitivform" (nach COLLATZ) achtet man bei der Auswahl der Punkte $x^{(m)}$ und $x^{(m-1)}$ darauf, daß deren Funktionswerte entgegengesetztes Vorzeichen haben. Falls man allerdings übersehen kann, daß das Verfahren konvergiert, ist dies eine Vorsicht, die die Konvergenzgeschwindigkeit des Verfahrens beträchtlich verschlechtert.
3. Beim numerischen Rechnen ist die zweite Form in (3.3) der ersten vorzuziehen, denn in der zweiten Form hat man eine Multiplikation weniger (dafür eine "einfacher auszuführende" Subtraktion mehr), außerdem wird der Wert $x^{(m)}$ nur durch eine "kleine Korrektur" abgeändert, während bei der ersten Form Differenzen von möglicherweise nahezu gleichen Zahlen zu bilden sind. Auch sollte man nach $x^{(m)}$ und nicht nach $x^{(m-1)}$ in der zweiten Form auflösen, da der Wert $x^{(m)}$ schon "besser" und somit $f(x^{(m)})$ kleiner sein wird als $f(x^{(m-1)})$.

II. Konvergenzgeschwindigkeit, Informationswirkungsgrad

Es sei

$$d_m := d(x^{(m)}, \tilde{x})$$

(insbesondere also $d_m = |x^{(m)} - \tilde{x}|$ im Falle reeller Zahlen) der Fehler beim m-ten Iterationselement.
Ist für ein Iterationsverfahren die Konvergenz gewährleistet, so definiert man

Definition 3.1

Ein Iterationsverfahren

$$x^{(m+1)} = \Phi(x^{(m)}, x^{(m-1)}, \ldots, x^{(m-\rho)}) \qquad (\text{mit } \rho \le m)$$

hat wenigstens die Ordnung p, $(p \geq 1)$, wenn gilt

$$\overline{\lim_{m \to \infty}} \frac{d_{m+1}}{(d_m)^p} = c \quad \text{mit} \quad \begin{cases} |c| < 1 & \text{für } p = 1 \\ |c| < \infty & \text{für } p > 1 \end{cases} ;$$

c heißt der asymptotische Fehlerkoeffizient.

Man sagt auch: Ein Iterationsverfahren hat genau die Ordnung p, wenn $c \neq 0$ ausfällt. Statt Konvergenz erster Ordnung sagt man auch lineare Konvergenz, im Falle höherer Ordnung superlineare Konvergenz.

Satz 3.1

Sei $\Phi = \Phi[f] \in C^p[I]$ eine Iterationsfunktion mit dem Fixpunkt $\tilde{x}$. Gilt $\Phi(\tilde{x}) = \tilde{x}$, und $|\Phi'(\tilde{x})| < 1$ falls $p = 1$, sonst $\Phi'(\tilde{x}) = \ldots = \Phi^{(p-1)}(\tilde{x}) = 0$, $\Phi^{(p)}(\tilde{x}) \neq 0$, so hat das Iterationsverfahren $x^{(m+1)} = \Phi(x^{(m)})$ $(m \in \mathbb{N} \cup \{0\})$ die Ordnung p.

Beweis

Nach der Taylorformel (mit dem Lagrange'schen Restglied) gilt:

$$\Phi(x) = \tilde{x} + (x - \tilde{x})^p \frac{\Phi^{(p)}(\xi)}{p!} \quad \text{mit } \xi \text{ zwischen } x \text{ und } \tilde{x}.$$

Für den Fehler $x^{(m)} - \tilde{x}$ gilt also

$$\frac{x^{(m+1)} - \tilde{x}}{(x^{(m)} - \tilde{x})^p} = \Phi^{(p)}(\xi^{(m)}) \cdot \frac{1}{p!} \quad \text{mit } \xi^{(m)} \text{ zwischen } x^{(m)} \text{ und } \tilde{x}.$$

Da aus $\lim_{m \to \infty} x^{(m)} = \tilde{x}$ folgt

$$\lim_{m \to \infty} \Phi^{(p)}(\xi^{(m)}) = \Phi^{(p)}(\tilde{x}),$$

ergibt sich für den asymptotischen Fehlerkoeffizienten

$$c = \left| \frac{\Phi^{(p)}(\tilde{x})}{p!} \right|.$$

Nach Voraussetzung galt $\Phi^{(p)}(\tilde{x}) \neq 0$ und $|\Phi'(\tilde{x})| < 1$ im Falle $p = 1$, somit hat das Iterationsverfahren die Ordnung p.

Korollar zu Satz 3.1

Das Newton-Verfahren (bei einfachen Nullstellen) hat mindestens die Ordnung 2.

Beweis

Es gilt $\Phi(x) = x - \frac{f(x)}{f'(x)}$. Daraus folgt nach Konstruktion $\Phi'(\tilde{x}) = 0$ und ferner $\Phi''(\tilde{x}) = \frac{f''(\tilde{x})}{f'(\tilde{x})}$. Da man den Wert von f'' an der Stelle $\tilde{x}$ i. a. nicht kennt, kann man nur sagen, daß die Ordnung des Newton-Verfahrens mindestens 2 ist.

Für das Newton-Verfahren (bei einfachen Nullstellen) hat man also das Ergebnis:

$$d_{m+1} \le c_N d_m^2$$

Beim einfachen Iterationsverfahren ($\Phi[f](x) = x - f(x)$) gilt im Falle der Konvergenz:

$$d_{m+1} \le k \cdot d_m \quad (\text{mit } k < 1).$$

Für die Regula falsi kann man zeigen:

$$d_{m+1} \le c_R d_m^{1,62}$$

(statt 1,62 gilt der genaue Wert $\frac{1}{2}(1+\sqrt{5})$).
Aus diesen Ungleichungen läßt sich direkt entnehmen, daß die Genauigkeit der iterierten Werte umso schneller wächst, je größer die Ordnung eines Verfahrens ist (Konvergenzgeschwindigkeit). Allerdings muß man die größere Konvergenzgeschwindigkeit beim Newton-Verfahren durch größeren Rechenaufwand "erkaufen". Es kommt darauf an, wie oft man einen Funktionswert $f(x)$ oder $f'(x)$ neu berechnen muß. Bereits berechnete Werte kann man speichern, braucht also keinen Arbeitsaufwand.
Nach OSTROWSKI bezeichnet man die Einheit des Rechenaufwandes (Informationsbedarf) mit einem Horner (siehe auch "Horner-Schema" im § 6 dieses Kapitels), das ist der Aufwand für die einmalige Auswertung einer Funktion bzw. einer ihrer Ableitungen. Nimmt man an, daß die Auswertung einer Funktion und deren Ableitung an einer Stelle $x^{(m)}$ etwa den gleichen Aufwand erfordert (bei Polynomen ist dies z. B. gewährleistet), so benötigt man beim Newton-Verfahren pro Schritt 2 Horner, beim einfachen Iterationsverfahren und bei der Regula falsi vom 2. Schritt an jeweils 1 Horner pro Schritt (bei der Regula falsi benötigt man beim 1. Schritt 2 Horner.).
Bezeichnet man als Informationswirkungsgrad den Quotienten aus der Ordnung eines Verfahrens und der Hornerzahl pro Schritt (der Informationswirkungsgrad ist somit ein Maß für die Effektivität eines Verfahrens), so ergibt sich folgendes Schema:

	einfaches Iterationsverfahren	Newton-Verfahren	Regula falsi
Anzahl der Horner pro Schritt	1	2	1
Ordnung	1	2	1,62
Informationswirkungsgrad	1	1	1,62

Es ist also am günstigsten die Regula falsi zu verwenden.

Bemerkung

Benutzt man die Regula falsi in der Primitivform, so konvergiert dieses Verfahren nur linear. Man "verschenkt" dann also den Gewinn gegenüber den beiden anderen Verfahren.

Zusatz

Das Newton-Verfahren bei mehrfachen Nullstellen.

Die Funktion f sei hinreichend oft differenzierbar und habe im Innern von I eine einzige mehrfache Nullstelle $\tilde{x}$ der Ordnung $r \geq 2$; dann hat f die Form

$$f(x) = (x-\tilde{x})^r g(x)$$

mit $g(\tilde{x}) \neq 0$ und g sei in I auch stetig differenzierbar. Es gilt

$$f'(x) = (x-\tilde{x})^{r-1}(rg(x) + (x-\tilde{x})g'(x)) ,$$

somit ergibt sich

$$u(x) := \frac{f(x)}{f'(x)} = \frac{(x-\tilde{x})g(x)}{rg(x) + (x-\tilde{x})g'(x)} = \frac{x-\tilde{x}}{r} \cdot G(x) .$$

Für

$$G(x) := \frac{r \cdot g(x)}{r \cdot g(x) + (x-\tilde{x})g'(x)} \quad \text{gilt } G(\tilde{x}) = 1 .$$

Setzt man in Verallgemeinerung des Newton-Verfahrens

$$\Phi[f](x) = x - k \cdot u(x) \quad ,$$

so erhält man

$$\Phi'(\tilde{x}) = 1 - k \cdot \frac{1}{r} G(\tilde{x}) - 0 = 1 - \frac{1}{r} \cdot k \quad .$$

Daraus folgt:

Man kann auch im Fall einer mehrfachen Nullstelle quadratische Konvergenz erreichen, wenn man als Iterationsfunktion

$$\Phi[f](x) := x - r \cdot \frac{f(x)}{f'(x)} \tag{3.4}$$

einführt, wobei r die Ordnung der Nullstelle von f in I ist.

Sollen Verfahren verschiedener Ordnung mit möglichst großem Wirkungsgrad konstruier werden, so bieten sich folgende Klassen von Iterationsfunktionen an.

1. Ein-Punkt-Formeln: Man verwendet zur Berechnung von $x^{(m+1)}$ nur die Werte von f und seinen Ableitungen im Punkte $x^{(m)}$.
   Beispiel: Newton-Formel.
   Dabei ist (nach TRAUB) der Wirkungsgrad höchstens 1.
2. Ein-Punkt-Formeln mit Speicherung (Pufferung): Zur Berechnung von $x^{(m+1)}$ benutzt man den Wert von f und seinen Ableitungen im Punkte $x^{(m)}$ und zusätzlich bereits früher verwendete (und gespeicherte!) Werte

$$f(x^{(m-1)}),\dots,f^{(n_{m-1})}(x^{(m-1)}),f(x^{(m-2)}),\dots,f^{(n_{m-2})}(x^{(m-2)}),\dots$$

$$f(x^{(m-\rho)}),\dots,f^{(n_{m-\rho})}(x^{(m-\rho)}) \qquad (\rho \leq m).$$

   Beispiel: Regula falsi.

3. Mehrpunktformeln (mit oder ohne Speicherung): Zur Bestimmung von $x^{(m+1)}$ müssen die Funktionswerte und Ableitungen an mehreren Stellen neu berechnet werden. Solche Verfahren sind kaum bekannt. Die Methode wird im Prinzip bei den Runge-Kutta-Verfahren zur Behandlung des Anfangswertproblems gewöhnlicher Differentialgleichungen verwendet.

Die zur genaueren Untersuchung der Verfahren unter 2. (und 3.) notwendigen Hilfsmittel, nämlich Differenzengleichungen, werden erst im 2. Teil der Vorlesung eingehend behandelt.
Iterationsfunktionen höherer Ordnung nach 1) kann man am einfachsten durch Entwickeln konstruieren.
Im folgenden habe f eine einfache Nullstelle $\tilde{x}$ in I.
Ansatz zur Verbesserung der Newton'schen Formel:

$$\Phi[f](x) := x - g(x) \cdot f(x) - h(x)f^2(x). \tag{3.5}$$

Dabei seien f, g und h hinreichend oft differenzierbar in I (bzw. einer geeigneten Umgebung von $\tilde{x}$) und es gelte $h(\tilde{x}) \neq 0$, $g(\tilde{x}) \neq 0$.
Aus (3.5) ergibt sich:

$$\Phi' = 1 - g'f - gf' - h'f^2 - 2hff'$$

und

$$\Phi'' = -gf'' - 2g'f' - 2hf'^2 - f \cdot (\ldots).$$

Setzt man

$$g := \frac{1}{f'},$$

so folgt:

$$\Phi'(\tilde{x}) = 0.$$

Wählt man ferner h so, daß $-gf'' - 2g'f' - 2hf'^2 = 0$ gilt, d. h. setzt man

$$h := \frac{f''}{2(f')^3},$$

so folgt auch

$$\Phi''(\tilde{x}) = 0.$$

Man erhält also mit

$$\Phi[f](x) = x - \frac{f(x)}{f'(x)} - \frac{1}{2} \cdot \frac{f''(x)f^2(x)}{(f'(x))^3} \tag{3.6}$$

eine Iterationsformel (mindestens) 3. Ordnung. Allerdings wurde nicht der Wirkungsgrad erhöht, da bei diesem Verfahren die Hornerzahl pro Schritt auch 3 ist. Das Verfahren mit der Iterationsfunktion (3.6) nennt man auch verbessertes Newton-Verfahren.

Eine Fehlerabschätzung erhält man durch folgende Überlegung: Die Funktion f sei in I mindestens n-mal stetig differenzierbar; da in I gilt $f'(x) \neq 0$, existiert nach dem Satz über implizite Funktionen eine ebenfalls n-mal stetig differenzierbare Umkehrfunktion φ. Nach der Taylorformel ergibt sich dann für φ :

$$\varphi(y_0) = \varphi(y) + \sum_{\nu=1}^{n-1} \frac{\varphi^{(\nu)}(y)}{\nu!} (y_0 - y)^{\nu} + (y_0 - y)^n \cdot \frac{\varphi^{(n)}(\eta)}{n!} \qquad \eta \in [y_0, y], \qquad (3.7)$$

o. E. sei dabei $y_0 < y$ angenommen.

Setzt man nun $y_0 = 0$. d. h. $\varphi(y_0) = \tilde{x}$ und $y = f(x_0)$, so ergibt sich (unter Beachtung der Differentiation für inverse Funktionen) für das (gewöhnliche) Newtonsche Verfahren:

$$\tilde{x} = x_0 - \frac{f(x_0)}{f'(x_0)} + R_2 ,$$

für das verbesserte Newtonsche Verfahren:

$$\tilde{x} = \underbrace{x_0 - \frac{f(x_0)}{f'(x_0)} - \frac{1}{2} \frac{f''(x_0) \cdot f^2(x_0)}{(f'(x_0))^3}}_{= \Phi(x_0) = x_1} + R_3 .$$

Für die Restglieder R_j folgt aus (3.7):

$$|R_2| \leq \frac{1}{2} \cdot |f(x_0)|^2 \cdot \left| \frac{f''(\xi)}{f'(\xi)^3} \right|$$

$$|R_3| = \frac{1}{6} \cdot \left| f(x_0) \right|^3 \cdot \left| \frac{f'''(\xi) \cdot f'(\xi) - 3(f''(\xi))^2}{(f'(\xi))^5} \right| \qquad (3.8)$$

mit einem zwischen x_0 und $\tilde{x}$ gelegenen Wert ξ.

1. Beispiel

Mit Hilfe des einfachen Newton-Verfahrens soll die positive Nullstelle der Funktion

$$f(x) = x^2 - 3$$

berechnet werden. Die Newton-Formel lautet in diesem Fall

$$x^{(m+1)} = \frac{1}{2} \left(\frac{3}{x^{(m)}} + x^{(m)} \right) \qquad m \in \mathbb{N} \cup \{0\} \quad (\text{vgl. § 1}).$$

Beginnt man mit dem Schätzwert $x^{(0)} = 2$, so ergibt sich bei Rechnung mit einer 9-stelligen Tischrechenmaschine:

$x^{(1)} = 1{,}75$

$x^{(2)} = 1{,}73214285$

$x^{(3)} = 1{,}73205081$. Mit diesem Wert "steht" die Iteration. Ein genauerer Wert von $\sqrt{3}$ ist

$$\sqrt{3} = 1{,}7320508075.$$

2. Beispiel

Diesmal soll die Nullstelle der Funktion

$$f(x) = x^2 - 2$$

mit Hilfe des verbesserten Newton-Verfahrens bestimmt werden. Zunächst sieht man, daß $f'(x) = 2x$, $f'' = 2$ und $f''' = 0$ ist, für den Fehler also

$$|R_3| = |f(x^{(0)})|^3 \frac{3 \cdot 2^2}{6 \cdot (2(\xi))^5} \quad \text{gilt,} \quad \xi \approx \sqrt{2}.$$

Mit Hilfe des einfachen Newtonschen Verfahrens sei der Näherungswert $x^{(0)} = 1{,}4142136$, $f(x^{(0)}) \doteq 1{,}064 \cdot 10^{-7}$ berechnet. Mit diesem Wert ergibt sich $|R_3| < 10^{-21}$.
Man erhält

$$x^{(0)} = 1{,}41421.36$$

$$-\frac{f(x^{(0)})}{f'(x^{(0)})} = -0{,}00000.00376.26904.45064.31$$

$$-\frac{1}{2} \cdot \frac{f^2(x^{(0)}) \cdot f''(x^{(0)})}{(f'(x^{(0)}))^3} = -0{,}00000.00000.00000.50055.52 .$$

Also $$\tilde{x} = 1{,}41421.35623.73095.04880.17 \pm 1{,}4 \cdot 10^{-22}.$$

III. Iterationsformeln höherer Ordnung

Die Regula falsi und das Newton-Verfahren konstruieren einen neuen Näherungswert mit Hilfe einer "Ersetzung" der gegebenen Funktion durch ein Geradenstück. Man kann nun auch versuchen, unter Verwendung mehrerer Funktions- bzw. Ableitungswerte den Graphen der Funktion durch eine gekrümmte Linie besser anzunähern (zu "approximieren"). Dies könnte z. B. durch ein Näherungspolynom geschehen, das durch Interpolation oder eine Taylorentwicklung konstruiert wird.

Ist eine reelle Funktion f in einem abgeschlossenen Intervall $[a,b]$ der reellen Zahlen n-mal stetig differenzierbar, so kann man mit geeigneten Polynomen P bzw. Q vom Grade $n-1$ durch Polynominterpolation die Formel

$$f(x) = P(x) + \frac{f^{(n)}(\xi)}{n!} \prod_{i=0}^{n-1} (x - x^i) \qquad (x \in [a,b]) ,$$

sowie durch Taylorentwicklung um $x^0 \in [a,b]$ die Formel

$$f(x) = Q(x) + \frac{f^{(n)}(\xi)}{n!} (x - x^0)^n \qquad (x \in [a,b])$$

mit geeigneten $\xi \in [a,b]$ gewinnen.

Hat man nun eine Nullstelle x^1 von P oder Q gefunden, so erhält man

$$f(x^1) = \frac{f^{(n)}(\xi)}{n!} (x^1 - x^0)^n. \tag{3.9}$$

Dieses Vorgehen kann durch Entwicklung von f in x^1 und Berechnung einer Wurzel x^2 des dabei erhaltenen Polynoms P^1 bzw. Q^1 usw. iteriert werden. Ist f' in einer Umgebung einer Nullstelle x^* von Null verschieden, so ergibt sich aus dem Mittelwertsatz und Gleichung (3.9):

$$f(x^1) = f(x^1) - f(x^*) = -f'(\xi^*)(x^* - x^1) = \frac{f^{(n)}(\xi)}{n!}(x^1 - x^0)^n$$

für ein ξ^* zwischen x^* und x^1. Wegen $x^0 - x^* = x^0 - x^1 + x^1 - x^* = (x^0 - x^1) \cdot (1 + \mathcal{O}(|x^1 - x^0|^{n-1}))$ hat das Iterationsverfahren also in einer Umgebung von x^* die Ordnung n. Dabei ist allerdings bei jedem Schritt eine Wurzel des Polynoms (n - 1)-ten Grades zu bestimmen. Dieser bei $n > 3$ schwerwiegende Nachteil wird durch die im folgenden beschriebene inverse Interpolation umgangen.

Inverse Interpolation

f sei eine in einem abgeschlossenen Intervall $[a,b]$ der reellen Zahlen definierte, n-mal stetig differenzierbare reellwertige Funktion. Für ein $x^* \in [a,b]$ gelte $f(x^*) = 0$ und

$$|f'(x)| \geq m > 0$$

für alle x aus einer Umgebung U von x^*. Dann existiert in U die Umkehrfunktion $\varphi = f^{-1}$ zu f. Die Frage nach der Nullstelle x^* von f ist daher äquivalent zur Berechnung von $\varphi(0) = f^{-1}(0) = f^{-1}(f(x^*)) = x^*$. Die Funktion φ ist in einer Umgebung V jedes hinreichend nahe bei 0 liegenden Punktes y^0 entwickelbar:

$$\varphi(y) = \varphi(y^0) + \frac{\varphi'(y^0)}{1!}(y - y^0) + \ldots + \frac{\varphi^{(n-1)}(y^0)}{(n-1)!}(y - y^0)^{n-1} + \frac{\varphi^{(n)}(\eta)}{n!}(y - y^0)^n, \quad (3.10)$$

η zwischen y und y^0, gültig für jedes $y \in V$.

Dabei kann $0 \in V$ vorausgesetzt werden, und man kann $y := 0$ in (3.10) einsetzen. Es ergibt sich

$$\varphi(0) = \sum_{i=0}^{n-1} \frac{\varphi^{(i)}(y^0)}{i!}(-y^0)^i + \frac{\varphi^{(n)}(\eta)}{n!}(-y^0)^n .$$

Ersetzt man y^0 durch $f(x^0)$, so erhält man

$$\varphi(0) = x^* = \sum_{i=0}^{n-1} \frac{\varphi^{(i)}(f(x^0))}{i!}(-f(x^0))^i + \frac{\varphi^{(n)}(\eta)}{n!}(-f(x^0))^n ,$$

und unter Berücksichtigung der Differentiationsformeln

$$\varphi'(f(x)) = \frac{1}{f'(x)}, \quad \varphi''(f(x)) = -\frac{f''(x)}{(f'(x))^3}, \ldots,$$

die Formel

$$x^* = \underbrace{x^0 - \frac{f(x^0)}{f'(x^0)} - \frac{f''(x^0)\cdot f(x^0)^2}{2(f'(x^0))^3} \pm \dots}_{n\,-\,1\ \text{Terme}} + \frac{\varphi^{(n)}(\eta)}{n!}(-f(x^0))^n. \qquad (3.11)$$

Die Funktion

$$\Phi(x) := \overbrace{x - \frac{f(x)}{f'(x)} - \frac{f''(x)\cdot f(x)^2}{2(f'(x))^3} \pm \dots}, \qquad (3.12)$$

die durch die rechte Seite von (3.11) unter Fortlassen des Restgliedes nahegelegt wird, ist dann als Iterationsfunktion zur Berechnung einer Nullstelle x^* von f zu verwenden. Man sieht, daß die ersten beiden Terme von Φ gerade die der Newtonschen Iterationsfunktion sind.

Aus (3.11) erhält man wegen $f(x^*) - f(x^0) = f'(\xi)(x^* - x^0)$:

$$|\Phi(x^0) - \varphi(0)| = |x^1 - x^*| = \left|\frac{\varphi^{(n)}(\eta)}{n!}(-f(x^0))^n\right|$$

$$= \left|\frac{\varphi^{(n)}(\eta)(f'(\xi))^n}{n!}(x^0 - x^*)^n\right|$$

und daraus ergibt sich, daß das Iterationsverfahren

$$x^{i+1} = \Phi(x^i)$$

für $i \in \mathbb{N}$ mit der durch (3.12) definierten Funktion Φ die Ordnung n hat. Ferner erhält man den asymptotischen Fehlerkoeffizienten als

$$C = \left|\frac{\varphi^{(n)}(0)(f'(x^*))^n}{n!}\right| .$$

<u>Beispiel</u>: <u>Iterationsformel von MÜLLER</u>

Als Verallgemeinerung der Regula falsi bietet sich die folgende Methode an: Ausgehend von 3 Punkten x^0, x^1, x^2 eines Intervalls $[a,b]$ der reellen Zahlen und von Funktionswerten f_0, f_1, f_2 einer reellwertigen Funktion f auf $[a,b]$ an den Stellen x^0, x^1, x^2 bestimme man das (quadratische) Interpolationspolynom durch die Punkte (x^0, f_0), (x^1, f_1) und (x^2, f_2). Man berechne dann eine Nullstelle x^3 des Interpolationspolynoms, ersetze einen der Punkte x^0, x^1, x^2 durch x^3 und wiederhole das Vorgehen. Dadurch erhält man ein iteratives Verfahren zur Bestimmung einer Nullstelle einer reellwertigen Funktion f.

Zur Berechnung von x^3 ist dabei lediglich eine quadratische Gleichung zu lösen.

Das Interpolationspolynom P durch (x^0, f_0), (x^1, f_1), (x^2, f_2) läßt sich nach Kapitel I § 2 als

$$P(x) = f_2 + \Delta(x^2, x^1)f\cdot(x - x^2) + \Delta^2(x^0, x^1, x^2)f\cdot(x - x^1)(x - x^2)$$

schreiben (<u>Newtonsche Interpolationsformel</u>). Durch Umordnung erhält man

$$P(x) = f_2 + (x-x^2)\cdot\omega + (x-x^2)^2\cdot\Delta^2, \qquad (3.13)$$

wenn man zur Abkürzung

$$\begin{aligned}\omega &:= \Delta(x^2,x^1)f + (x^2-x^1)\cdot\Delta^2(x^0,x^1,x^2)f\\ &= \Delta(x^2,x^1)f + \Delta(x^2,x^0)f - \Delta(x^1,x^0)f \quad \text{und}\\ \Delta^2 &:= \Delta^2(x^0,x^1,x^2)f\end{aligned}$$

setzt. Durch Auflösen von (3.13) ergibt sich für Nullstellen x^3 des Interpolationspolynoms P:

$$x^3 = x^2 - \frac{\omega}{2\Delta^2} \pm \frac{1}{2\Delta^2}\sqrt{\omega^2 - 4f_2\Delta^2}.$$

Zur Wahl des Vorzeichens der Wurzel ist folgendes zu beachten: Sollen im Verlauf des Verfahrens die Werte von x^2 und x^3 nahe beieinander liegen, so muß das Vorzeichen von ω gleich dem der Wurzel sein, denn $f(x^2)$ strebt mit $x^2 \to \tilde{x}$ gegen Null. Insgesamt ergibt sich die Formel:

$$x^3 = x^2 - \frac{1}{2\Delta^2}\left(\omega - \operatorname{sgn}(\omega)\sqrt{\omega^2 - 4f_2\Delta^2}\right).$$

Das durch den obigen Ausdruck beschriebene Iterationsverfahren hat den Vorteil, daß man superlineare Konvergenz erhält und zur Durchführung eines neuen Schrittes lediglich den Funktionswert $f(x^3)$ und die Differenzen $\Delta(x^2,x^3)$ und $\Delta^2(x^1,x^2,x^3)$ neu berechnen muß. Die übrigen Werte sind bereits vorhanden.
Auf Grund der aus der Theorie der Interpolation bekannten Fehlerabschätzung

$$|f(x) - P(x)| \le \frac{1}{3!} \max_{\xi\in[a,b]} |f'''(\xi)|\cdot|(x-x^0)(x-x^1)(x-x^2)|$$

erhält man die Abschätzung

$$\begin{aligned}|x^* - x^3| &= \frac{1}{|f'(\xi)|}|f(x^3) - \underbrace{f(x^*)}_{=0}| = \frac{1}{|f'(\xi)|}|f(x^3) - \underbrace{P(x^3)}_{=0}|\\ &\le \frac{1}{3!}|(x^3-x^0)(x^3-x^1)(x^3-x^2)|\cdot \max_{\xi\in[a,b]}|f'''(\xi)|\cdot \max_{\xi\in[a,b]}\left|\frac{1}{f'(\xi)}\right|.\end{aligned}$$

Dabei muß vorausgesetzt werden, daß f im Intervall [a,b] dreimal stetig differenzierbar ist und eine Abschätzung der Art $|f'(x)| \ge m > 0$ für alle $x\in[a,b]$ gilt.

§ 4. Operatoren in Banachräumen, Frechetableitung

Im folgenden bezeichne $\mathcal{L}$ einen linearen Raum (Vektorraum) über $\mathbb{R}$ oder $\mathbb{C}$. (Es gelte insbesondere $1 \cdot x = x$.)

Definition 4.1

Eine Norm auf $\mathcal{L}$ ist eine Abbildung von $\mathcal{L}$ in $\mathbb{R}$, die jedem $x \in \mathcal{L}$ eine Zahl $\|x\|$ aus $\mathbb{R}$ zuordnet.

Dabei sollen die folgenden Gesetze gelten:

1. Aus $\|x\| = 0$ folgt $x = 0$, d. h. nur der Nullvektor hat die Norm Null.
2. $\|x+y\| \leq \|x\| + \|y\|$ (Dreiecksungleichung) für alle $x, y \in \mathcal{L}$.
3. $\|\lambda \cdot x\| = |\lambda| \cdot \|x\|$ für alle $x \in \mathcal{L}$ und $\lambda \in \mathbb{R}$ bzw. $\mathbb{C}$.

$\mathcal{L}$ bildet zusammen mit "$\|\cdot\|$" einen normierten Raum.

Bemerkung

1. Es gilt $\|x\| \geq 0$ für alle $x \in \mathcal{L}$. Man kann nämlich wie folgt abschätzen:

$$\begin{aligned} 0 &= |0| \cdot \|x\| = \|0 \cdot x\| \\ &= \|x + (-x)\| \leq \|x\| + \|-x\| = \|x\| + |-1| \cdot \|x\| = 2\|x\| . \end{aligned}$$

Aus der ersten Zeile dieser Abschätzung folgt, daß der Nullvektor tatsächlich die Norm Null hat.

2. Für alle $x, y \in \mathcal{L}$ gilt

$$\|x\| = \|x-y+y\| \leq \|x-y\| + \|y\| ,$$

und daher hat man

$$\|x-y\| \geq \|x\| - \|y\| .$$

Aus Symmetriegründen gilt auch $\|x-y\| \geq \|y\| - \|x\|$; insgesamt ergibt sich also die Ungleichung

$$\|x-y\| \geq \Big| \, \|x\| - \|y\| \, \Big| .$$

3. Jede Norm induziert eine Metrik; ist z. B. $\|\cdot\|$ eine Norm auf dem linearen Raum $\mathcal{L}$, so ist

$$d(x,y) := \|x-y\| \qquad (x, y \in \mathcal{L}) \tag{4.1}$$

eine Metrik auf $\mathcal{L}$ (die induzierte Metrik); der Raum $\mathcal{L}$ ist mit dieser Distanzfunktion ein metrischer Raum (vgl. § 1). Es hat also Sinn, von der Vollständigkeit eines normierten Raumes zu sprechen.

Definition 4.2

Ein durch "$\|\cdot\|$" normierter Raum $\mathcal{L}$ heißt "vollständig", wenn $\mathcal{L}$ mit der induzierten Metrik als metrischer Raum vollständig ist. Ein vollständiger normierter Raum heißt "Banachraum".

Beispiele

Die in § 1 als Beispiele angegebenen metrischen Räume sind ebenfalls normierte Räume; für jeden dieser speziellen Räume kann man nachweisen, daß die mit Hilfe der Distanzfunktion d und dem Nullelement 0 gebildete reellwertige Abbildung

$$x \to \|x\| := d(x,0)$$

eine Norm ist.

Man braucht gegenüber § 1 bei diesen Beispielen lediglich zu bedenken, daß beliebige Teilmengen der Räume keine normierten Räume sind, wenn sie keine Vektorraumstruktur tragen.

Definition 4.3

Zwei Normen $\|\cdot\|_1$ und $\|\cdot\|_2$ auf einem linearen Raum $\mathcal{L}$ heißen "äquivalent", wenn es positive reelle Zahlen c und C gibt mit

$$c\|x\|_1 \le \|x\|_2 \le C\|x\|_1$$

für alle $x \in \mathcal{L}$.

Bemerkung

Die Äquivalenz zwischen Normen ist eine Äquivalenzrelation im üblichen Sinne.

Satz 4.1

Alle Normen des $\mathbb{R}^n$ sind äquivalent.

Beweis

Es genügt zu zeigen, daß alle Normen $\|\cdot\|$ des $\mathbb{R}^n$ zu der durch $\|x\|_1 := \|(x_1,..,x_n)\|_1 := \sum_{i=1}^{n} |x_i|$, $x_i \in \mathbb{R}$, definierten L_1-Norm äquivalent sind.

Es sei $\|\cdot\|$ irgendeine Norm des $\mathbb{R}^n$. Dann gilt unter Benutzung der Schreibweise $e_1,\dots,e_n$ für die n Einheitsvektoren des $\mathbb{R}^n$ die Ungleichung

$$\|x\| = \|\sum_{i=1}^{n} x_i e_i\| \le \sum_{i=1}^{n} |x_i| \cdot \|e_i\|$$

$$\le (\max_{1\le i\le n} \|e_i\|)\,\|x\|_1 = M \cdot \|x\|_1$$

mit $M := \max_{1\le i\le n} \|e_i\|$. Speziell folgt, daß alle Normen bezüglich der L_1-Norm stetig sind. Denn für jedes $x_0 \in \mathbb{R}^n$ und jedes $\varepsilon > 0$ hat man

$$\Big|\, \|x\| - \|x_0\| \,\Big| \le \|x - x_0\| \le M\, \|x - x_0\|_1 \le \varepsilon$$

für alle $x \in \mathbb{R}^n$ mit $\|x - x_0\|_1 \le \frac{\varepsilon}{M}$.
Die "Einheitssphäre" K der L_1-Norm,

$$K := \{x \mid x \in \mathbb{R}^n,\ \|x\|_1 = 1\}$$

ist nach bekannten Sätzen der Infinitesimalrechnung beschränkt und abgeschlossen und jede bezüglich $\|\cdot\|_1$ stetige reellwertige Funktion nimmt auf K ihr Minimum und Maximum an. (Die in der Infinitesimalrechnung üblichen Beweise sind unabhängig von der Wahl der Norm).
Somit gibt es positive reelle Zahlen c und C mit

$$c \le \|x\| \le C$$

für alle $x \in K$. Damit gilt für alle $x \in \mathbb{R}^n$, $x \neq 0$ wegen $\frac{x}{\|x\|_1} \in K$ und

$$\|x\| = \left\| \|x\|_1 \cdot \frac{x}{\|x\|_1} \right\| = \|x\|_1 \cdot \left\| \frac{x}{\|x\|_1} \right\|$$

also

$$c \cdot \|x\|_1 \le \|x\| \le C \cdot \|x\|_1$$

für alle $x \in \mathbb{R}^n$, $x \neq 0$ und trivialerweise auch für $x = 0$.
Damit ist die Äquivalenz von $\|\cdot\|$ mit der L_1-Norm nachgewiesen.

Bemerkung
Man bedenke, daß alle durch die Norm festgelegten Eigenschaften, wie z. B. die Beschränktheit, nicht von der Auswahl einer Norm aus einer Äquivalenzklasse abhängen. Satz 4.1 liefert also, daß man im Falle des $\mathbb{R}^n$ von Beschränktheit von Operatoren sprechen kann, ohne eine Norm zu spezifizieren.

Definition 4.4
Eine Abbildung T zwischen zwei normierten Vektorräumen $\mathcal{V}_1$ und $\mathcal{V}_2$ heißt auch "Operator".
Ein linearer Operator zwischen zwei durch $\|\cdot\|_1$ bzw. $\|\cdot\|_2$ normierten linearen Räume $\mathbb{B}_1$ und $\mathbb{B}_2$ heißt "beschränkt"*), wenn

$$\|Tx\|_2 \le M\, \|x\|_1$$

mit einer reellen Zahl M für alle $x \in \mathbb{B}_1$ gilt. Das Bild eines $x \in \mathbb{B}_1$ unter der Abbildung T wird dabei mit Tx bezeichnet.
T heißt "stetig", wenn für jedes $x_0 \in \mathbb{B}_1$ und jedes reelle $\varepsilon > 0$ ein $\delta(\varepsilon) > 0$ existiert mit

---

*) (Dabei soll $\|\cdot\|_1$ nicht etwa notwendig die L_1-Norm sein)

$$\|Tx - Tx_0\|_2 < \varepsilon$$

für alle $x \in \mathbb{B}_1$ mit $\|x - x_0\|_1 < \delta(\varepsilon)$.
Schließlich bezeichne $Op(\mathbb{B}_1, \mathbb{B}_2)$ die Menge der beschränkten Operatoren von $\mathbb{B}_1$ in $\mathbb{B}_2$.

Bemerkung

$Op(\mathbb{B}_1, \mathbb{B}_2)$ ist in natürlicher Weise ein linearer Raum über $\mathbb{R}$ oder $\mathbb{C}$. Eine Norm $|||\cdot|||$ auf $Op(\mathbb{B}_1, \mathbb{B}_2)$ ist gegeben durch

$$|||T||| := \sup_{\substack{x \in \mathbb{B}_1 \\ x \neq 0}} \frac{\|Tx\|_2}{\|x\|_1}, \qquad (T \in Op(\mathbb{B}_1, \mathbb{B}_2)). \tag{4.2}$$

Für diese Norm gilt

$$\|Tx\|_2 \leq |||T||| \cdot \|x\|_1 \tag{4.3}$$

für alle $x \in \mathbb{B}_1$.

Beweis

1. Für jedes $T \in Op(\mathbb{B}_1, \mathbb{B}_2)$ gilt $|||T||| \geq 0$ und

$$|||T||| = 0 \Leftrightarrow \sup_{\substack{x \in \mathbb{B}_1 \\ x \neq 0}} \frac{\|Tx\|_2}{\|x\|_1} = 0 \Leftrightarrow \|Tx\|_2 = 0 \ \forall\, x \in \mathbb{B}_1$$

$$\Leftrightarrow Tx = 0 \ \forall\, x \in \mathbb{B}_1 \Leftrightarrow T = \Theta \quad \text{(Nulloperator)}.$$

2. Ferner hat man für $\lambda \in \mathbb{R}$ bzw. $\mathbb{C}$ und $T \in Op(\mathbb{B}_1, \mathbb{B}_2)$

$$|||\lambda T||| = \sup_{\substack{x \in \mathbb{B}_1 \\ x \neq 0}} \frac{\|\lambda Tx\|_2}{\|x\|_1} = \sup_{\substack{x \in \mathbb{B}_1 \\ x \neq 0}} |\lambda| \frac{\|Tx\|_2}{\|x\|_1}$$

$$= |\lambda| \sup_{\substack{x \in \mathbb{B}_1 \\ x \neq 0}} \frac{\|Tx\|_2}{\|x\|_1} = |\lambda| \cdot |||T|||.$$

3. Für alle $T, S \in Op(\mathbb{B}_1, \mathbb{B}_2)$ gilt

$$|||S+T||| = \sup_{\substack{x \in \mathbb{B}_1 \\ x \neq 0}} \frac{\|(S+T)x\|_2}{\|x\|_1} = \sup_{\substack{x \in \mathbb{B}_1 \\ x \neq 0}} \frac{\|Sx + Tx\|_2}{\|x\|_1}$$

$$\leq \sup_{\substack{x \in \mathbb{B}_1 \\ x \neq 0}} \left(\frac{\|Sx\|_2}{\|x\|_1} + \frac{\|Tx\|_2}{\|x\|_1} \right)$$

$$\leq \sup_{\substack{x \in \mathfrak{B}_1 \\ x \neq 0}} \frac{\|Sx\|_2}{\|x\|_1} + \sup_{\substack{x \in \mathfrak{B}_1 \\ x \neq 0}} \frac{\|Tx\|_2}{\|x\|_1}$$

$$= |||S||| + |||T||| .$$

4. Für jedes $x \in \mathfrak{B}_1$, $x \neq 0$ gilt nach Definition von $|||T|||$ außerdem

$$\frac{\|Tx\|_2}{\|x\|_1} \leq |||T||| ,$$

und daher hat man

$$\|Tx\|_2 \leq |||T||| \cdot \|x\|_1 ;$$

da diese Ungleichung auch für $x = 0$ gilt, gilt sie für alle $x \in \mathfrak{B}_1$ und alle $T \in Op(\mathfrak{B}_1, \mathfrak{B}_2)$.

Definition 4.5

Es sei $\mathcal{L}$ ein linearer Teilraum von $Op(\mathfrak{B}_1, \mathfrak{B}_2)$. Eine Norm $|||\cdot|||$ auf $\mathcal{L}$, die für alle $x \in \mathfrak{B}_1$ und alle $T \in \mathcal{L}$ die Ungleichung (4.3) erfüllt, heißt "passende" Norm auf $\mathcal{L}$ zu $\|\cdot\|_1$ und $\|\cdot\|_2$.

Gilt sogar die (schärfere) Aussage (4.2), so spricht man von der "zugeordneten" Operatornorm zu den Vektornormen $\|\cdot\|_1$ und $\|\cdot\|_2$.

Der folgende Hilfssatz faßt den obigen Sachverhalt zusammen.

Hilfssatz 4.1

Sind $\mathfrak{B}_1$ und $\mathfrak{B}_2$ zwei lineare Räume, so existiert zu jeder Norm $\|\cdot\|_1$ auf $\mathfrak{B}_1$ und $\|\cdot\|_2$ auf $\mathfrak{B}_2$ eine zu $\|\cdot\|_1$ und $\|\cdot\|_2$ passende Norm auf der Menge $Op(\mathfrak{B}_1, \mathfrak{B}_2)$ der beschränkten Operatoren von $\mathfrak{B}_1$ in $\mathfrak{B}_2$.

Der nun folgende Satz zeigt eine angenehme Eigenschaft der Menge der beschränkten linearen Operatoren.

Satz 4.2

Der Raum $[\mathfrak{B}_1, \mathfrak{B}_2]$ der beschränkten linearen Operatoren zwischen Banachräumen $\mathfrak{B}_1$ und $\mathfrak{B}_2$ ist ein Banachraum unter der durch (4.2) definierten Norm.

Beweis

Der Leser beweise, daß $[\mathfrak{B}_1, \mathfrak{B}_2]$ ein normierter Raum ist. Dann bleibt die Vollständigkeit nachzuweisen.

Es sei $\{T_n\}_{n \in \mathbb{N}} \subset [\mathfrak{B}_1, \mathfrak{B}_2]$ eine Folge von linearen Operatoren mit $|||T_n - T_m||| \to 0$ für $n \to \infty$ und $m \to \infty$. Für jedes $x \in \mathfrak{B}_1$ gilt mit der Norm $\|\cdot\|_1$ auf $\mathfrak{B}_1$ und der Norm $\|\cdot\|_2$ auf $\mathfrak{B}_2$

$$\|T_n x - T_m x\|_2 = \|(T_n - T_m)x\|_2$$
$$\leq |||T_n - T_m||| \cdot \|x\|_1 ,$$

und da $\{T_n\}$ eine Cauchyfolge ist, gilt dasselbe für $\{T_m x\} \subset \mathfrak{B}_2$. Dort existiert also der punktweise Limes $Tx := \lim_{n\to\infty} T_n x$ wegen der Vollständigkeit von $\mathfrak{B}_2$. Auf Grund der zu Anfang dieses Paragraphen bewiesenen Ungleichung

$$\Big| \, |||T_n||| - |||T_m||| \, \Big| \leq |||T_n - T_m|||$$

ist die Folge $\{|||T_n|||\} \subset \mathbb{R}$ eine Cauchyfolge in $\mathbb{R}$ und somit durch eine Konstante M nach oben beschränkt. Es folgt

$$\|Tx\|_2 = \lim_{n\to\infty} \|T_n x\|_2 \leq \lim_{n\to\infty} |||T_n||| \cdot \|x\|_1 \leq M \cdot \|x\|_1$$

für alle $x \in \mathfrak{B}_1$ und damit ist T beschränkt. Mit reellen oder komplexen Zahlen λ, μ und Punkten $x, y \in \mathfrak{B}_1$ erhält man die Linearität von T durch

$$T(\lambda x + \mu y) = \lim_{n\to\infty} T_n(\lambda x + \mu y) = \lim_{n\to\infty} (\lambda T_n x + \mu T_n y)$$
$$= \lim_{n\to\infty} (\lambda T_n x) + \lim_{n\to\infty} (\mu T_n y)$$
$$= \lambda \lim_{n\to\infty} (T_n x) + \mu \lim_{n\to\infty} (T_n y)$$
$$= \lambda Tx + \mu Ty$$

unter Ausnutzung der auch für allgemeine normierte Räume gültigen Limesregeln. Die Aussage $|||T - T_n||| \to 0$ für $n \to \infty$ ergibt sich folgendermaßen:
Zu jedem $\varepsilon > 0$ gibt es ein $N(\varepsilon) \in \mathbb{N}$ mit $|||T_n - T_m||| < \varepsilon$ für alle $m, n > N(\varepsilon)$; dann hat man für jedes $x \in \mathfrak{B}_1$ die Relation

$$\|Tx - T_n x\|_2 \leq \|Tx - T_m x\|_2 + \|T_m x - T_n x\|_2$$
$$\leq \|Tx - T_m x\|_2 + |||T_m - T_n||| \cdot \|x\|_1$$

und im Grenzfall $m \to \infty$ folgt

$$\|Tx - T_n x\|_2 \leq \varepsilon \cdot \|x\|_1 ,$$

d. h. es gilt $|||T - T_n||| \leq \varepsilon$. Damit ist insgesamt gezeigt, daß die Cauchyfolge $\{T_n\}$ in der Norm $|||\cdot|||$ gegen eine beschränkte lineare Abbildung $T : \mathfrak{B}_1 \to \mathfrak{B}_2$ konvergiert.

Es erhebt sich die Frage, ob die Eigenschaft der Beschränktheit die Klasse aller stetigen Operatoren nicht zu sehr einschränkt. Zumindest möchte man die Beschränktheit der linearen Operatoren (der Vektorraumhomomorphismen) haben. Das liefert der folgende Satz:

Satz 4.3

Jeder beschränkte lineare Operator zwischen normierten Räumen ist stetig, und jeder stetige lineare Operator zwischen normierten Räumen ist beschränkt.
Mit anderen Worten: Für lineare Operatoren zwischen normierten Räumen sind Stetigkeit und Beschränktheit gleichwertig.

Beweis

Es sei T ein linearer Operator zwischen zwei durch $\|\cdot\|_1$ und $\|\cdot\|_2$ normierten linearen Räumen $\mathbb{B}_1$ und $\mathbb{B}_2$.
1. T sei beschränkt. Dann gibt es eine (ohne Einschränkung positive) Zahl $M \in \mathbb{R}$, so daß für alle $x \in \mathbb{B}_1$ die Ungleichung

$$\|Tx\|_2 \leq M\|x\|_1 \text{ gilt.}$$

Für jedes $x_0 \in \mathbb{B}_1$ und jedes $\varepsilon > 0$ hat man dann

$$\begin{aligned} \|Tx - Tx_0\|_2 &= \|T(x-x_0)\|_2 \\ &\leq M\|x-x_0\|_1 < \varepsilon \end{aligned}$$

für alle x mit $\|x-x_0\|_1 < \delta(\varepsilon) := \frac{\varepsilon}{M}$. Also ist T stetig.
2. T sei stetig. Setzt man in der Stetigkeitsdefinition $\varepsilon = 1$ und $x_0 = 0$ ein, so erhält man die Existenz eines positiven δ mit

$$\|Tx - T0\|_2 = \|Tx\|_2 < 1$$

für alle x mit $\|x-0\|_1 = \|x\|_1 < 2\cdot\delta$. Mit $M := \frac{1}{\delta}$ ergibt sich für alle $x \in \mathbb{B}_1$ die Behauptung: Da für $x = 0$ nichts zu zeigen ist, sei $\|x\| \neq 0$. Setzt man $x = c\cdot y$ mit $c = \frac{\|x\|_1}{\delta}$, so gilt

$$\|Tx\|_2 = \|T(c\cdot y)\|_2 = c\cdot\|Ty\|_2 < c = M\cdot\|x\|_1 .$$

Bemerkung

1. Jede kontrahierende Abbildung T zwischen zwei durch $\|\cdot\|_1$ und $\|\cdot\|_2$ normierten linearen Räumen $\mathbb{B}_1$ und $\mathbb{B}_2$ ist stetig.
2. Jede lineare Abbildung T zwischen endlichdimensionalen linearen Räumen ist beschränkt und damit auch stetig.
3. Es seien $\mathbb{B}_1$ und $\mathbb{B}_2$ zwei endlichdimensionale lineare Räume mit den Normen $\|\cdot\|_1$ und $\|\cdot\|_2$. Ist $|||\cdot|||$ die zu $\|\cdot\|_1$ und $\|\cdot\|_2$ zugeordnete Operatornorm auf $Op(\mathbb{B}_1,\mathbb{B}_2)$, so gibt es zu jedem linearen Operator $T \in Op(\mathbb{B}_1,\mathbb{B}_2)$ ein $x \in \mathbb{B}_1 - \{0\}$ mit

$$\frac{\|Tx\|_2}{\|x\|_1} = |||T||| .$$

Beweis

1. Trivial.

2. Es genügt, den Fall einer linearen Abbildung $T : \mathbb{R}^n \to \mathbb{R}^m$ zu betrachten. Die Stetigkeit von T in irgendeiner Norm ist aus der Infinitesimalrechnung bekannt. Aus Satz 4.1 entnimmt man die Stetigkeit von T bezüglich jeder beliebigen Norm.

3. Man kann (4.2) wegen

$$\frac{\|Tx\|_2}{\|x\|_1} = \left\| T\left(\frac{x}{\|x\|_1}\right)\right\|_2$$

für alle $x \in \mathcal{B}_1 - \{0\}$ und alle linearen Operatoren $T \in \mathrm{Op}(\mathcal{B}_1, \mathcal{B}_2)$ umschreiben zu

$$|||T||| = \sup_{\substack{x \in \mathcal{B}_1 \\ \|x\|_1 = 1}} \|Tx\|_2 \,. \tag{4.4}$$

Weil der Operator T und die Norm $\|\cdot\|_2$ stetige Funktionen sind, nimmt die reelle Funktion $\|Tx\|_2 : \mathcal{B}_1 \to \mathbb{R}$ auf der beschränkten und abgeschlossenen Einheitssphäre $\{x \in \mathcal{B}_1 | \ \|x\|_1 = 1\} \subset \mathcal{B}_1$ ihr Supremum an. Also existiert ein $x_0 \in \mathcal{B}_1$, $\|x_0\|_1 = 1$ mit

$$|||T||| = \|Tx_0\|_2 = \frac{\|Tx_0\|_2}{\|x_0\|_1} \,.$$

Bemerkung

Die Stetigkeit einer Norm $\|\cdot\|$ als reelle Funktion auf einem linearen Raum $\mathcal{B}$ ist trivial, denn für jedes $\varepsilon > 0$ gilt $|\ \|x\| - \|y\|\ | \leq \|x-y\| < \varepsilon$ für alle $x, y \in \mathcal{B}$ mit $\|x-y\| < \varepsilon$.

Beispiele

1. Jede lineare Abbildung $T : \mathbb{R}^n \to \mathbb{R}^m$ läßt sich durch eine Matrix (die ohne Einschränkung wieder mit T bezeichnet werde) darstellen; werden Vektoren $x \in \mathbb{R}^n$ als Spaltenvektoren $x = (x_1, \ldots, x_n)^T$ mit reellen Zahlen x_i und einem hochgestellten "T" als Symbol der Transposition (Kippung) geschrieben, so ist das Bild Tx von x unter T gerade das Ergebnis der üblichen Matrix-Vektor-Multiplikation $T \cdot x$.

   Jede solche lineare Abblidung T ist nach der obigen Bemerkung stetig und beschränkt. Für Normen $\|\cdot\|_1$ und $\|\cdot\|_2$ auf $\mathbb{R}^n$ bzw. $\mathbb{R}^m$ gibt es nach Hilfssatz 4.1 stets eine Norm der $m \times n$-Matrizen, die zu $\|\cdot\|_1$ bzw. $\|\cdot\|_2$ passend ist. Eine solche Norm wird durch (4.2) bzw. (4.4) gegeben (die "zugeordnete" Matrixnorm).

   Es sollen nun zu verschiedenen Normen auf $\mathbb{R}^n$ bzw. $\mathbb{R}^m$ passende bzw. zugeordnete Matrix-Normen angegeben werden. Dabei soll stets vorausgesetzt werden, daß auf $\mathbb{R}^n$ bzw. $\mathbb{R}^m$ der gleiche Typ von Normen verwendet wird. Die Matrizen T werden als $T = (t_{ij})$ geschrieben, wobei i der Zeilen- und j der Spaltenindex sei.

Mögliche Vektornormen sind:

$\|x\|_{\infty} := \max_{1 \le i \le n} |x_i|$ (Tschebyscheff- oder Maximumsnorm)

$\|x\|_1 := \sum_{i=1}^{n} |x_i|$ (L_1-Norm)

$\|x\|_e := (\sum_{i=1}^{n} x_i^2)^{1/2}$ (Euklidische Norm)

Mögliche Matrixnormen sind:

$|||T|||_G := n \cdot \max_{\substack{1 \le i \le m \\ 1 \le i \le n}} |t_{ij}|$ (Gesamtnorm)

$|||T|||_Z := \max_{1 \le i \le m} \sum_{j=1}^{n} |t_{ij}|$ (Zeilensummennorm)

$|||T|||_S := \max_{1 \le j \le n} \sum_{i=1}^{m} |t_{ij}|$ (Spaltensummennorm)

$|||T|||_E := (\text{Spur}\,(T^T T))^{1/2}$ (Euklidische Norm)

$|||T|||_H := \max\{ +\sqrt{\lambda} \mid \lambda \in \mathbb{R},\ T^T T x = \lambda x \text{ für ein } x \in \mathbb{R}^n,\ x \neq 0\}$ (Spektralnorm oder Hilbertnorm).

Zur Tschebyscheff-Vektornorm paßt die Matrixnorm $|||\cdot|||_G$ und $|||\cdot|||_Z$ ist die zugeordnete Norm (und daher auch zu $\|\cdot\|_{\infty}$ passend). Die Zeilensummennorm $|||\cdot|||_Z$ bezeichnet man auch mit $|||\cdot|||_{\infty}$ und die euklidische Norm $|||\cdot|||_E$ mit $|||\cdot|||_2$. Zur L_1-Vektornorm paßt $|||\cdot|||_G$ und $|||\cdot|||_S$ ist zugeordnet; zur euklidischen Vektornorm passen $|||\cdot|||_G$ und $|||\cdot|||_E$ und die Spektralnorm ist $\|\cdot\|_c$ zugeordnet.

Nach der Bemerkung 3. zu Satz 4.3 werden die jeweiligen zugeordneten Normen "angenommen"; d. h. ist die Norm $|||\cdot|||$ zu $\|\cdot\|$ zugeordnet, so gibt es zu jeder Matrix A einen Vektor x mit $\|x\| = 1$ und $\|Ax\| = |||A|||$.

Nach der Bemerkung 3. zu Satz 4.3 ist ferner der $m \cdot n$-dimensionale lineare Raum der $m \times n$-Matrizen gerade gleich dem linearen Raum $[\mathbb{R}^n, \mathbb{R}^m]$ der beschränkten linearen Operatoren von $\mathbb{R}^n$ in $\mathbb{R}^m$. Dieser ist aber nach Satz 4.2 ein Banachraum unter der zugeordneten Norm.

2. Operatoren zwischen Banachräumen werden häufig in der Theorie der Differential- und Integralgleichungen benutzt. Dabei sind die Operatoren im allgemeinen nichtlineare Abbildungen zwischen Funktionenräumen.

Es sei $C = C[0,1]$ der Banachraum der stetigen Funktionen auf dem Intervall $[0,1]$ unter der Tschebyscheff-Norm

$$\|f\|_\infty := \max_{x\in[0,1]} |f(x)|.$$

Durch

$$(Ff)(x) := \int_0^x \varphi(f(t))dt$$

für jedes $x \in [0,1]$ und jedes $f \in C[0,1]$ wird ein Operator $F : C \to C$ erklärt. Dabei sei φ eine feste stetige Funktion $\mathbb{R} \to \mathbb{R}$. Dann wird der Operator F im allgemeinen nichtlinear sein.

Es gilt aber: Für jedes stetige φ ist F <u>stetig</u>. Um dies zu beweisen, wähle man ein festes $f_0 \in C$. Dann gilt für jedes $f \in C$

$$\|f - f_0\|_\infty \geq \Big| \|f\|_\infty - \|f_0\|_\infty \Big| ;$$

darum liegen für jedes vorgegebene $\varepsilon_1 > 0$ die Werte für jedes $f \in C$ mit $\|f-f_0\|_\infty < \varepsilon_1$ innerhalb von $I := [-(\|f_0\|_\infty + \varepsilon_1), \|f_0\|_\infty + \varepsilon_1]$. In diesem abgeschlossenen Intervall ist φ gleichmäßig stetig; d. h. zu vorgegebenem $\varepsilon > 0$ gibt es ein $\delta > 0$, so daß für alle $x, y \in I$ mit $|x-y| < \delta$ die Abschätzung $|\varphi(x)-\varphi(y)| < \varepsilon$ gilt. Mit einem $\varepsilon_2 \leq \min(\varepsilon_1, \delta)$ hat man für alle $f \in C$ mit $\|f-f_0\|_\infty < \varepsilon_2$ und alle $t \in [0,1]$:

$$|f(t)-f_0(t)| \leq \max_{t\in[0,1]} |f(t)-f_0(t)| = \|f-f_0\|_\infty < \varepsilon_2 \leq \delta$$

und daher wegen $\varepsilon_2 \leq \varepsilon_1$ und der gleichmäßigen Stetigkeit von φ

$$|\varphi(f(t))-\varphi(f_0(t))| < \varepsilon .$$

Somit ergibt sich für jedes $\varepsilon > 0$ die Existenz eines $\varepsilon_2 > 0$ mit

$$\begin{aligned}\|Ff-Ff_0\|_\infty &= \max_{x\in[0,1]} \left| \int_0^x (\varphi(f(t)) - \varphi(f_0(t)))dt \right| \\ &\leq \max_{x\in[0,1]} \int_0^x |\varphi(f(t)) - \varphi(f_0(t))| \, dt \\ &< \varepsilon\end{aligned}$$

für jedes $f \in C$ mit $\|f-f_0\|_\infty < \varepsilon_2$.

<u>Anmerkung</u>

Ff ist kein linearer Operator. Deshalb ist auch die Definition der Beschränktheit, die durch

$$\|Ff\|_\infty \leq M \cdot \|f\|_\infty$$

gegeben wurde, nicht mehr sinnvoll.

Ist nämlich $f(x) \equiv 0$ und $\varphi(0) \neq 0$, so gilt

$$(F(0))(x) = \int_0^x \varphi(0)dt = x \cdot \varphi(0) \not\equiv 0 \qquad x \in (0,1],$$

d. h. F bildet die identisch verschwindende Funktion nicht auf sich selbst ab, während Beschränktheit bei linearen Operatoren $F(0) = 0$ nach sich zieht.

Definition 4.6

Es sei S ein auf einer Teilmenge $\mathfrak{D}$ eines normierten Raumes $\mathfrak{B}_1$ definierter Operator $\mathfrak{D} \to \mathfrak{B}_2$. Ein Operator $T : S(\mathfrak{D}) \to \mathfrak{B}_1$ heißt "inverser Operator" zu S, wenn $(T \circ S)(x) := T(Sx) = x$ für alle $x \in \mathfrak{D}$ gilt.

Bemerkung

1. Ist T auf $S(\mathfrak{D})$ inverser Operator zu S, so ist auch S inverser Operator zu T.
2. Besitzt S einen inversen Operator T, so ist S injektiv und T eindeutig bestimmt.
3. Im Sinne der obigen Definition besitzt jeder injektive Operator einen inversen Operator.

Satz 4.3

Mit den obigen Bezeichnungen gilt:

Ist $\mathfrak{D}$ ein linearer Teilraum von $\mathfrak{B}_1$ und ist T ein inverser Operator des linearen Operators S, so ist T linear.

Beweis

Für zwei Punkte Sx und Sy aus $S(\mathfrak{D})$ und $\alpha \subset \mathbb{R}$ bzw. $\mathbb{C}$ hat man

$$\begin{aligned} T(\alpha Sx + Sy) &= T(S(\alpha x + y)) = \alpha x + y \\ &= \alpha(TSx) + TSy \\ &= (\alpha \cdot T)(Sx) + T(Sy), \end{aligned}$$

was zu beweisen war.

Definition 4.7

Es sei $F : \mathfrak{R}_1 \to \mathfrak{R}_2$ eine Abbildung zwischen Teilmengen $\mathfrak{R}_1$ bzw. $\mathfrak{R}_2$ zweier Banachräume $\mathfrak{B}_1$ bzw. $\mathfrak{B}_2$ mit den Normen $\|\cdot\|_1$ bzw. $\|\cdot\|_2$ und es sei $x_0 \in \mathfrak{R}_1$ fest. Dann heißt eine beschränkte lineare Abbildung

$$T : \mathfrak{B}_1 \to \mathfrak{B}_2$$

"Frechet-Ableitung" von F in x_0, wenn

$$\| Fx - Fx_0 + T(x_0 - x) \|_2 = o(\| x_0 - x \|_1)$$

gilt. Man schreibt $T =: F'_{x_0}$. Das Symbol "o" wird am Ende dieses Paragraphen erklärt.

Bemerkung

Die Frechet-Ableitung F'_{x_0} in einem inneren Punkte x_0 von $\mathfrak{B}_1$ ist eindeutig bestimmt, falls sie existiert. Gäbe es nämlich zwei Frechet-Ableitungen T_1 und T_2, so würde gelte

$$\begin{aligned}\|(T_1 - T_2)(x_0 - x)\|_2 &= \|T_1(x_0 - x) - T_2(x_0 - x)\|_2 \\ &\le \|Fx - Fx_0 + T_1(x_0 - x)\|_2 + \|Fx_0 - Fx - T_2(x_0 - x)\|_2 \\ &= o(\|x_0 - x\|_1).\end{aligned}$$

Die Behauptung $T_1 = T_2$ erhält man nun aus der folgenden Überlegung:
Ist $T : \mathfrak{B}_1 \to \mathfrak{B}_2$ eine lineare Abbildung und gilt

$$\|Tx\|_2 = o(\|x\|_1), \quad \text{für alle } x \in \mathfrak{B}_1,$$

so ist T der Nulloperator. Denn für $\lambda \to 0$ verschwindet der Ausdruck

$$\frac{\|T(\lambda x)\|_2}{\|\lambda x\|_1} = \frac{|\lambda| \, \|Tx\|_2}{|\lambda| \, \|x\|_1} = \frac{\|Tx\|_2}{\|x\|_1} \tag{4.5}$$

für jedes $x \in \mathfrak{B}_1$, $x \neq 0$. Daraus folgt aber $Tx = 0$ für alle $x \in \mathfrak{B}_1$, da die rechte Seite in (4.5) nicht von λ abhängt.

Definition 4.8

Die Abbildung F von Definition 4.7 heißt "Frechet-differenzierbar" in $x \in \mathfrak{B}_1$, falls F'_x existiert. Ist F in jedem $x \in \mathfrak{B}_1$ Frechet-differenzierbar, so heißt F "in $\mathfrak{B}_1$ Frechet-differenzierbar".

Beispiele

1. Ist $F = (f_1, \ldots, f_n)^T$ eine in $\tilde{x} \in \mathbb{R}^n$ differenzierbare Abbildung $\mathbb{R}^n \to \mathbb{R}^n$, so ist die Funktionalmatrix

$$\frac{\partial F}{\partial x}\Big|_{\tilde{x}} = \begin{pmatrix} \frac{\partial f_1}{\partial x_1}\Big|_{\tilde{x}} & \cdots & \frac{\partial f_1}{\partial x_n}\Big|_{\tilde{x}} \\ \vdots & & \vdots \\ \frac{\partial f_n}{\partial x_1}\Big|_{\tilde{x}} & \cdots & \frac{\partial f_n}{\partial x_n}\Big|_{\tilde{x}} \end{pmatrix}$$

   die Frechetableitung von F in $\tilde{x}$.

2. In einem "Punkt" $f_0 \in C[0,1] =: C$ soll die Frechetableitung des stetigen Operators $F : C \to C$ mit

$$(Ff)(x) := \int_0^x \varphi(f_0(t))dt \qquad (x \in [0,1])$$

berechnet werden. Dabei sei φ eine stetig differenzierbare Funktion $\mathbb{R} \to \mathbb{R}$.

Behauptung

Der lineare Operator $F'_{f_0} : C \to C$ mit

$$(F'_{f_0}(h))(x) := \int_0^x \varphi'(f_0(t)) \cdot h(t)dt$$

für alle $x \in [0,1]$ und alle $h \in C$ ist die Frechet-Ableitung von F in $f_0 \in C$.

Beweis

Die Linearität des oben definierten Operators ist trivial; um die Beschränktheit nachzuweisen, folgert man

$$\|F'_{f_0}(h)\|_\infty < \int_0^1 |\varphi'(f_0(t))| \cdot |h(t)|dt \leq \|h\|_\infty \cdot \int_0^1 |\varphi'(f_0(t))|\, dt.$$

Weil f_0 stetig ist, ist $f_0([0,1])$ ein abgeschlossenes Intervall und die stetige Funktion φ' ist über $f_0([0,1])$ integrierbar. Also ist $\int_0^1 |\varphi'(f_0(t))|dt$ eine von h unabhängige reelle Konstante; der Operator F'_{f_0} ist daher beschränkt. Es bleibt nur die Beziehung $\|Ff - Ff_0 + F'_{f_0}(f_0 - f)\|_\infty = o(\|f_0 - f)\|_\infty)$ nachzuweisen.

Wie früher schon einmal (beim Beweis der Stetigkeit von F) geschlossen wurde, liegen für jedes $\varepsilon_1 > 0$ und jedes $f \in C$ mit $\|f - f_0\|_\infty < \varepsilon_1$ die Werte von f und f_0 innerhalb eines abgeschlossenen Intervalls $I \subset \mathbb{R}$. Auf I ist φ einmal gleichmäßig stetig differenzierbar; also gibt es zu jedem $\varepsilon > 0$ ein $\delta > 0$, so daß für alle $x, y \in I$ mit $|x - y| < \delta$ die Abschätzung

$$|\varphi(x) - \varphi(y) - \varphi'(y)(x-y)| \leq \varepsilon \cdot |x - y| \tag{4.6}$$

gilt. Für jedes $\varepsilon_2 \leq \min(\delta, \varepsilon_1)$ liegen für jedes $t \in [0,1]$ und jedes $f \in C$ mit $\|f - f_0\|_\infty < \varepsilon_2$ die Werte $f(t)$ und $f_0(t)$ in I und erfüllen $|f(t) - f_0(t)| \leq \|f - f_0\|_\infty < \varepsilon_2 \leq \delta$. Die Gleichung (4.6) liefert also

$$|\varphi(f(t)) - \varphi(f_0(t)) - \varphi'(f_0(t))(f(t) - f_0(t))| \leq \varepsilon \cdot |f(t) - f_0(t)|$$

für jedes $\varepsilon > 0$ und alle $t \in [0,1]$, sobald $\|f - f_0\|_\infty < \varepsilon_2$ gilt. Damit folgt

$$\begin{aligned}\|Ff - Ff_0 - F'_{f_0}(f - f_0)\|_\infty &\leq \max_{x \in [0,1]} \int_0^x |\varphi(f(t)) - \varphi(f_0(t)) - \varphi'(f_0(t))(f(t) - f_0(t))|dt \\ &\leq \varepsilon \cdot \|f - f_0\|_\infty .\end{aligned}$$

Damit ist F'_{f_0} als Frechet-Ableitung von F in f_0 nachgewiesen.

Bemerkung

Die Menge aller Frechet-Ableitungen F'_x einer Abbildung $F: \mathfrak{B}_1 \to \mathfrak{B}_2$ kann man als Abbildung $\mathfrak{B}_1 \to [\mathfrak{B}_1, \mathfrak{B}_2]$ auffassen. Von dieser Abbildung F' kann man unter geeigneten Voraussetzungen die Frechet-Ableitung F''_x (die "zweite Frechet-Ableitung" von F in $x \in \mathfrak{B}_1$) bilden, da nach Satz 4.2 der Raum $[\mathfrak{B}_1, \mathfrak{B}_2]$ ein Banachraum ist.

Zum Schluß dieses Paragraphen sollen die Landau'schen Symbole $\mathcal{O}$ und o definiert und einige Rechenregeln angegeben werden.
Es sei X ein metrischer Raum und $U_\delta(x_0) := \{x \mid x \in X, d(x,x_0) < \delta\}$ seien "δ-Umgebungen" von $x_0 \in X$.
Für Abbildungen $f,g : X \to \mathbb{R}$ (oder $\mathbb{C}$) setzt man dann

Definition 4.9

a) "$f = \mathcal{O}(g)$ für $x \to x_0$",
falls es reelle Zahlen $K > 0$ und $\delta > 0$ gibt, so daß für alle $x \in U_\delta(x_0)$ gilt
$$|f(x)| \le K\,|g(x)|.$$

b) "$f = o(g)$ für $x \to x_0$",
falls es zu jedem $\varepsilon > 0$ ein $\delta > 0$ gibt, so daß für alle $x \in U_\delta(x_0)$ gilt
$$|f(x)| \le \varepsilon\,|g(x)|.$$

Beispiele

1. $e^{-\frac{1}{x}} = o(x^n)$ für $x \to x_0 = 0$ für jedes $n \in \mathbb{N}$.
2. $f = o(1)$ für $x \to x_0$ ist gleichbedeutend mit "f konvergiert gegen 0 für $x \to x_0$".
3. $f = \mathcal{O}(1)$ für $x \to x_0$ ist gleichbedeutend mit "f ist in einer Umgebung von x_0 beschränkt".
4. Aus $f = o(x^n)$ für $x \to x_0$ folgt i. a. nicht $f = \mathcal{O}(x^{n+1})$ für $x \to x_0$, denn z. B. gilt
$$x^{3/2} = o(x), \text{ aber es gilt } \underline{\text{nicht}}\ x^{3/2} = \mathcal{O}(x^2) \text{ für } x \to 0.$$

Für die Landau'schen Symbole gelten folgende Rechenregeln:

1. Sei $f_i = \mathcal{O}(g_i)$ für $x \to x_0$ $i = 1,\dots,n$;
dann gilt:
$$\alpha)\quad \sum_{i=1}^{n} a_i f_i = \mathcal{O}\Big(\sum_{i=1}^{n} |a_i| \cdot |g_i|\Big) \text{ für } x \to x_0;\ a_i \in \mathbb{C}.$$
$$\beta)\quad \prod_{i=1}^{n} f_i = \mathcal{O}\Big(\prod_{i=1}^{n} g_i\Big) \qquad \text{für } x \to x_0.$$

2. Aus $f = \mathcal{O}(g)$ für $x \to x_0$ folgt
$$|f|^\alpha = \mathcal{O}(|g|^\alpha) \qquad \text{für } x \to x_0,\ 0 < \alpha.$$

3. $\mathcal{O}(\mathcal{O}(g)) = \mathcal{O}(g)$, d. h.
   aus $f = \mathcal{O}(g)$ für $x \to x_0$, $h = \mathcal{O}(f)$ für $x \to x_0$ folgt $h = \mathcal{O}(g)$ für $x \to x_0$.
4. $\mathcal{O}(o(g)) = o(\mathcal{O}(g)) = o(g)$,
5. $\mathcal{O}(f) \cdot o(g) = o(f \cdot g)$,
6. $\mathcal{O}(f) + o(f) = \mathcal{O}(f)$.

Es werde exemplarisch Rechenregel 3. bewiesen:
Es seien K, δ geeignet gewählt für $f = \mathcal{O}(g)$ und
K', δ' geeignet gewählt für $h = \mathcal{O}(f)$.
Mit $\delta'' := \text{Min}(\delta, \delta')$, $K'' := K \cdot K'$ gilt

$$|h(x)| \leq K' |f(x)| \quad \text{für alle } x \in U_{\delta'}(x_0)$$

$$\leq K' \cdot K |g(x)| \quad \text{für alle } x \in U_{\delta''}(x_0),$$

$$\text{d. h. } |h(x)| \leq K'' |g(x)| \quad \text{für alle } x \in U_{\delta''}(x_0).$$

§ 5. Newton'sches Verfahren für Gleichungssysteme

Gegeben sei eine Abbildung F des Banachraumes $\mathfrak{B}_1$ mit der Norm $\|\cdot\|_1$ in den Banachraum $\mathfrak{B}_2$ mit der Norm $\|\cdot\|_2$. Gesucht wird dann eine Lösung der Gleichung

$$F(x) = 0 , \tag{5.1}$$

(Die Nullelemente von $\mathfrak{B}_1$ bzw. $\mathfrak{B}_2$ seien beide mit 0 bezeichnet. Zu Verwechslungen kann es nicht kommen, da aus dem Zusammenhang immer ersichtlich ist, welches von beiden gerade gemeint ist.)
Falls F in $\mathfrak{B}_1$ (bzw. in einem geeigneten Gebiet des Raumes $\mathfrak{B}_1$) Frechet-differenzierbar ist, kann man versuchen, ebenso wie bei den reellwertigen Funktionen mit dem "Newton'schen Verfahren" eine Lösung von (5.1) zu erhalten.
Aus der Frechet-Differenzierbarkeit von F folgt

$$\|F(\tilde{x}) - F(x^0) - F'_{x^0}(\tilde{x} - x^0)\|_2 = o(\|\tilde{x} - x^0\|_1).$$

Da $F(\tilde{x}) = 0$ gefordert wird, nimmt man als erste Näherung eine Lösung $\tilde{x}$ von

$$0 = F(x^0) + F'_{x^0}(\tilde{x} - x^0).$$

Falls nun F'_{x^0} invertierbar ist, erhält man:

$$\tilde{x} = x^0 - (F'_{x^0})^{-1} \cdot F(x^0)$$

(F'_{x^0} ist eine lineare Abbildung; deshalb gilt $F'^{-1}_{x^0}(0) = 0$).

Falls nun F' in dem betrachteten Teilgebiet von $\mathbb{B}_1$ invertierbar ist, erhält man das Newton'sche Verfahren:

$$x^{(i+1)} := x^{(i)} - (F'_{x^{(i)}})^{-1} \cdot F(x^{(i)}). \tag{5.2}$$

Wenn dieses Verfahren konvergiert, hat man eine Lösung der nicht-linearen Aufgabe (5.1) auf eine (unendliche) Folge linearer Aufgaben zurückgeführt.

Beispiele

1. Gegeben sei eine Abbildung F des $\mathbb{R}^2$ in sich mit

$$F\begin{pmatrix} x_1 \\ x_2 \end{pmatrix} := \begin{pmatrix} x_1 - 2x_2 - \frac{1}{40}x_1^2 - \frac{2}{25}x_2^2 + 0{,}5 \\ -3x_1 + x_2 - \frac{1}{20}x_1^2 - \frac{1}{100}x_2^2 + 1{,}0 \end{pmatrix}$$

(Vergleiche Beispiel 5 in §1).

Die Frechet-Ableitung ist dann durch die zur Funktionalmatrix $\left(\left(\frac{\partial F_i}{\partial x_i}\right)\right)$ gehörige lineare Transformation gegeben:

$$F'_x = \begin{pmatrix} 1 - \frac{1}{20}x_1 & -2 - \frac{4}{25}x_2 \\ -3 - \frac{1}{10}x_1 & 1 - \frac{1}{50}x_2 \end{pmatrix}$$

Als Anfangswert werde wieder $x^0 = \binom{0{,}5}{0{,}5}$ genommen. Zu berechnen ist dann

$$x^1 = x^0 - (F'_{x^0})^{-1} F(x^0).$$

Es gilt

$$F(x^0) = \begin{pmatrix} -2{,}625 \\ -1{,}50 \end{pmatrix} \cdot 10^{-2} \quad \text{und}$$

$$F'_{x^0} = \begin{pmatrix} 0{,}975 & -2{,}08 \\ -2{,}95 & 0{,}99 \end{pmatrix} \quad \text{mit } \det(F'_{x^0}) = -5{,}17075.$$

Daraus ergibt sich

$$(F'_{x^0})^{-1} = \frac{1}{\det(F'_{x^0})}\begin{pmatrix} 0{,}99 & 2{,}08 \\ 2{,}95 & 0{,}975 \end{pmatrix} \quad \text{und}$$

$$(F'_{x^0})^{-1} F(x^0) = -\begin{pmatrix} 0{,}0110598 \\ 0{,}0178048 \end{pmatrix}$$

und insgesamt

$$x^1 = \begin{pmatrix} 0,4889402 \\ 0,4821955 \end{pmatrix}.$$

Exakt gilt

$$\tilde{x} = \begin{pmatrix} 0,4893594 \\ 0,4823787 \end{pmatrix} \pm 0,5 \cdot 10^{-7} \cdot \begin{pmatrix} 1 \\ 1 \end{pmatrix},$$

d. h. der Fehler ist

$$\tilde{x} - x^1 = \begin{pmatrix} 0,0004192 \\ 0,0001832 \end{pmatrix} \pm 0,5 \cdot 10^{-7} \cdot \begin{pmatrix} 1 \\ 1 \end{pmatrix},$$

während beim Iterationsverfahren in § 1 mit $k = \frac{3}{40}$ galt

$$\tilde{x} - x^1 = \begin{pmatrix} 0,0006094 \\ 0,0011287 \end{pmatrix} \pm 0,5 \cdot 10^{-7} \cdot \begin{pmatrix} 1 \\ 1 \end{pmatrix}.$$

2. Sei $x \in \mathbb{R}^n$ und A eine $n \times n$-Matrix. Zur Bestimmung eines Eigenwertes λ (d. h. einer reellen Zahl λ mit $Ay = \lambda y$ für einen Vektor $y \in \mathbb{R}^n$, $y \neq 0$) könnte man von der Gleichung

$$Ax - \lambda x = 0$$

ausgehen und zur Normierung die Gleichung

$$x^T x - 1 = 0$$

hinzufügen.

Setzt man, um das Newton-Verfahren anwenden zu können,

$$u^T := (x_1, \ldots, x_n, \lambda),$$

so erhält man als Abbildung F des $\mathbb{R}^{n+1}$ in den $\mathbb{R}^{n+1}$

$$F(u) := \begin{pmatrix} Ax - \lambda x \\ x^T x - 1 \end{pmatrix} \begin{matrix} \} \text{ in den } n \text{ ersten Komponenten} \\ \text{in der } (n+1)\text{-ten Komponente.} \end{matrix}$$

<u>Behauptung</u>

Die zur linearen Abbildung F'_u gehörige Matrix ist

$$M := \left(\begin{array}{c|c} A - \lambda E & -x \\ \hline 2x^T & 0 \end{array}\right).$$

Beweis

Ist $v = \binom{y}{\mu}$ mit $y \in \mathbb{R}^n$, so gilt

$$Fv - Fu - M(v-u) = \begin{pmatrix} (Ay-\mu y) - (Ax-\lambda x) - (A-\lambda E)(y-x) + x(\mu-\lambda) \\ y^T y - x^T x - 2x^T(y-x) \end{pmatrix}$$

$$= \begin{pmatrix} (\lambda-\mu)(y-x) \\ (y-x)^T(y-x) \end{pmatrix}.$$

Nimmt man die euklidische Norm, so folgt aus dieser Gleichung

$$\|Fv - Fu - M(v-u)\| \le \|v-u\|^2.$$

Im folgenden Satz wird bewiesen, daß das Newton'sche Verfahren konvergiert, falls man mit dem Anfangswert x^0 eine "hinreichend gute" Näherung für die Lösung $\tilde{x}$ hat. Der hier gegebene Konvergenzbeweis macht eine verhältnismäßig schwache Aussage, benötigt aber auch keine zweiten Ableitungen; dies ist in allgemeinen Banachräumen ein Vorteil.

Satz 5.1

F sei eine Abbildung von $\mathfrak{R}_1 \subset \mathfrak{B}_1$ in $\mathfrak{R}_2 \subset \mathfrak{B}_2$, die im ganzen Definitionsbereich $\mathfrak{R}_1$ Frechet-differenzierbar ist. Es gelte

1. $$\|F(y) - F(x) - F'_x(y-x)\|_2 \le q \cdot \|y-x\|_1$$
   für alle $x, y \in \mathfrak{R}_1$ und ein $q \in \mathbb{R}$,
2. F'_x sei für alle $x \in \mathfrak{R}_1$ invertierbar und es gebe reelle Zahlen M und K mit $q \cdot M =: k < 1$ und
   $$|||F'_x||| \le K, \qquad |||F'^{-1}_x||| \le M.$$
3. Es gebe einen Punkt $x^0 \in \mathfrak{R}_1$, so daß der nach (5.2) berechnete Wert
   $$x^1 = x^0 - (F'_{x^0})^{-1} F(x^0) \qquad \text{in } \mathfrak{R}_1 \text{ liegt}$$
   und ferner für die Kugel
   $$K_\rho(x^1) := \{x \mid \|x - x^1\|_1 \le \rho\} \quad \text{mit } \rho := \frac{k}{1-k}\|x^0 - x^1\|$$
   gilt
   $$K_\rho(x^1) \subset \mathfrak{R}_1.$$

Behauptung

Dann existiert in $K_\rho(x^1)$ eine Lösung von $F(x) = 0$. Diese Lösung kann durch Iteration nach dem Newton'schen Verfahren (5.2) beginnend mit x^1 gefunden werden.

Beweis

Zuerst wird gezeigt, daß für jedes $n \in \mathbb{N}$ die nach (5.2) konstruierten Punkte x^n in $K_\rho(x_1)$ liegen. Dazu reicht es,

$$\|x^n - x^{n-1}\|_1 \leq k^{n-1}\|x^1 - x^0\|_1 \qquad n \in \mathbb{N} \tag{5.3}$$

zu zeigen, denn dann gilt

$$\|x^n - x^1\|_1 \leq \|x^n - x^{n-1}\|_1 + \|x^{n-1} - x^{n-2}\|_1 + \ldots + \|x^2 - x^1\|_1$$

$$\leq \|x^1 - x^0\|_1 \cdot \sum_{\nu=1}^{n-1} k^\nu < \frac{k}{1-k}\|x^1 - x^0\|_1.$$

Der Beweis von (5.3) erfolgt durch vollständige Induktion: Für $n = 1$ ist nichts zu zeigen. Es sei nun (5.3) für $n - 1$ bewiesen. Aus (5.2) folgt für x^n

$$F'_{x^{n-1}}(x^n - x^{n-1}) + F(x^{n-1}) = 0,$$

so daß die folgende Identität gilt

$$\|F(x^n)\|_2 = \|F(x^n) - F(x^{n-1}) - F'_{x^{n-1}}(x^n - x^{n-1})\|_2.$$

Nach 1. gilt für diesen Ausdruck die Abschätzung

$$\|F(x^n)\|_2 \leq q\|x^n - x^{n-1}\|_1.$$

Damit erhält man

$$\|x^{n+1} - x^n\|_1 \leq \|(F'_{x^n})^{-1} F(x^n)\|_1 \leq \|\|(F'_{x^n})^{-1}\|\| \cdot \|F(x^n)\|_2$$

$$\leq M \cdot q\|x^n - x^{n-1}\|_1 \leq k^n \cdot \|x^1 - x^0\|_1,$$

d. h. (5.3) ist bewiesen.

Aus (5.3) folgt, daß die Punkte x^n eine Cauchy-Folge bilden, da die Abstände zweier sukzessiver Punkte jeweils durch ein Glied einer konvergenten geometrischen Reihe majorisiert werden können.

Da $\mathfrak{R}_1$ vollständig ist, besitzt somit die Folge $\{x^n\}$ einen Grenzwert $\tilde{x}$ in $K_\rho(x^1)$.

Aus (5.2) ergibt sich

$$-F(x^n) = F'_{x^n}(x^{n+1} - x^n), \quad \text{also mit der Voraussetzung 2.}$$

die Abschätzung

$$\|F(x^n)\| \leq K \cdot \|x^{n+1} - x^n\|.$$

Daraus folgt für $n \to \infty$

$$F(\tilde{x}) = 0.$$

Also löst $\tilde{x}$ die Gleichung (5.1).

Da man jeden Punkt x^i als Ausgangspunkt x^0 ansehen kann, liefert der Satz 5.1 nicht nur eine Existenzaussage, sondern auch eine Fehlerabschätzung, da die Nullstelle $\tilde{x}$ von F in $K_\rho(x^1)$ liegen muß.

Bemerkung

Man kann bereits aus § 3 dieses Kapitels entnehmen, daß das Newton-Verfahren in einer Umgebung einer einfachen Nullstelle einer zweimal stetig differenzierbaren reellen Funktion quadratisch gegen diese Nullstelle konvergiert.

§ 6. Nullstellen von Polynomen

Die zur Berechnung einer Nullstelle einer reellen Funktion angegebenen Verfahren, insbesondere das Newton-Verfahren und die Regula falsi, können speziell zur Bestimmung der reellen Wurzeln eines Polynoms mit reellen Koeffizienten angewendet werden. Wesentliche Voraussetzung für die Konvergenz ist dabei, daß ein guter Startwert für die Iteration vorliegt; man muß daher irgendwie eine Übersicht über die Lage der Nullstellen zu erlangen versuchen. In § 7 werden entsprechende Einschließungssätze für Nullstellen von Polynomen hergeleitet.

I. Die Berechnung der Werte und Ableitungen eines Polynoms f(x)

Für die numerische Praxis ist es wünschenswert, daß sich die Werte $f(x^0)$ und $f'(x^0)$ eines Polynoms $f(x)$ und seiner Ableitung $f'(x)$ leicht, übersichtlich und rundungsfehlergünstig aus x^0 berechnen lassen. Dies geschieht durch das im folgenden beschriebene Hornersche Schema.

Berechnung von $f(x^0)$ und $f'(x^0)$ nach dem Hornerschema

Es sei ein Polynom $f(x)$ in der Form

$$f(x) = a_n x^n + a_{n-1} x^{n-1} + \dots + a_1 x + a_0 \tag{6.1}$$

mit reellen Koeffizienten $a_0, a_1, \dots, a_n$ gegeben. Um Multiplikationen zu sparen, wird man $f(x^0)$ zweckmäßigerweise durch Klammerung aufspalten:

$$f(x^0) = (\dots((a_n x^0 + a_{n-1}) x^0 + a_{n-2}) x^0 + \dots + a_1) x^0 + a_0 \tag{6.2}$$

Das Hornerschema zur Berechnung von $f(x^0)$ entspricht genau dieser Klammerungsweise. Auf die schematische Darstellung dieser Rechnung wird später eingegangen. Zunächst sollen Formeln zur Berechnung der Ableitung von $f(x)$ in x^0 hergeleitet werden.

Die "Taylorentwicklung" des Polynoms (6.1.) liefert

$$f(x) = a'_0 + a'_1(x-x^0) + \dots + a'_n(x-x^0)^n \tag{6.3}$$

mit $a'_0 = f(x^0)$, $a'_1 = \frac{1}{1!}f'(x^0),\ldots,a'_n = \frac{1}{n!}f^{(n)}(x^0)$ und man hat die Koeffizienten a'_i durch die a_i auszudrücken. Setzt man $z := x - x^0$, also $x = z + x^0$ in (6.1) ein, so ergibt sich

$$
\begin{aligned}
f(x) &= a_n(z+x^0)^n + a_{n-1}(z+x^0)^{n-1} + \ldots + a_1(z+x^0) + a_0 \\
&= (\ldots((a_n(z+x^0) + a_{n-1})(z+x^0) + \ldots + a_1)(z+x^0) + a_0 \qquad (6.4)\\
&=: \tilde{f}(z).
\end{aligned}
$$

Aus (6.3) entnimmt man, daß $f'(x^0)$ gerade der Koeffizient von z in den äquivalenten Darstellungen (6.4) und (6.3) von $\tilde{f}(z)$ ist.

Bei sukzessivem Auswerten der Klammern erhält man die Polynome

$$
\begin{aligned}
&a_n \cdot z + (a_n \cdot x^0 + a_{n-1}) \qquad\qquad | \cdot (z + x^0) + a_{n-2} \\
&\downarrow \\
&a_n \cdot z^2 + [a_n \cdot x^0 + (a_n x^0 + a_{n-1})] \cdot z + [(a_n x^0 + a_{n-1}) \cdot x^0 + a_{n-2}].
\end{aligned}
\qquad (6.5)
$$

Es ist deutlich, wie jeweils zwei Koeffizienten kombiniert werden.

Diese Berechnung von $f(x^0)$ und $f'(x^0)$ gemäß (6.2) bzw. (6.5) läßt sich in einem Schema (dem Horner-Schema) zusammenfassen:

$$
\begin{array}{lllll}
a_n & \to a_n =: a_n^{(1)} & & \to a_n^{(1)} =: a_n^{(2)} & \\
a_{n-1} & \to a_{n-1} + x^0 \cdot a_n^{(1)} & =: a_{n-1}^{(1)} & \to a_{n-1}^{(1)} + x^0 \cdot a_n^{(2)} & =: a_{n-1}^{(2)} \\
a_{n-2} & \to a_{n-2} + x^0 \cdot a_{n-1}^{(1)} & =: a_{n-2}^{(1)} & \to a_{n-2}^{(1)} + x^0 \cdot a_{n-1}^{(2)} & =: a_{n-2}^{(2)} \\
\vdots & \quad\vdots & \quad\vdots & \quad\vdots & \quad\vdots \\
a_1 & \to a_1 + x^0 \cdot a_2^{(1)} & =: a_1^{(1)} & \to a_1^{(1)} + x^0 \cdot a_2^{(2)} & =: a_1^{(2)} = \underline{f'(x^0)} \\
a_0 & \to a_0 + x^0 \cdot a_1^{(1)} & = \underline{f(x^0)} & &
\end{array}
$$

Durch Hinzufügen weiterer sinngemäß gebildeter Spalten lassen sich $\frac{1}{2!}f''(x^0)$, $\frac{1}{3!}f'''(x^0)$ usw. berechnen.

Sind A(1),...,A(N+1),X0,F,F1 die Speicherplätze für $a_0,\ldots a_n, x^0, f(x^0), f'(x^0)$, so lassen sich $f(x^0)$ und $f'(x^0)$ durch den folgenden FORTRAN-Programmausschnitt berechnen:

```
      F   = A(N + 1)
      F1  = 0.
      DO 10 J = 1,N
      F1  = F1 * X0 + F
   10 F   = F * X0 + A(N+1-J)
      :
```

Dabei ist auf eine Speicherung der Zwischenergebnisse verzichtet worden.

Numerisches Beispiel

Es seien die Werte $f(x^0)$, $f'(x^0)$ und $f''(x^0)$ an der Stelle $x^0 = 5$ für das Polynom $f(x) = x^3 - 4x^2 - 6x + 1$ zu berechnen.

Das Hornersche Schema sieht dann wie folgt aus:

a_i	$a_i^{(1)}$	$a_i^{(2)}$	$a_i^{(3)}$
1	1	1	1
- 4	1	6	$11 = \frac{1}{2!} f''(x^0)$
- 6	- 1	$29 = f'(x^0)$	
+ 1	$- 4 = f(x^0)$		

II. Deflation von Polynomen

Hat man auf irgendeine Weise eine Nullstelle $\tilde{x}$ eines Polynoms $f(x)$ gefunden, so will man in der Regel noch weitere Nullstellen von $f(x)$ bestimmen und spaltet zu diesem Zweck den Faktor $x - \tilde{x}$ vom Polynom $f(x)$ ab (Deflation). In Bezug auf die Rundungsfehler ist dies ein ziemlich heikler Prozeß; die bei der Deflation entstandenen Fehler sind bei der Bestimmung weiterer Nullstellen mit Hilfe des reduzierten Polynoms (Deflationspolynom) nicht rückgängig zu machen.

In der numerischen Praxis halte man sich bei der Deflation von Polynomen an die folgenden Regeln:
(nach WILKINSON; vgl. auch Kapitel I, §6).

1. Zur Deflation eines Polynoms sollte man möglichst die betragsmäßig kleinste der Nullstellen des vorliegenden Polynoms verwenden (wie man das entscheidet, ist eine andere Frage!); damit erhält man kleinere Rundungsfehler als bei Deflation mit betragsmäßig größeren Nullstellen.
2. Hat man eine Nullstelle $\tilde{x}$ des Deflationspolynoms gefunden, so ist es empfehlenswert, mit dem Startwert $\tilde{x}$ noch einen Newton-Schritt mit Hilfe des ursprünglichen Polynoms durchzuführen, um den Wert $\tilde{x}$ noch zu verbessern (Purification). In der Regel wird man keine wesentliche Verbesserung bekommen. Man hat jedoch eine Kontrolle, ob die Nullstellen "zusammenrutschen" und gegen den bei der Deflation aufgetretenen Fehler empfindlich sind oder nicht.

Numerisches Beispiel

1. Es sollen die Nullstellen des Polynoms

$$f(x) = x^3 - 111\,x^2 + 1110\,x - 1000$$

berechnet werden. Die exakten Nullstellen sind $x^1 = 1$, $x^2 = 10$ und $x^3 = 100$. Man kann nun, nachdem für eine der drei Wurzeln ein Näherungswert gefunden ist, durch Deflation *) die weiteren Wurzeln bestimmen. Die folgende Tabelle gibt für verschiedene Näherungswerte die beiden Nullstellen des Deflationspolynoms an. Dabei ist deutlich zu erkennen, daß es sehr ungünstig ist, die Deflation mit betragsmäßig großen Nullstellen durchzuführen.

Näherungslösung	% Fehler	Wurzeln des Deflationspolynoms		% Fehler
100,01	0,01	1,101	9,789	≥ 10
100,0001	0,0001	1,001	9,9989	0,1
1,1	10	9,8901	100,01	1
1,01	1	9,989	100,001	0,1
1,001	0,1	9,9989	100,0001	0,01
1,000001	0,0001	9,9999989	100,0000001	0,00001

2. Führt man beim Polynom $f(x) = x^3 - 102{,}01\,x^2 + 202{,}01\,x - 101$ mit den Nullstellen $x^1 = 100$, $x^2 = 1$, $x^3 = 1{,}01$ eine Deflation mit dem Näherungswert 100,001 durch, so besitzt das Deflationspolynom keine reellen Nullstellen mehr!

III. Lokale Konvergenz des Newton-Verfahrens

Der folgende Satz beantwortet die Frage, ob das Newton-Verfahren zur Bestimmung von Polynomwurzeln bei genügend guter Ausgangsnäherung konvergiert.

Satz 6.1

Ist f eine in einem Intervall I der reellen Zahlen p-mal stetig differenzierbare Funktion, deren p-te Ableitung in I nicht verschwindet ($p \geq 1$), so gibt es zu jeder Nullstelle $\tilde{x}$ von f in I eine Umgebung U um $\tilde{x}$, in der das Newton-Verfahren

$$x_{i+1} = x_i - \frac{f(x_i)}{f'(x_i)} \qquad (i \in \mathbb{N}) \tag{6.6}$$

für jeden Startwert $x_1 \subset U - \{\tilde{x}\}$ (wenigstens) linear konvergiert.

Beweis

Ist $\tilde{x}$ eine einfache Nullstelle von f (d. h. $f'(\tilde{x}) \neq 0$), so wurde bereits in § 3 die quadratische Konvergenz in einer Umgebung von $\tilde{x}$ nachgewiesen.
Man kann nun die Zahl p so klein wählen und das Intervall I so einschränken, daß

$$f(\tilde{x}) = f'(\tilde{x}) = \dots = f^{(p-1)}(\tilde{x}) = 0 \neq f^{(p)}(\tilde{x})$$

gilt.

---

*), d. h. Division von $f(x)$ durch $(x - x^i)$,

Dann folgt durch Entwickeln von f und f' im Punkte $\tilde{x}$

$$x_{i+1} - \tilde{x} = x_i - \tilde{x} - \frac{f(x_i)}{f'(x_i)}$$

$$= x_i - \tilde{x} - \frac{(x_i - \tilde{x})^p \dfrac{f^{(p)}(\xi_i)}{p!}}{(x_i - \tilde{x})^{p-1} \dfrac{f^{(p)}(\tilde{\xi}_i)}{(p-1)!}}$$

$$= (x_i - \tilde{x})\left(1 - \frac{1}{p} \cdot \frac{f^{(p)}(\xi_i)}{f^{(p)}(\tilde{\xi}_i)}\right)$$

mit Zahlen ξ_i, $\tilde{\xi}_i$ zwischen x_i und $\tilde{x}$. Durch Einschränkung des Intervalls I um $\tilde{x}$ kann man erreichen, daß für alle $x_1, x_2 \in I$

$$\left| 1 - \frac{1}{p} \frac{f^{(p)}(x_1)}{f^{(p)}(x_2)} \right| < K < 1$$

mit einer geeigneten Zahl $K < 1$ gilt. Damit ist die lineare Konvergenz nachgewiesen. Der Existenzsatz 5.1 für Lösungen von Gleichungen der Gestalt $Fx = 0$ in § 5 liefert natürlich speziell eine Existenzaussage für Wurzeln eines Polynoms. Diese kann man wie folgt formulieren:

Kriterium 6.1

Gegeben sei ein Polynom $f(x)$ in einem Intervall $[a,b]$ der reellen Zahlen. Kann man ein Intervall $I = [\alpha,\beta] \subset [a,b]$ finden mit

1. $\frac{1}{2}|f''(x)| \cdot (\max(x-\alpha, \beta - x)) < q$ und
2. $|f'(x)| \geq \frac{1}{M}$

für alle $x \in I$

und gilt $q \cdot M =: k < 1$ sowie

3. $\{y \mid |y - x^1| \leq \frac{k}{1-k} \, |x^1 - x^0|\} \subset I$

für ein $x^0 \in [a,b]$ und $x^1 := x^0 - \dfrac{f(x^0)}{f'(x^0)}$, so besitzt $f(x)$ in I eine Nullstelle, die durch das Iterationsverfahren

$$x_{i+1} = x_i - \frac{f(x_i)}{f'(x_i)} \qquad (i \in \mathbb{N} \cup \{0\})$$

gefunden werden kann.

Bemerkung

In der Praxis versucht man, nach einigen Iterationsschritten das Kriterium 6.1 auf ein geeignetes Intervall um die Punkte x^n und x^{n+1} anzuwenden.

Bei der Rechnung mit dem Newton-Verfahren ist die Anwendung des folgenden Lokalisationssatzes besonders einfach:

Satz 6.2

Ist $f(x)$ ein Polynom n-ten Grades mit reellen Nullstellen und x^0 eine reelle Zahl, so liegt im Intervall $[x_0-\rho,\ x_0+\rho]$ mit $\rho := n\cdot\left|\frac{f(x^0)}{f'(x^0)}\right|$ wenigstens eine Nullstelle von $f(x)$.

Beweis

Das Polynom $f(x)$ läßt sich in Linearfaktoren aufspalten:

$$f(x) = (x-x_1)\cdot(x-x_2)\cdot\ldots\cdot(x-x_n)$$

mit reellen Zahlen $x_1,\ldots,x_n$. Dann gilt jedenfalls

$$\left|\frac{f'(x)}{f(x)}\right| = \left|\frac{1}{x-x_1} + \ldots + \frac{1}{x-x_n}\right| \le \frac{n}{\min\limits_{1\le j\le n}|x-x_j|}$$

und daher

$$\min_{1\le j\le n}|x-x_j| \le n\cdot\left|\frac{f(x)}{f'(x)}\right| \quad \text{für alle } x\in\mathbb{R}, \qquad (6.7)$$

woraus die Behauptung folgt.

Bemerkung

Der vorstehende Satz läßt sich folgendermaßen verallgemeinern:

Ist $f(x)$ ein Polynom n-ten Grades und z^0 eine komplexe Zahl sowie

$$\rho := n\cdot\frac{|f(z^0)|}{|f'(z^0)|}, \quad \text{so liegt im Kreis}$$

$$K_\rho(z^0) := \{z \mid z\in\mathbb{C},\ |z-z^0| < \rho\}$$

um z^0 mit dem Radius ρ in der Gaußschen Zahlenebene wenigstens eine Nullstelle von $f(x)$.

Der Beweis verläuft völlig analog zu dem von Satz 6.2. Der Satz ist nicht zu verschärfen, was man bereits am Beispiel $f(x) = x^n$ sehen kann.

Die Regula falsi und das Newton-Verfahren konvergieren (vgl. § 3 dieses Kapitels) nur bei Vorliegen einer "guten" Ausgangsnäherung. Darum haben sich verschiedene Autoren darum bemüht, Verfahren zu ersinnen, die für jeden Startwert konvergieren (Konvergenz im Großen).

IV. Das Verfahren von NICKEL

Der Grundgedanke dieses im Großen konvergenten Verfahrens ist, in der Gaußschen Zahlenebene die Funktion $|f(z)|$ zu minimieren; dabei wird für jedes $z \in \mathbb{C}$ mit $f(z) \neq 0$ ein Punkt $z' \in \mathbb{C}$ angegeben mit $|f(z')| < |f(z)|$.

Beschreibung des Verfahrens

Es sei $z^0 \in \mathbb{C}$ mit $f(z^0) \neq 0$. Man entwickle $f(z)$ um z^0:

$$f(z) = c_0 + c_1 \cdot (z-z^0) + c_2(z-z^0)^2 + \ldots + c_n(z-z^0)^n; \tag{6.8}$$

die Koeffizienten $c_0, c_1, \ldots, c_n \in \mathbb{C}$ sind durch das Hornerschema berechenbar:
$c_0 = f(z^0)$, $c_1 = f'(z^0), \ldots, c_n = \frac{1}{n!} f^{(n)}(z^0)$.

Nun folgt der Normalschritt:
Man bestimme den Index m mit

$$r := \sqrt[m]{\left|\frac{c_0}{c_m}\right|} = \min_{1 \leq j \leq n} \sqrt[j]{\left|\frac{c_0}{c_j}\right|}.$$

Dann setze man

$$z^1 := z^0 + \sqrt[m]{-\frac{c_0}{c_m}}. \tag{6.9}$$

Gilt nun $|f(z^1)| < |f(z^0)|$, so beginne man von vorn mit z^1 anstelle von z^0.

Bemerkung

Aus (6.8) und (6.9) folgt

$$f(z^1) = c_0 + c_m \left(-\frac{c_0}{c_m}\right)^{\frac{m}{m}} + \sum_{\substack{j=1 \\ j \neq m}}^{n} c_j \left(-\frac{c_0}{c_m}\right)^{\frac{j}{m}};$$

weil c_0 von einem Term kompensiert wird und die Terme $\left(\frac{c_0}{c_m}\right)^{\frac{j}{m}}$ auf Grund der Auswahl von m "verhältnismäßig" klein sind, gilt in der Regel $|f(z^1)| < |f(z^0)|$. Andernfalls ist der Punkt z^1 unbrauchbar; es wird der folgende Notschritt durchgeführt:

Notschritt

Mit dem Wert r aus dem Normalschritt bestimme man nacheinander für $k = 0, 1, 2 \ldots$ einen Index $j(k)$ mit

$$|c_{j(k)}| \cdot \left(\frac{r}{2^k}\right)^{j(k)} = \max_{1 \leq j \leq n} \left(|c_j| \cdot \left(\frac{r}{2^k}\right)^j\right)$$

und setze

$$\tilde{z}^k := z^0 + \frac{r}{2^k}\left(-\operatorname{sgn}\left(c_0/c_{j(k)}\right)\right)^{\frac{1}{j(k)}}$$

und zwar so lange, bis

$$|f(\tilde{z}^k)| < |f(z^0)| \cdot (1 - 2^{-kj(k)-1})$$

ausfällt. Mit dem so erhaltenen Punkt $\tilde{z}^k$ anstelle von z^0 beginne man dann wieder von vorn.

Die Formulierung des Verfahrens für die praktische Arbeit auf einem Digitalrechner sowie der Konvergenzbeweis von NICKEL und DEJON (Oberwolfach 1968) können hier nicht gebracht werden. (Man muß z. B. Schranken für die Anzahl der Iterationsschritte einbauen und ferner ein Kriterium angeben, wann die Rechnung abzubrechen ist.)

TRAUB hat neue sehr effektive Verfahren in jüngster Zeit entwickelt. Jedes dieser Verfahren ist in zwei Teile ("Stages") gegliedert. Im ersten Teil wird "im Großen" die Lage einer Nullstelle bestimmt. (Verwendet wird dazu die Theorie der Differenzengleichungen, die allerdings erst im zweiten Teil dieser Vorlesung behandelt wird.) Sind dann Kriterien für die näherungsweise Lokalisation einer Nullstelle erfüllt, so wird auf effektive lokal konvergente Verfahren, wie sie hier bereits entwickelt worden sind, umgeschaltet. Nach TRAUB findet in allen Fällen Konvergenz statt.

V. Das Graeffe-Verfahren

Dieses Verfahren gestattet es, unter bestimmten Voraussetzungen die Gesamtheit der Nullstellen eines Polynoms in den Griff zu bekommen. Es ist allerdings für den allgemeinen Fall nicht leicht zu programmieren. Dennoch ist es wegen seiner günstigen numerischen Eigenschaften von WILKINSON empfohlen worden.

Grundidee des Verfahrens

Hat $f(x) = a_n x^n + \ldots + a_1 x + a_0$ die Wurzeln $x_1, \ldots, x_n$, so konstruiere man ein Polynom $g(x)$ mit den Wurzeln $-x_1^2, \ldots, -x_n^2$. Iteriert man diesen Prozeß, so ist eine Auffächerung der Wurzeln zu erwarten, wenn alle Wurzeln reell sind und paarweise verschiedene Beträge haben (d. h. $|x_1| > |x_2| > \ldots > |x_n|$).

Konstruktion von $g(x)$

$f(x)$ läßt sich unter den obigen Voraussetzungen schreiben als

$$f(x) = a_n \cdot (x - x_1) \cdot \ldots \cdot (x - x_n);$$

dann gilt

$$f(ix) = a_n \cdot i^n \cdot (x + ix_1)(x + ix_2) \cdot \ldots \cdot (x + ix_n),$$

$$f(-ix) = a_n (-i)^n \cdot (x - ix_1)(x - ix_2) \cdot \ldots \cdot (x - ix_n),$$

also

$$f(ix)\cdot f(-ix) = a_n^2(x^2+x_1^2)\cdot(x^2+x_2^2)\cdot\ldots\cdot(x^2+x_n^2).$$

Setzt man $z := x^2$, so hat man in

$$g(z) := f(ix)\cdot f(-ix)$$

das gewünschte Polynom.

Die Koeffizienten von $g(z)$ erhält man aus

$$\begin{aligned} g(z) &= (a_n(ix)^n + a_{n-1}(ix)^{n-1} + \ldots + a_1(ix) + a_0)\cdot(a_n(-ix)^n + a_{n-1}(-ix)^{n-1} + \ldots + a_1(-ix) + a_0) \\ &= a_n^2\cdot x^{2n} + a_{n-1}^2\cdot x^{2n-2} + a_{n-2}^2 x^{2n-4} \quad \ldots + a_1^2 x^2 \quad + a_0^2 \\ &\quad - 2a_n a_{n-2} x^{2n-2} - 2a_{n-1}a_{n-3}x^{2n-4} \quad \ldots - 2a_0 a_2 x^2 \\ &\quad + 2a_n a_{n-4} x^{2n-4} \quad \ldots \end{aligned} \tag{6.10}$$

Das Bildungsgesetz der Koeffizienten von $g(z)$ ist damit deutlich gemacht.

<u>Bestimmung der Wurzeln</u>

Zur weiteren Diskussion seien die im Verlauf des Graeffe-Verfahrens erzeugten Polynome bezeichnet mit

$$f_k(x) = \sum_{j=0}^{n} a_j^{(k)}\cdot x^j \qquad (k \in \mathbb{N}),\ f_1(x) := f(x).$$

a) Angenommen, alle Wurzeln seien reell und dem Betrage nach paarweise verschieden, und zwar sei $|x_1| > |x_2| > \ldots > |x_n|$. Dann gelten mit $x_j^{(k)} := (x_j)^{2^{k-1}}$ auf Grund der Gleichungen

$$\begin{aligned} a_{n-1}^{(k)} &= a_n^{(k)}(x_1^{(k)} + x_2^{(k)} + \ldots + x_n^{(k)})(-1)^1 \\ a_{n-2}^{(k)} &= a_n^{(k)}(x_1^{(k)}x_2^{(k)} + x_1^{(k)}x_3^{(k)} + \ldots + x_{n-1}^{(k)}x_n^{(k)})(-1)^2 \\ &\vdots \\ a_{n-j}^{(k)} &= a_n^{(k)}\Big(\sum_{1\le i_1<i_2<\ldots<i_j\le n} x_{i_1}^{(k)}\ldots x_{i_j}^{(k)}\Big)(-1)^j \end{aligned} \tag{6.11}$$

die Relationen

$$-\frac{a_{n-1}^{(k)}}{a_n^{(k)}} = x_1^{(k)}(1 + \varkappa_{21}^{(k)} + \varkappa_{31}^{(k)} + \ldots),$$

$$-\frac{a_{n-2}^{(k)}}{a_{n-1}^{(k)}} = x_2^{(k)}\left(\frac{1 + \varkappa_{32}^{(k)} + \ldots}{1 + \varkappa_{21}^{(k)} + \ldots}\right) \quad \text{usw.}$$

mit $\varkappa_{ji}^{(k)} := \left(\frac{x_j}{x_i}\right)^{2^{k-1}} \to 0$ für $k \to \infty$ und $i < j$. Also erhält man

$$|x_1| = \lim_{k\to\infty} \sqrt[2^{k-1}]{\left|\frac{a_{n-1}^{(k)}}{a_n^{(k)}}\right|},$$

$$|x_2| = \lim_{k\to\infty} \sqrt[2^{k-1}]{\left|\frac{a_{n-2}^{(k)}}{a_{n-1}^{(k)}}\right|} \quad \text{etc.} \tag{6.12}$$

Man beachte dabei, daß die Koeffizienten $a_i^{(k)}$ der iterierten Polynome stark anwachsen oder gegen Null streben können, so daß in Rechenanlagen meistens eine Bereichsüberschreitung bzw. -unterschreitung auftritt, wenn man keine geeigneten Gegenmaßnahmen ergreift.

b) Es sei nun zugelassen, daß reelle Wurzeln gleichen Betrages auftreten. Die iterierten Polynome $f^{(k)}(x)$ besitzen also für $k \geq 2$ doppelte oder mehrfache Nullstellen. Ferner verschwinden nicht alle $\varkappa_{ji}^{(k)}$ mit $i < j$ für $k \to \infty$; man erhält im Falle $|x_j| > |x_{j+1}| = |x_{j+2}| = \ldots = |x_{j+p}| > |x_{j+p+1}| > \ldots$ unter Benutzung von (6.11):

$$\begin{aligned}
\left|a_{n-j-p}^{(k)}\right| &= \left|a_n^{(k)} \sum_{1\le i_1<i_2<\ldots<i_{j+p}\le n} x_{i_1}^{(k)} \ldots x_{i_{j+p}}^{(k)}\right| \\
&= \left|a_n^{(k)} x_1^{(k)} \ldots x_j^{(k)} \cdot (x_{j+1}^{(k)})^p \sum_{1\le i_1<i_2<\ldots<i_{j+p}\le n} \varkappa_{i_1 1}^{(k)} \cdot \varkappa_{i_2 2}^{(k)} \cdot \ldots \cdot \varkappa_{i_{j+p} j+p}^{(k)}\right| \\
&= \left|a_n^{(k)} x_1^{(k)} \ldots x_j^{(k)} \cdot (x_{j+1}^{(k)})^p (1+o(1))\right| \quad \text{und}
\end{aligned}$$

$$\begin{aligned}
\left|a_{n-j-1}^{(k)}\right| &= \left|a_n^{(k)} \sum_{1\le i_1<i_2<\ldots<i_{j+1}\le n} x_{i_1}^{(k)} \ldots x_{i_{j+1}}^{(k)}\right| \\
&= \left|a_n^{(k)} x_1^{(k)} \ldots x_j^{(k)} \cdot x_{j+1}^{(k)} \sum_{1\le i_1<i_2<\ldots<i_{j+1}\le n} \varkappa_{i_1 1}^{(k)} \cdot \varkappa_{i_2 2}^{(k)} \ldots \varkappa_{i_{j+1} j+1}^{(k)}\right| \\
&= \left|a_n^{(k)} x_1^{(k)} \ldots x_j^{(k)} \cdot x_{j+1}^{(k)} \left(\varkappa_{11}^{(k)} \varkappa_{22}^{(k)} \ldots \varkappa_{jj}^{(k)} \sum_{i=j+1}^{n} \varkappa_{ij+1}^{(k)} + o(1)\right)\right| \\
&= \left|p \cdot a_n^{(k)} \cdot x_1^{(k)} \ldots x_j^{(k)} \cdot x_{j+1}^{(k)}\right| (1+o(1));
\end{aligned}$$

daraus folgt

$$|x_{j+1}| = \lim_{k\to\infty} \sqrt[2^{k-1}p]{\left|\frac{a_{n-j-p}^{(k)}}{a_{n-j}^{(k)}}\right|} = \lim_{k\to\infty} \sqrt[2^{k-1}]{\left|\frac{a_{n-j-1}^{(k)}}{p \cdot a_{n-j}^{(k)}}\right|} = \lim_{k\to\infty} \sqrt[2^{k-1}]{\left|\frac{a_{n-j-1}^{(k)}}{a_{n-j}^{(k)}}\right|}.$$

Natürlich ist die Konvergenz der ersten beiden Ausdrücke besser als die des letzten. Numerisch erkennt man den Fall daran, daß die gemischten Glieder in dem Schema (6.10), d.h. die Terme in der 2. Zeile, nicht klein werden für $k \to \infty$.

c) Im Falle konjugiert komplexer Nullstellen hat man ein unregelmäßiges Verhalten der Koeffizienten. Gilt etwa $x_{j+1} = \bar{x}_{j+2}$ und $|x_j| > |x_{j+1}| = |x_{j+2}| > |x_{j+3}|$, so erhält man

$$\left|\frac{a_{n-j-1}^{(k)}}{a_{n-j}^{(k)}}\right| = \left|\frac{x_1^{(k)} \dots x_j^{(k)}(x_{j+1}^{(k)} + x_{j+2}^{(k)} + o(1))}{x_1^{(k)} \dots x_j^{(k)}(1 + o(1))}\right|$$

$$= \left|2 \cdot \Re e\left(x_{j+1}^{(k)}\right)(1 + o(1))\right|,$$

und diese Größe oszilliert mit wachsendem k. Andererseits gilt

$$\left|\frac{a_{n-j-2}^{(k)}}{a_{n-j}^{(k)}}\right| = \left|\frac{x_1^{(k)} \dots x_j^{(k)}(x_{j+1}^{(k)} \cdot x_{j+2}^{(k)} + o(1))}{x_1^{(k)} \dots x_j^{(k)}(1 + o(1))}\right|$$

$$= |x_{j+1}^{(k)}|^2(1 + o(1)),$$ d. h. man hat immerhin

$$|x_{j+1}| = \lim_{k\to\infty} \sqrt[2^k]{\left|\frac{a_{n-j-2}^{(k)}}{a_{n-j}^{(k)}}\right|}.$$

Beispiele

1. Gegeben sei das Polynom

$$f(x) = x^5 - 12x^4 + 41x^3 - 38x^2 - 36x + 56.$$

Zur Berechnung der iterierten Polynome ist es zweckmäßig, das durch die Schreibweise der Gleichung (6.10) angedeutete Rechenschema zu verwenden. Man erhält die Tabelle I. Dabei werden die Näherungswerte für die Wurzeln aus der darunterstehenden Koeffizientenzeile mit Hilfe der Formeln des Typs (6.12) gewonnen. Die Koeffizientenzeile entsteht durch Addition der drei oberhalb der Wurzelzeile befindlichen Zeilen. Diese Zeilen ergeben sich aus der vorherigen Koeffizientenzeile gemäß (6.10).

Anmerkung zur Tabelle I

Die unterstrichenen Elemente sind im Vergleich zum unmittelbar darüberstehenden Element der Tabelle von annähernd gleicher Größenordnung. Verdacht auf Doppelwurzel. In der Tat sind die Wurzeln des Polynoms

$$x_1 = 7, \quad x_2 = x_3 = x_4 = 2, \quad x_5 = -1.$$

2. Gegeben sei das Polynom $x^3 - 4x^2 - 6x + 1$. Die Bestimmung der Nullstellen erfolgt in der Tabelle II, die wie im vorigen Beispiel aufgebaut ist. Hier ist die Konvergenz im Gegensatz zum vorigen Beispiel sehr gut, da die Nullstellen des Polynoms betragsmäßig weit voneinander entfernt sind.

Tabelle I

BEISPIEL ZUM GRAEFFE-VERFAHREN

	A(5)	A(4)	A(3)	A(2)	A(1)	A(0)
KOEFFIZIENTEN:	0.100000E 01	-0.120000E 02	0.410000E 02	-0.380000E 02	-0.360000E 02	0.560000E 02
	0.100000E 01	0.144000E 03	0.168100E 04	0.144400E 04	0.129600E 04	0.313600E 04
	0.000000E 00	-0.820000E 02	-0.912000E 03	0.295200E 04	0.425600E 04	0.000000E 00
	0.000000E 00	0.000000E 00	-0.720000E 02	-0.134400E 04	0.000000E 00	0.000000E 00
WURZELN:	0.787401E 01	0.335290E 01	0.209255E 01	0.134875E 01	0.751559E 00	
KOEFFIZIENTEN:	0.100000E 01	0.620000E 02	0.697000E 03	0.305200E 04	0.555200E 04	0.313600E 04
	0.100000E 01	0.384400E 04	0.485809E 06	0.931470E 07	0.308247E 08	0.983450E 07
	0.000000E 00	-0.139400E 04	-0.378448E 06	-0.773949E 07	-0.191421E 08	0.000000E 00
	0.000000E 00	0.000000E 00	0.111040E 05	0.388864E 06	0.000000E 00	0.000000E 00
WURZELN:	0.703544E 01	0.263697E 01	0.201787E 01	0.156169E 01	0.957863E 00	
KOEFFIZIENTEN:	0.100000E 01	0.245000E 04	0.118465E 06	0.196408E 07	0.116826E 08	0.983450E 07
	0.100000E 01	0.600250E 07	0.140340E 11	0.385761E 13	0.136482E 15	0.967173E 14
	0.000000E 00	-0.236930E 06	-0.962399E 10	-0.276795E 13	-0.386315E 14	0.000000E 00
	0.000000E 00	0.000000E 00	0.233651E 08	0.481890E 11	0.000000E 00	0.000000E 00
WURZELN:	0.700012E 01	0.229475E 01	0.200064E 01	0.174506E 01	0.998545E 00	
KOEFFIZIENTEN:	0.100000E 01	0.576557E 07	0.443333E 10	0.113785E 13	0.978507E 14	0.967173E 14
	0.100000E 01	0.332418E 14	0.196544E 20	0.129470E 25	0.957476E 28	0.935424E 28
	0.000000E 00	-0.886665E 10	-0.131207E 20	-0.867608E 24	-0.220100E 27	0.000000E 00
	0.000000E 00	0.000000E 00	0.195701E 15	0.111526E 22	0.000000E 00	0.000000E 00
WURZELN:	0.700000E 01	0.214215E 01	0.200000E 01	0.186729E 01	0.999997E 00	

<u>Anmerkung:</u> E 03 steht für 10^3, usw .

Anmerkung zur Tabelle II

Hier erkennt man, wie die Elemente der zweiten Zeile jeweils abfallen im Vergleich zu den darüberstehenden.

§ 7. Einschließungssätze für die Nullstellen von Polynomen

Für die Ermittlung der Startwerte für lokal konvergente Iterationsverfahren sowie für Fehlerabschätzungen sind "Einschließungssätze" für Polynomwurzeln erforderlich. So bezeichnet man Sätze, die eine Punktmenge angeben, welche alle Wurzeln enthält. Der Satz 6.2 im vorigen Paragraphen ist bereits ein einfaches Beispiel; er ist für die Abschätzung des Fehlers bei Verwendung des Newton-Verfahrens sehr gut brauchbar. Er liefert allerdings nur Schranken für eine Wurzel; für die Ermittlung von Startwerten für Iterationsverfahren braucht man dagegen Schranken für die Gesamtheit der Wurzeln. Zur Herleitung solcher Einschließungssätze gehe man aus von einem Polynom

$$f(x) = a_0 + a_1 x + \ldots + a_n x^n \tag{7.1}$$

mit komplexen Koeffizienten $a_0, a_1, \ldots, a_n$ und einer komplexen Veränderlichen x. Ohne Einschränkung kann dabei $a_n = 1$ gesetzt werden.

Der folgende Satz liefert eine Vielzahl von Einschließungsschranken einer speziellen Form:

Satz 7.1 (VAN DER SLUIS, Oberwolfach 1968)

Es seien $c_0, \ldots, c_{n-1}$ positive Zahlen mit $\sum_{i=0}^{n-1} c_i \leq 1$.

Dann ist

$$M := \max_{0 \leq j \leq n-1} \left(\frac{|a_j|}{c_j} \right)^{1/(n-j)} \tag{7.2}$$

eine obere Schranke für die Beträge der Wurzeln von $f(x)$.

Beweis

Es sei $z \in \mathbb{C}$ und $|z| > M$. Dann gilt

$$|z|^{n-j} > \frac{|a_j|}{c_j}, \quad \text{d. h.}$$

$$|z|^n \cdot c_j > |a_j| \cdot |z|^j \quad \text{für } j = 0, \ldots, n-1.$$

Damit folgt aus (7.1):

Tabelle II

BEISPIEL ZUM GRAEFFE-VERFAHREN

	A(3)	A(2)	A(1)	A(0)
KOEFFIZIENTEN:	0.100000E 01	-0.400000E 01	-0.600000E 01	0.100000E 01
	0.100000E 01	0.160000E 02	0.360000E 02	0.100000E 01
	0.000000E 00	0.120000E 02	0.800000E 01	0.000000E 00
WURZELN:	0.529150E 01	0.125357E 01	0.150756E 00	
KOEFFIZIENTEN:	0.100000E 01	0.280000E 02	0.440000E 02	0.100000E 01
	0.100000E 01	0.784000E 03	0.193600E 04	0.100000E 01
	0.000000E 00	-0.880000E 02	-0.560000E 02	0.000000E 00
WURZELN:	0.513632E 01	0.128200E 01	0.151866E 00	
KOEFFIZIENTEN:	0.100000E 01	0.696000E 03	0.188000E 04	0.100000E 01
	0.100000E 01	0.484416E 06	0.353440E 07	0.100000E 01
	0.000000E 00	-0.376000E 04	-0.139200E 04	0.000000E 00
WURZELN:	0.513132E 01	0.128318E 01	0.151873E 00	
KOEFFIZIENTEN:	0.100000E 01	0.480656E 06	0.353301E 07	0.100000E 01
	0.100000E 01	0.231030E 12	0.124821E 14	0.100000E 01
	0.000000E 00	-0.706602E 07	-0.961312E 06	0.000000E 00
WURZELN:	0.513131E 01	0.128319E 01	0.151873E 00	

$$|f(z)| \geq |z|^n - \sum_{j=0}^{n-1} |a_j|\,|z|^j \geq |z|^n \sum_{j=0}^{n-1} c_j - \sum_{j=0}^{n-1} |a_j|\,|z|^j$$

$$= \sum_{j=0}^{n-1} \left(|z|^n c_j - |a_j|\,|z|^j\right) > 0,$$

also ist z keine Nullstelle von $f(x)$.

Beispiel

1. Setzt man $c_j := \frac{1}{2^{n-j}}$, $0 \leq j \leq n-1$, so ist

$$M := 2 \cdot \max_{0 \leq j \leq n-1} \sqrt[n-j]{|a_j|}$$

eine Schranke für die Beträge der Nullstellen von $f(x)$.

2. Wenn die Lage der Nullstellen von $f(x)$ in bezug auf einen festen Punkt $x_0 \in \mathbb{C}$ abgeschätzt werden soll, kann man das Polynom $f(x)$ als $f(x) = g(x - x_0)$ schreiben, wobei $g(x)$ die Koeffizienten $\frac{f^{(j)}(x_0)}{j!}$ hat. Führt man nun noch die erforderliche Normierung durch und schätzt dann durch die Schranke des obigen Beispiels ab, so erhält man, daß alle Nullstellen von $f(x)$ in einem Kreis um x_0 mit dem Radius

$$r := 2 \cdot \max_{0 \leq j \leq n-1} \sqrt[n-j]{\left|\frac{n!\, f^{(j)}(x_0)}{j!\, f^{(n)}(x_0)}\right|}$$

liegen.

Während man früher die Berechnung von Eigenwerten von Matrizen auf Wurzelberechnungen bei Polynomen zurückführte (vgl. Kap. IV), geht man heute eher den umgekehrten Weg. Auf diese Weise lassen sich aus bekannten Einschließungssätzen für Matrizeneigenwerte Schranken für Polynomwurzeln herleiten.

Den Zusammenhang zwischen der Eigenwertberechnung bei Matrizen und der Wurzelbestimmung bei Polynomen zeigt der folgende Hilfssatz:

Hilfssatz 7.1.

Ist

$$A := \begin{pmatrix} 0 & 1 & 0 & \cdot & \cdot & \cdot & 0 \\ 0 & 0 & 1 & & & & \cdot \\ \cdot & \cdot & \cdot & \cdot & & & \cdot \\ \cdot & \cdot & & \cdot & & & \cdot \\ \cdot & \cdot & & \cdot & \cdot & & 0 \\ 0 & 0 & \cdot & \cdot & \cdot & 0 & 1 \\ -a_0 & -a_1 & \cdot & \cdot & \cdot & -a_{n-2} & -a_{n-1} \end{pmatrix}, \text{ so gilt} \tag{7.3}$$

$\det(\lambda E - A) = a_0 + a_1\lambda + \ldots + a_{n-1}\lambda^{n-1} + \lambda^n = f(\lambda)$.

Man nennt A (oder zuweilen die Transponierte von A) die Begleitmatrix des Polynoms $f(\lambda)$. Die Bestimmung von Wurzeln von $f(x)$ ist somit äquivalent zur Berechnung von Eigenwerten von A.

Beweis

Die Behauptung des Hilfssatzes ist trivial für den Fall $n = 1$. Teilt man für $n > 1$ die Matrix A auf in der Form

$$A = \left(\begin{array}{c|cccc} 0 & 1 & 0 & \cdots & 0 \\ \hline 0 & & & & \\ \cdot & & & & \\ \cdot & & \tilde{A} & & \\ \cdot & & & & \\ -a_0 & & & & \end{array}\right)$$

und gilt die Behauptung des Hilfssatzes für $n - 1$ (d. h. $\det(\lambda\tilde{E} - \tilde{A}) = a_1 + a_2\lambda + \ldots + a_{n-1}\lambda^{n-2} + \lambda^{n-1}$), so ergibt sich durch Entwickeln von $\det(\lambda E - A)$ nach der 1. Spalte:

$$\begin{aligned} \det(\lambda E - A) &= \lambda \cdot \det(\lambda\tilde{E} - \tilde{A}) + (-1)^{n+1} \cdot a_0(-1)^{n-1} \\ &= a_0 + \lambda(a_1 + a_2\lambda + \ldots + a_{n-1}\lambda^{n-2} + \lambda^{n-1}) \\ &= f(\lambda). \end{aligned}$$

Dabei sei $\tilde{E}$ die $(n-1)\times(n-1)$ Einheitsmatrix.

Satz 7.2 (Satz von GERSCHGORIN)

Ist $A = (a_{ik})_{1\le i,\,k\le n}$ eine $n \times n$-Matrix mit komplexen Koeffizienten a_{ik}, so erfüllt jeder Eigenwert λ von A wenigstens eine der Ungleichungen

$$|\lambda - a_{jj}| \le \sum_{k=1}^{n}{}' |a_{jk}| \qquad \text{für } j = 1, \ldots, n.$$

(Der Strich am Summationszeichen deutet an, daß bei der Summation das Glied mit den Indizes $k = j$ auszulassen ist).

Beweis

Zum Eigenwert λ von A gibt es einen Eigenvektor $x \in \mathbb{C}^n - \{0\}$ mit $Ax - \lambda x = 0$; eine betragsmäßig größte Komponente x_{j_0} von x kann dabei zu 1 normiert werden. Aus $Ax - \lambda x = 0$ folgt

$$(a_{j_0 j_0} - \lambda)x_{j_0} + \sum_{k=1}^{n}{}' a_{j_0 k}x_k = 0,$$

d. h. es gilt

$$|a_{j_0 j_0} - \lambda| \le \sum_{k=1}^{n}{}' |a_{j_0 k}|\,|x_k| \le \sum_{k=1}^{n}{}' |a_{j_0 k}|.$$

Durch Anwendung des Satzes von GERSCHGORIN auf die Begleitmatrix A eines Polynoms f(x) (bzw. auf gewisse Umformungen von A) kann man eine Reihe von Schranken für die Nullstellen von f(x) angeben:

Satz 7.3

Für alle Nullstellen x_j eines Polynoms

$$f(x) = x^n + a_{n-1}x^{n-1} + \ldots\ldots + a_1 x + a_0$$

mit komplexen Koeffizienten $a_0, \ldots, a_{n-1}$ gilt

a) $$|x_j| \le \max\left(1, \sum_{i=0}^{n-1} |a_i|\right);$$

b) $$|x_j| \le \max\left(|a_0|, 1 + |a_1|, \ldots, 1 + |a_{n-1}|\right);$$

wenn $a_1, \ldots, a_{n-1}$ nicht verschwinden, gilt ferner

c) $$|x_j| \le \max\left(\left|\frac{a_0}{a_1}\right|, 2\left|\frac{a_1}{a_2}\right|, \ldots, 2\left|\frac{a_{n-1}}{a_n}\right|\right);$$

d) $$|x_j| \le \sum_{i=0}^{n-1} \left|\frac{a_i}{a_{i+1}}\right| \qquad (\text{mit } a_n = 1).$$

Beweis

Die Eigenwerte der Begleitmatrix A von f(x) sind nach Hilfssatz 7.1 genau die Nullstellen von f(x); die Transponierte A^T von A und jede Matrix der Gestalt $T \cdot A \cdot T^{-1}$ mit einer nichtsingulären Matrix T haben die gleichen Eigenwerte wie A. Die Abschätzungen a) und b) ergeben sich durch direkte Anwendung des Satzes 7.2 auf A bzw. A^T. Setzt man im Falle $a_1 \cdot a_2 \cdot \ldots \cdot a_{n-1} \neq 0$

$$D := \begin{pmatrix} a_1 & & & 0 \\ & a_2 & & \\ & & \ddots & \\ 0 & & & a_n \end{pmatrix}, \quad D^{-1} = \begin{pmatrix} 1/a_1 & & & 0 \\ & 1/a_2 & & \\ & & \ddots & \\ 0 & & & 1/a_n \end{pmatrix}$$

und wendet dann den Satz 7.2 auf

$$DAD^{-1} = \begin{pmatrix} 0 & \frac{a_1}{a_2} & \cdots\cdots & 0 \\ 0 & 0 & \frac{a_2}{a_3} \cdots & 0 \\ \vdots & \vdots & \vdots \quad \ddots & \vdots \\ \vdots & \vdots & \vdots & \frac{a_{n-1}}{a_n} \\ -\frac{a_0}{a_1} & -\frac{a_1}{a_2} & -\frac{a_2}{a_3} \cdots & -\frac{a_{n-1}}{a_n} \end{pmatrix} \quad \text{bzw.} \quad (DAD^{-1})^T$$

an, so erhält man c) und d).

Satz 7.4

Die Aussage a) des Satzes 7.3 läßt sich verschärfen zu

$$|x_j| \le K^{1/n}$$

$$\text{falls } K := \sum_{i=0}^{n-1} |a_j| < 1.$$

Beweis

Nach Satz 7.3 a) gilt wegen $K < 1$ zunächst $|x_j| \le 1$. Für jedes $z \in \mathbb{C}$ mit $1 \ge |z| > K^{1/n}$ hat man

$$|f(z)| \ge |z|^n - \sum_{j=0}^{n-1} |a_j|\,|z|^j > K - \sum_{j=0}^{n-1} |a_j| = 0,$$

d. h. z ist keine Nullstelle.

Schlußbemerkung

Die in diesem Paragraphen angegebenen Schranken für die Gesamtheit der Nullstellen eines Polynoms sind in einem Computer mit Gleitkomma-Arithmetik sehr einfach auszuwerten; für die beiden beim Graeffe-Verfahren angegebenen Beispiele erhält man die besten Schrankenwerte durch die Abschätzung d) in Satz 7.3, nämlich 19,1 für Beispiel 1. und 5,7 für Beispiel 2.

§ 8. Sätze über die Anzahl der reellen Nullstellen von Polynomen mit reellen Koeffizienten

In den folgenden Sätzen spielen endliche reelle Zahlenfolgen und die Anzahl der in der Folge auftretenden Vorzeichenwechsel eine wichtige Rolle. Deshalb vereinbaren wir die

Definition

$W(a_0,\ldots,a_n)$ bezeichne die Anzahl der Vorzeichenwechsel in der reellen endlichen Zahlenfolge $a_0,\ldots,a_n$, wobei auftretende Nullen vor der Abzählung gestrichen werden.

Satz 8.1 (BUDAN-FOURIER)

Die Anzahl p der reellen Nullstellen eines nicht identisch verschwindenden Polynoms $f(x)$ n-ten Grades mit reellen Koeffizienten (unter Berücksichtigung der Vielfachheit) im Intervall $(\alpha,\beta] \subset \mathbb{R}$ ist

$$p = W(f(\alpha),\, f'(\alpha),\ldots,\, f^{(n)}(\alpha)) - W(f(\beta),\, f'(\beta),\ldots,\, f^{(n)}(\beta)) - 2r \tag{8.1}$$

mit einer ganzen nichtnegativen Zahl r, die von α und β abhängt.

<u>Beweis</u>

$w(x) := W(f(x), f'(x), \dots f^{(n)}(x))$ ist eine Funktion $\mathbb{R} \to \mathbb{Z}$, die stückweise konstant ist und nur in den Nullstellen von f bzw. f' usw. Sprungstellen haben kann. Daher genügt es, das Verhalten von $W(f(x), \dots, f^{(n)}(x))$ in Nullstellen $\tilde{x}$ von $f(x) \cdot f'(x) \cdot \dots \cdot f^{(n)}(x)$ zu untersuchen. Es sei $\tilde{x}$ eine solche Nullstelle. Es gibt dann ein $\nu \in \{0, \dots, n\}$ derart, daß $\tilde{x}$ <u>einfache</u> Nullstelle von $f^{(\nu)}$ ist, d. h. es gilt

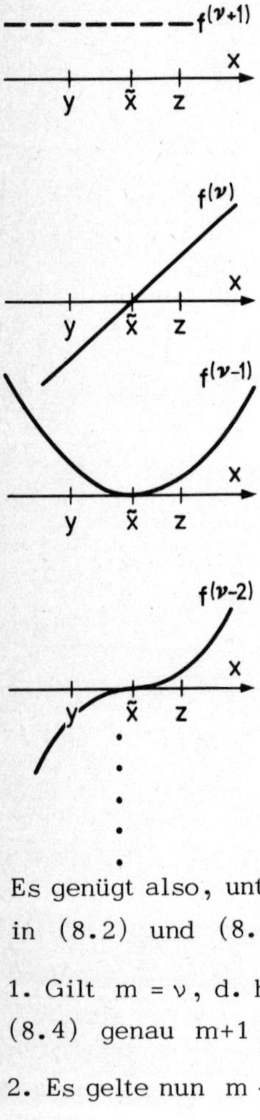

$$f^{(\nu+1)}(\tilde{x}) \neq 0,\ f^{(\nu)}(\tilde{x}) = 0 = f^{(\nu-1)}(\tilde{x}) = \dots = f^{(\nu-m)}(\tilde{x})$$

mit $0 \leq m \leq \nu$ und $m = \nu$ oder $f^{(\nu-m-1)}(\tilde{x}) \neq 0$.

Für einen nahe bei $\tilde{x}$ gelegenen Punkt $z > \tilde{x}$ definiere man Zahlen a_j durch

$$(a_0, \dots, a_n) := (\operatorname{sgn} f(z), \dots, \operatorname{sgn} f^{(n)}(z)); \qquad (8.2)$$

aus der nebenstehenden Skizze ersieht man, daß

$$a_{\nu+1} = a_\nu = \dots = a_{\nu-m} = \operatorname{sgn} f^{(\nu+1)}(\tilde{x}) \qquad (8.3)$$

gilt. Für einen Punkt $y < \tilde{x}$ bei $\tilde{x}$ erhält man analog (vgl. Skizze)

$$(\operatorname{sgn} f(y), \dots, \operatorname{sgn} f^{(n)}(y))$$
$$= (a_0, \dots, a_{\nu-m-1}, \underbrace{(-1)^{m+1} a_{\nu-m}, \dots, -a_\nu, a_{\nu+1}}, \dots, a_n). \qquad (8.4)$$

Es genügt also, unter Berücksichtigung von (8.3) die Anzahl der Vorzeichenwechsel in (8.2) und (8.4) zu vergleichen.

1. Gilt $m = \nu$, d. h. ist $\tilde{x}$ eine $(m+1)$-fache Nullstelle von $f(x)$, so ergeben sich in (8.4) genau $m+1$ Vorzeichenwechsel <u>mehr</u> als in (8.2).

2. Es gelte nun $m < \nu$.

a) Falls m ungerade ist, bringt die Teilfolge

$$a_{\nu-m-1},\ (-1)^{m+1} a_{\nu-m}, \dots, -a_\nu, a_{\nu+1}$$

genau $m+1$ neue Zeichenwechsel; denn es ist $(-1)^{m+1} \cdot a_{\nu-m} = a_{\nu-m}$, so daß die Anzahl der Vorzeichenwechsel zwischen dieser Zahl und $a_{\nu-m-1}$ rechts und links von $\tilde{x}$ dieselbe ist (nämlich 0 oder 1); die Anzahl der Zeichenwechsel $w(x)$ bleibt also gerade und verringert sich um $m+1$ beim Durchlaufen von $\tilde{x}$.

b) Falls m gerade ist, bringt die Teilfolge

$$(-1)^{m+1} a_{\nu-m}, \dots, -a_\nu, a_{\nu+1}$$

$m+1$ neue Zeichenwechsel; von den beiden Teilfolgen

$$a_{\nu-m-1}, -a_{\nu-m} \quad \text{und} \quad a_{\nu-m-1}, a_{\nu-m}$$

hat genau eine einen Vorzeichenwechsel, es tritt also zusätzlich eine Veränderung um 1 Zeichenwechsel auf; daher bleibt die Zahl der Zeichenwechsel wieder gerade und verringert sich um $m+1\pm 1$.
Insgesamt folgt: Die Differenz

$$w(y) - w(z) = W(f(y),\ldots,f^{(n)}(y)) - W(f(z),\ldots,f^{(n)}(z))$$

ist eine gerade Zahl plus die (evtl. verschwindende) Ordnung der Nullstelle $\tilde{x}$ von f zwischen y und z. Vergleicht man
$(\operatorname{sgn} f(\tilde{x}),\ldots,\operatorname{sgn} f^{(n)}(\tilde{x})) = (a_0,\ldots,a_{\nu-m-1},0,\ldots,0,a_{\nu+1},\ldots,a_n)$ mit (8.2), so sieht man, daß $W(f(x),\ldots,f^{(n)}(x))$ in $\tilde{x}$ rechtsseitig stetig ist. Daher kann man sich in der obigen Betrachtung auf das Intervall $(y,\tilde{x}]$ beschränken. Durch Zerlegung eines gegebenen Intervalls $(\alpha,\beta]$ in halboffene Teilintervalle folgt insgesamt die Behauptung des Satzes.

Bemerkung
Ist eine Ableitung $f^{(\nu)}(x)$ von $f(x)$ im ganzen Intervall $(\alpha,\beta]$ ungleich Null, so genügt es, zur Abzählung der Nullstellen von $f(x)$ nur die Funktionen $f(x), f'(x),\ldots$ $\ldots,f^{(\nu)}(x)$ heranzuziehen. Denn die Berücksichtigung der Vorzeichenwechsel innerhalb der Folge

$$f^{(\nu)}(x),\ldots,f^{(n)}(x)$$

erfolgt stets nach Teil 2. des obigen Beweises und schiebt die Zahl

$$W(f(\alpha),\ldots,f^{(\nu)}(\alpha)) - W(f(\beta),\ldots,f^{(\nu)}(\beta)) - 2r$$

höchstens um eine gerade Zahl über die Zahl p der Nullstellen von $f(x)$ in $(\alpha,\beta]$ hinaus.
Eine Folgerung des Satzes von BUDAN-FOURIER ist der folgende Satz von DESCARTES:

Satz 8.2
Für die Anzahl p der positiven Nullstellen eines Polynoms

$$f(x) = a_n x^n + a_{n-1}x^{n-1} + \ldots + a_1 x + a_0 \tag{8.5}$$

mit reellen Koeffizienten $a_0,\ldots,a_n$ gilt

$$p = W(a_0,a_1,\ldots,a_n) - 2r \tag{8.6}$$

mit einer nichtnegativen ganzen Zahl r.

Beweis

Ist $\tilde{x}$ die größte reelle Nullstelle von $f(x) \cdot f'(x) \cdot \ldots \cdot f^{(n)}(x)$, so gilt für alle $x > \tilde{x}$

$$W(f(x), f'(x), \ldots, f^{(n)}(x)) =: W(\infty) = \text{const.}$$

Für große x wird jedoch $f^{(\nu)}(x) = \binom{n}{\nu} \cdot \nu! \cdot a_n x^{n-\nu} + o(x^{n-\nu})$ das Vorzeichen von a_n annehmen; also ist $W(\infty) = 0$. Wegen $f^{(\nu)}(0) = \nu! \cdot a_\nu$ hat man

$$W(f(0), \ldots, f^{(n)}(0)) = W(a_0, \ldots, a_n).$$

Damit folgt die "Vorzeichenregel von Descartes" aus Satz 8.1, wenn man diesen auf das Intervall $(0, \tilde{x}]$ anwendet.

Zusatz

1. Die Anzahl q der nichtpositiven reellen Nullstellen von (8.5) ist

$$q = n - W(a_0, a_1, \ldots, a_n) - 2s \tag{8.7}$$

mit einer nichtnegativen ganzen Zahl s.

Diese Aussage erhält man wie im Beweis von Satz 8.2, wenn man bedenkt, daß für genügend kleine negative x

$$W(f(x), \ldots f^{(n)}(x)) = W((-1)^n a_n, (-1)^{n-1} a_n, \ldots, a_n) = n$$

gilt.

2. Hat das Polynom (8.5) nur reelle Nullstellen, so gilt $p + q = n$ und durch Addition von (8.6) und (8.7) folgt $r = s = 0$, d. h. es gilt

$$p = W(a_0, a_1, \ldots, a_n).$$

3. Setzt man überdies $g(x) := F(-x)$, so ist

$$g(x) = a_0 - a_1 x \pm \ldots + (-1)^n a_n x^n$$

und aus 2. ergibt sich die Anzahl der positiven Nullstellen von $g(x)$ als $W(a_0, -a_1, \ldots, (-1)^n a_n)$. Daher ist die Anzahl der negativen Nullstellen von $f(x)$ ebenfalls gleich $W(a_0, -a_1, \ldots, (-1)^n a_n)$. Die Ordnung von f im Nullpunkt ist also

$$n - W(a_0, a_1, \ldots, a_n) - W(a_0, -a_1, \ldots, (-1)^n a_n).$$

4. Ein Polynom mit reellen Koeffizienten, welches im Nullpunkt nicht verschwindet, hat demnach mindestens eine komplexe Wurzel, falls

$$W(a_0, \ldots, a_n) + W(a_0, -a_1, \ldots, (-1)^n a_n) \neq n$$

gilt.

Ein weiteres Hilfsmittel zur Abzählung der Nullstellen eines Polynoms in einem Intervall der reellen Zahlen ist die Sturmsche Kette.

Satz 8.3

$f_0, f_1, \ldots, f_m$ seien in $[a,b] \subset \mathbb{R}$ stetig differenzierbare reelle Funktionen und es gelte

1. $f_0(a) \cdot f_0(b) \neq 0$;
2. $f_m(x) \neq 0$ in $[a,b]$;
3. aus $f_i(x) = 0$, $x \in [a,b]$ folgt $f_{i-1}(x) \cdot f_{i+1}(x) < 0$ für $0 < i < m$;
4. $f_0(x)$ habe in $[a,b]$ insgesamt $r + r'$ Nullstellen;
   alle diese Nullstellen seien einfach und
   in r Nullstellen sei $f_0'(x) \cdot f_1(x) > 0$,
   in r' Nullstellen sei $f_0'(x) \cdot f_1(x) < 0$.

Dann gilt

$$W(f_0(a), \ldots, f_m(a)) - W(f_0(b), \ldots, f_m(b)) = r - r'.$$

Man nennt eine derartige Funktionenfolge $f_0, f_1, \ldots, f_m$ auch "Sturmsche Kette".

Beweis

Wie in Satz 8.2 wird die Funktion

$$p(x) := W(f_0(x), \ldots, f_m(x))$$

als Funktion von x betrachtet; sie kann nur dort Sprungstellen haben, wo eine der Funktionen f_i eine Nullstelle hat und ist sonst überall konstant.

1. $f_0(x)$ habe eine Nullstelle in einem inneren Punkte $x_0 \in [a,b]$. Es werden die Werte von $p(x)$ in zwei hinreichend nahe bei x_0 gelegenen Punkten y und z mit $x_0 \in (y,z) \subset [a,b]$ betrachtet.

   a) Es gelte $f_0'(x_0) \cdot f_1(x_0) > 0$.
   Wegen $f_0(x_0) = 0$ hat $f_0(x)$ in der Umgebung von x_0 das gleiche Vorzeichen wie $(x - x_0) \cdot f_0'(x_0)$, daher gilt
   $\operatorname{sgn} f_1(y) \cdot f_0(y) = \operatorname{sgn}(y - x_0) \cdot f_0'(x_0) \cdot f_1(x_0) < 0$ und $f_1(z) \cdot f_0(z) > 0$. Man hat also beim Übergang $y \to z$ eine Erniedrigung der Anzahl der Vorzeichenwechsel um 1.

   b) Gilt $f_0'(x_0) \cdot f_1(x_0) < 0$, so folgt analog zu a), daß

   $$f_0(y) \cdot f_1(y) > 0 \quad \text{und} \quad f_0(z) \cdot f_1(z) < 0$$

   gilt. Beim Übergang $y \to z$ erhöht sich also die Anzahl der Vorzeichenwechsel um 1.

2. Es gelte $f_i(x_0) = 0$ mit einem $i > 0$. (Dieser Fall kann für $i > 1$ auch gleichzeitig mit einem der obigen Fälle auftreten.)
   Nach Eigenschaft 3. der Sturmschen Kette folgt

   $$f_{i-1}(x) \cdot f_{i+1}(x) < 0 \text{ in } (y,z), \text{ d. h.}$$

f_{i-1} und f_{i+1} haben in (y,z) verschiedene Vorzeichen und unabhängig von $f_i(x)$ hat die Teilfolge $f_{i-1}(x)$, $f_i(x)$, $f_{i+1}(x)$ in (y,z) genau einen Vorzeichenwechsel, also ändert sich $W(f_{i-1}(x),\dots,f_{i+1}(x))$ in (y,z) nicht.

Zusammenfassung

Die Funktion $W(f_0(x),\dots,f_m(x))$ fällt beim Übergang $a \to b$ um r und steigt um r'. Daraus folgt die Behauptung.

Zur Anwendung von Satz 8.3 auf Polynome wird zunächst der euklidische Algorithmus für Polynome beschrieben.

Der euklidische Algorithmus für Polynome

Es seien f_0, f_1 zwei nicht identisch verschwindende Polynome mit reellen (oder komplexen) Koeffizienten; ferner sei der Grad von f_1 nicht größer als der Grad von f_0. Dann kann man f_0 durch f_1 dividieren; man erhält einen Quotienten Q_1 und einen Rest f_2, der verschwindet oder einen kleineren Grad als f_1 hat. Dieses Vorgehen kann man nun für f_1 und f_2 usw. wiederholen; man erhält so eine Folge $f_0,\dots,f_m$ von Polynomen mit

$$f_i = f_{i+1}Q_{i+1} - f_{i+2} \qquad (0 \le i \le m-2), \tag{8.8}$$

$$f_{m-1} = f_m \cdot Q_m \tag{8.9}$$

mit Polynomen $Q_1,\dots,Q_m$ und $\operatorname{grad} f_{i+1} < \operatorname{grad} f_i$ für $i = 1,\dots,m-1$. Dann ist jeder gemeinsame Teiler zweier aufeinanderfolgender f_i ein gemeinsamer Teiler aller f_i. Dies kann man auf einfache Weise aus (8.8) entnehmen; denn ein gemeinsamer Teiler von f_i und f_{i+1} teilt auch f_{i+2} und ein gemeinsamer Teiler von f_{i+1} und f_{i+2} teilt auch f_i (der Rest folgt durch Induktion). Speziell teilt jeder gemeinsame Teiler von f_0 und f_1 auch f_m und jeder Teiler von f_m teilt f_{m-1} und daher auch f_0 und f_1. Also ist f_m der größte gemeinsame Teiler von f_0 und f_1. Das durch (8.8) und (8.9) beschriebene Verfahren heißt euklidischer Algorithmus für Polynome.

Satz 8.4

Es sei $f(x)$ ein nicht identisch verschwindendes Polynom mit reellen Koeffizienten; man setze

$$f_0(x) := f(x)$$

$$f_1(x) := f'(x)$$

und führe den euklidischen Algorithmus für f_0 und f_1 aus. Man erhält somit durch (8.8) und (8.9) eine Folge von Polynomen $f_0, f_1,\dots,f_m$.
Ferner gelte für reelle Zahlen $a < b$ $f(a) \cdot f(b) \neq 0$. Dann ist die Zahl der Nullstellen

von $f(x)$ in $[a,b]$ (jede Nullstelle einfach gezählt) gleich

$$W(f_0(a),\dots,f_m(a)) - W(f_0(b),\dots,f_m(b)).$$

Beweis

Die Funktionen

$$g_i(x) := \frac{f_i(x)}{f_m(x)} \qquad (0 \le i \le m)$$

bilden eine Sturmsche Kette; die Eigenschaften 1. und 2. sind dabei trivial. Der Rest des Beweises gliedert sich in drei Teile:

a) Es sei x_0 eine k-fache Nullstelle von $f(x)$, d. h. es gelte

$$f(x) = (x-x_0)^k \tilde{f}(x)$$

mit einem Polynom $\tilde{f}(x)$, das $\tilde{f}(x_0) \neq 0$ erfüllt. Dann folgt

$$f'(x) = k \cdot (x-x_0)^{k-1}\tilde{f}(x) + (x-x_0)^k \tilde{f}'(x) =: (x-x_0)^{k-1}\tilde{f}_1(x)$$

mit einem Polynom $\tilde{f}_1(x)$ mit $\tilde{f}_1(x_0) \neq 0$. Obendrein folgt, daß $(x-x_0)^{k-1}$ sowohl f als auch f' teilt; also muß

$$f_m = (x-x_0)^{k-1}\tilde{f}_m(x)$$

für ein Polynom $\tilde{f}_m(x)$ mit $\tilde{f}_m(x_0) \neq 0$ gelten, weil f_m der größte gemeinsame Teiler von f und f' ist. Da $f_m(x)$ alle $f_i(x)$ teilt, hat man

$$f_i(x) = (x-x_0)^{k-1}\tilde{f}_i(x), \qquad i = 1,\dots,m$$

mit Polynomen $\tilde{f}_i(x)$. Also gilt

$$g_i(x) = \frac{\tilde{f}_i(x)}{\tilde{f}_m(x)} \qquad \text{für } i > 0 \text{ und}$$

$$g_0(x) = (x-x_0)\frac{\tilde{f}(x)}{\tilde{f}_m(x)} ,$$

d. h. g_0 hat nur einfache Nullstellen und g_1 verschwindet in Nullstellen von $f(x)$ nicht.

b) Es gilt

$$g_0' = \left(\frac{f(x)}{f_m(x)}\right)' = \frac{f_m(x)f'(x) - f(x)f_m'(x)}{f_m^2(x)} = g_1(x) - g_0(x)\cdot\frac{f_m'(x)}{f_m(x)} ,$$

d. h. in Nullstellen x_0 von $g_0(x)$ gilt $g_0'(x_0) = g_1(x_0)$. Weil nach a) alle Nullstellen von g_0 einfach sind, hat man $g_0'(x_0) = g_1(x_0) \neq 0$. Insgesamt folgt für alle Nullstellen x_0 von $g_0(x)$:

$$g_0'(x_0) \cdot g_1(x_0) = (g_0'(x_0))^2 > 0,$$

d. h. es gilt $r' = 0$ in Satz 8.3 bei Anwendung auf $g_0, \ldots, g_m$.

c) Damit bleibt nur noch die Eigenschaft 3. der Sturmschen Kette nachzuweisen. Zunächst können keine zwei aufeinanderfolgende Funktionen $g_i(x)$ und $g_{i+1}(x)$ für $i \geq 0$ eine gemeinsame Nullstelle $x_0 \in \mathbb{R}$ besitzen, denn $(x - x_0)$ wäre dann ein gemeinsamer Teiler aller $g_i(x)$. Dies hätte zur Folge, daß $f_m(x)$ nicht der größte gemeinsame Teiler von $f(x)$ und $f'(x)$ gewesen wäre, entgegen der angegebenen Konstruktion.

Aus (8.8) folgt durch Division mit $f_m(x)$

$$g_{i-1}(x) = g_i(x) \cdot Q(x) - g_{i+1}(x).$$

Ist $g_i(x_0) = 0$, so folgt also

$$g_{i-1}(x_0) \cdot g_{i+1}(x_0) = - g_{i+1}^2(x_0) < 0.$$

Damit ist 3. nachgewiesen.

Kapitel III
Lineare Gleichungssysteme

In diesem Kapitel werden praktische Methoden zur Lösung linearer Gleichungssysteme angegeben und untersucht. Dabei scheidet heute die Cramersche Regel wegen ihres hohen Rechenaufwandes von $\Theta(n^4)$ Punktoperationen bei n Unbekannten aus. Die Bedeutung der linearen Gleichungssysteme liegt nicht nur in den direkten Anwendungen, sondern auch im Auftreten von linearen Aufgaben dieser Art in den Schritten von Iterationsverfahren für nichtlineare Probleme (z. B. beim Newton-Verfahren für nichtlineare Gleichungssysteme).
Man unterscheidet direkte und iterative Verfahren. Bei direkten Verfahren wird die Lösung des Systems in endlich vielen Schritten erreicht, wenn man von Rundungsfehlern absieht. Iterative Verfahren gehen von einem Näherungswert für die Lösung aus und verbessern diesen schrittweise. Man verwendet iterative Verfahren, wenn man zum Beispiel mit einem direkten Verfahren nicht in angemessener Zeit fertig würde (etwa bei Gleichungssystemen mit 10^6 Unbekannten). Auch braucht man oft nur einen kleinen Teil der Koeffizientenmatrix zu speichern (z. B. bei der Diskretisierung partieller Differentialgleichungen, vgl. § 4).

Bemerkungen zur Schreibweise von Matrizen und Vektoren

Die in diesem Kapitel auftretenden Matrizen und Vektoren haben stets reelle oder komplexe Komponenten. Mit E_n (oder einfach E) werde die $n \times n$ Einheitsmatrix bezeichnet. Die Transponierte (a_{ki}) einer Matrix $A = (a_{ik})$ werde als A^T geschrieben, d. h. das Symbol "T" bedeute Transposition einer Matrix. Ferner sei e_i der i-te Einheitsvektor (als Spalte geschrieben). Sind

$$A = \begin{pmatrix} a_{11} & \cdots & a_{1n} \\ \vdots & & \vdots \\ a_{m1} & \cdots & a_{mn} \end{pmatrix} \quad \text{und} \quad B = \begin{pmatrix} b_{11} & \cdots & b_{1p} \\ \vdots & & \vdots \\ b_{m1} & \cdots & b_{mp} \end{pmatrix}$$

zwei Matrizen gleicher Zeilenzahl, so sei

$$(A,B) := \begin{pmatrix} a_{11} \cdots a_{1n} & b_{11} \cdots b_{1p} \\ \vdots \quad\quad \vdots & \vdots \quad\quad \vdots \\ a_{m1} \cdots a_{mn} & b_{m1} \cdots b_{mp} \end{pmatrix} .$$

Für zwei Matrizen C, D gleicher Spaltenzahl definiert man analog:

$$\begin{pmatrix} C \\ D \end{pmatrix} := (C^T, D^T)^T .$$

Wenn nichts anderes gesagt wird, sind Vektoren stets als Matrizen mit nur einer Spalte aufzufassen; ebenso sind n-Tupel als Matrizen mit einer Zeile zu verstehen. Die Komponenten eines Vektors y werden als y_i geschrieben, d. h. der Komponentenindex steht stets unten. Ausnahmen sind die Einheitsvektoren e_i, deren Komponenten ohnehin bekannt sind. Der Folgenindex j einer Folge von Vektoren wird stets oben angebracht; z. B. sei x^j, $j = 1,2,\ldots$ eine Folge von Vektoren; dann ist x_i^j die i-te Komponente des j-ten Vektors der Folge. Soll ein Vektor x als "Zeilenvektor" geschrieben werden, so wird das Symbol "T" angebracht.

Durch diese Schreibweise zeigt sich, daß das übliche Matrizenprodukt sehr verschiedenartig angewandt werden kann:

1. Das Skalarprodukt $\sum_{i=1}^{n} x_i y_i$ zweier Vektoren $x = (x_1,\ldots,x_n)^T$ und $y = (y_1,\ldots,y_n)^T$ schreibt sich als das Matrizenprodukt $x^T y$ oder $y^T x$.
2. Die i-te Komponente eines Vektors x ergibt sich als $e_i^T x$ oder $x^T e_i$; speziell gilt $e_i^T e_j = \delta_{ij}$.
3. Ae_j ist die j-te Spalte der Matrix A; ebenso erhält man die i-te Zeile als das n-Tupel $e_i^T A$.
4. Das Element in der i-ten Zeile und j-ten Spalte einer Matrix A ergibt sich nach 2. und 3. als $e_i^T A e_j$.
5. Das Produkt xy^T zweier Vektoren $x = (x_1,\ldots,x_m)^T$ und $y = (y_1,\ldots,y_n)^T$ ist eine $m \times n$-Matrix, und zwar

$$xy^T = \begin{pmatrix} x_1 y_1 & \cdots & x_1 y_n \\ \vdots & & \vdots \\ x_m y_1 & \cdots & x_m y_n \end{pmatrix} .$$

6. Als Spezialfall von 5. ist $e_i y^T$ eine Matrix, deren i-te Zeile gleich y^T ist und deren übrige Elemente verschwinden; ebenso ist xe_j^T eine Matrix mit x als j-ter Spalte und sonst lauter Nullen.

7. Ist A eine Matrix, deren Spalten durch die Vektoren $a^1,\dots,a^n$ gegeben sind, so kann man A darstellen als

$$A = \sum_{i=1}^{n} a^i e_i^T = \sum_{i=1}^{n} (Ae_i) e_i^T .$$

8. Umgekehrt folgt aus jeder Darstellung

$$A = \sum_{i=1}^{n} b^i e_i^T ,$$

daß $b^1,\dots,b^n$ die Spalten von A sind; denn nach 3. ergibt sich die j-te Spalte von A als

$$Ae_j = \sum_{i=1}^{n} b^i \underbrace{e_i^T e_j}_{=\delta_{ij}} = b^j .$$

9. Entsprechendes wie unter 8. und 7. gilt für die Darstellung

$$A = \sum_{i=1}^{n} e_i (a^i)^T$$

von A als "Summe der Zeilen".

Das Vertrautsein mit dieser Symbolik ist für das Verständnis des Rests der Vorlesung unumgänglich.

§ 1. Direkte Methoden; Gaußsche Elimination

Es seien eine $n \times n$-Matrix A und ein Vektor $b \in \mathbb{R}^n$ gegeben:

$$A = \begin{pmatrix} a_{11} & \cdots & a_{1n} \\ \vdots & & \vdots \\ a_{n1} & \cdots & a_{nn} \end{pmatrix}, \quad b = \begin{pmatrix} b_1 \\ \vdots \\ b_n \end{pmatrix} .$$

Gesucht ist ein Vektor $x \in \mathbb{R}^n$ mit

$$Ax = b, \tag{1.1}$$

d. h. der Vektor b soll als lineare Kombination der Spaltenvektoren der Matrix A dargestellt werden und die Koeffizienten dieser Linearkombination sind gerade die Komponenten des gesuchten Vektors x. Aus der linearen Algebra entnimmt man:

1. Das Gleichungssystem (1.1) ist lösbar, wenn die Determinante der Matrix A nicht verschwindet.
2. Allgemeiner: Das Gleichungssystem (1.1) ist genau dann lösbar, wenn der Vektor b von den Spalten von A linear abhängig ist.

Wie kann man nun die Lösung ermitteln bzw. bei vorgegebener Matrix A und vorgegebener "rechter Seite" b Aussagen über die Lösbarkeit machen? In zwei Spezialfällen ist dies leicht möglich:

a) Hat A Diagonalgestalt, d. h. gilt $a_{ij} = 0$ für $i \neq j$, so kann man sofort entscheiden, ob das System (1.1) eine Lösung besitzt bzw. wie die Lösung aussieht.

b) Ist A eine "Superdiagonalmatrix", d. h. gilt $a_{ij} = 0$ für $i > j$, so kann man ebenfalls x durch sukzessives Einsetzen ermitteln, sofern kein Koeffizient in der Diagonale verschwindet. Man hat nämlich die Gleichungen

$$\begin{aligned} a_{11} x_1 + a_{12} x_2 + \dots + a_{1\,n-1} x_{n-1} + a_{1\,n} x_n &= b_1 \\ a_{22} x_2 + \dots + a_{2\,n-1} x_{n-1} + a_{2\,n} x_n &= b_2 \\ \cdot \quad \cdot \quad \cdot & \\ a_{n-1\,n-1} x_{n-1} + a_{n-1\,n} x_n &= b_{n-1} \\ a_{n\,n} x_n &= b_n \end{aligned}$$

und wenn $a_{11} \cdot a_{22} \cdot \ldots \cdot a_{nn} \neq 0$ ist, folgt sukzessiv

$$\begin{aligned} x_n &= \frac{b_n}{a_{nn}}, \\ x_{n-1} &= \frac{1}{a_{n-1\;n-1}} (b_{n-1} - a_{n-1\;n} x_n), \\ &\cdot \quad \cdot \quad \cdot \\ x_1 &= \frac{1}{a_{11}} (b_1 - a_{12} x_2 - a_{13} x_3 - \dots - a_{1n} x_n). \end{aligned}$$

Zur Berechnung der Lösung braucht man also in diesem Falle n Divisionen und $\frac{(n-1)n}{2}$ Multiplikationen bzw. Subtraktionen, d. h. insgesamt $\frac{n^2}{2} + o(n^2)$ Punktoperationen.

Ist A nun eine beliebige nichtsinguläre Matrix, so versucht man eine Rückführung auf den Fall b). Dies entspricht dem Eliminationsprozeß der Schulmathematik; mit Hilfe einer Gleichung eliminiert man in allen übrigen Gleichungen eine Unbekannte und wiederholt dieses Vorgehen mit der nächsten Gleichung.

Gesucht ist also eine subdiagonale Matrix L (d. h. eine Matrix $L = (c_{ik})$ mit $c_{ij} = 0$ für $j > i$) und eine superdiagonale Matrix R mit

$$A = L \cdot R \tag{1.2}$$

(Man spricht von einer $L \cdot R$ - Zerlegung von A).

Praktisch erfolgt die Rechnung so, daß man L^{-1} bestimmt und vom Gleichungssystem (1.1) übergeht zu

$$L^{-1}Ax = L^{-1}b; \tag{1.3}$$

d. h. mit der "rechten Seite" $y := L^{-1}b$ erhält man das Gleichungssystem

$$Rx = y, \tag{1.4}$$

welches nach b) leicht auflösbar ist. Man versucht, die Matrix L^{-1} als Produkt einfach zu ermittelnder Matrizen $L^{(1)}, \dots, L^{(k)}$ zu schreiben, so daß (1.4) durch sukzessive Multiplikationen von A und b mit den $L^{(i)}$ entsteht.
Die Matrizen $L^{(i)}$ ergeben sich aus der folgenden Betrachtung des üblichen Eliminationsprozesses.
Soll bei dem Gleichungssystem

$$\begin{aligned} a_{11}x_1 + a_{12}x_2 + \dots + a_{1n}x_n &= b_1 \\ a_{21}x_1 + a_{22}x_2 + \dots + a_{2n}x_n &= b_2 \\ a_{31}x_1 + a_{32}x_2 + \dots + a_{3n}x_n &= b_3 \\ \cdots\cdots \end{aligned} \tag{1.5}$$

mit $a_{11} \neq 0$ aus der zweiten bis n-ten Gleichung die Unbekannte x_1 eliminiert werden, so wird man nacheinander für $i = 2, \dots, n$ von der i-ten Gleichung das $\frac{a_{i1}}{a_{11}}$ - fache der ersten Gleichung abziehen. Dem entspricht eine Multiplikation der Matrix (A,b) von links mit der Matrix

$$L^{(1)} := \begin{pmatrix} 1 & & & \\ -\frac{a_{21}}{a_{11}} & 1 & & 0 \\ \vdots & & \ddots & \\ \frac{a_{n1}}{a_{11}} & 0 & & 1 \end{pmatrix},$$

die sich als

$$L^{(1)} = E - m^{(1)} \cdot e_1^T$$

mit

$$m^{(1)} := \left(0, \frac{a_{21}}{a_{11}}, \dots, \frac{a_{n1}}{a_{11}}\right)^T$$

schreiben läßt. Das dann aus (A,b) entstehende Gleichungssystem werde als

$$(A^{(2)}, b^{(2)}) := L^{(1)} \cdot (A,b)$$

mit $A^{(2)} =: (a_{ik}^{(2)})$ bezeichnet. Ist dann $a_{22}^{(2)} \neq 0$, so läßt sich analog zum obigen die Elimination von x_2 aus den Gleichungen 3 bis n als Linksmultiplikation von $(A^{(2)}, b^{(2)})$ mit

$$L^{(2)} := E - m^{(2)} e_2^T$$

darstellen, wobei

$$m^{(2)} := \left(0,0, \frac{a_{32}^{(2)}}{a_{22}^{(2)}}, \ldots, \frac{a_{n2}^{(2)}}{a_{22}^{(2)}}\right)^T$$

gesetzt sei. Dabei bleibt die erste Spalte $A^{(2)}e_1 = a_{11}^{(2)} e_1 = a_{11} e_1$ von $A^{(2)}$ unverändert, weil

$$L^{(2)} A^{(2)} e_1 = a_{11} L^{(2)} e_1 = a_{11} \left(E - m^{(2)} e_2^T\right) e_1$$

$$= a_{11} e_1 - a_{11} m^{(2)} \underbrace{e_2^T e_1}_{=0} = A^{(2)} e_1$$

gilt. Es ist jetzt leicht zu sehen, daß sich das Eliminationsverfahren in seiner einfachste Form folgendermaßen beschreiben läßt:

Satz 1.1

Ist das Gleichungssystem (1.1) mit einer nichtsingulären $n \times n$-Matrix A gegeben, so liefert der folgende Algorithmus (das GAUSSsche Eliminationsverfahren) eine Umformung des Gleichungssystems (1.1) in ein Gleichungssystem der Gestalt (1.4):

I. Schritt: Man setze $A^{(1)} := \left(a_{ik}^{(1)}\right) := A$, $b^{(1)} := b$, $i := 1$.

II. Schritt: Gilt $a_{ii}^{(i)} \neq 0$, so bilde man mit $m^{(i)} := \left(0, \ldots, 0, \frac{a_{i+1\,i}^{(i)}}{a_{ii}^{(i)}}, \ldots, \frac{a_{ni}^{(i)}}{a_{ii}^{(i)}}\right)^T$

und $L^{(i)} := E - m^{(i)} e_i^T$ das neue Gleichungssystem, d. h. die Matrix

$$\left(A^{(i+1)}, b^{(i+1)}\right) := L^{(i)} \cdot \left(A^{(i)}, b^{(i)}\right)$$

und wiederhole im Falle $i < n$ den II. Schritt mit $i + 1$ anstelle von i.

Damit ist $A^{(n)}$ eine Superdiagonalmatrix und die Auflösung des Gleichungssystems $A^{(n)} x = b^{(n)}$ erfolgt wie oben unter b). Am Schluß dieses Paragraphen wird auf die Zusatzvoraussetzung $a_{ii}^{(i)} \neq 0$ eingegangen; durch Pivotisierung kann man sie stets erfüllen.

Beweis

Es genügt, durch Induktion nachzuweisen, daß für Matrizen $A^{(k)}$ die Gleichungen

$$e_i^T A^{(k)} e_j = 0 \qquad (j < k \text{ und } i > j) \tag{1.6}$$

gelten $(1 \leq k \leq n)$. Für $k = 1$ und $k = 2$ ist dies bereits gezeigt.

(1.6) gelte nun für ein $k < n$. Für Indizes i und j mit $i > j$ und $j < k+1$ bilde man

$$
\begin{aligned}
e_i^T A^{(k+1)} e_j &= e_i^T L^{(k)} A^{(k)} e_j \\
&= e_i^T (E - m^{(k)} e_k^T)\, A^{(k)} e_j \\
&= e_i^T A^{(k)} e_j - (e_i^T m^{(k)}) \cdot (e_k^T A^{(k)} e_j) \\
&= \begin{cases} 0 \quad - \quad 0 & \text{für } i > j < k; \\[2ex] e_i^T A^{(k)} e_k - \dfrac{e_i^T A^{(k)} e_k}{e_k^T A^{(k)} e_k} \cdot e_k^T A^{(k)} e_k & \text{für } i > j = k < k+1 \end{cases} \\
&= 0
\end{aligned}
$$

unter Beachtung von $e_i^T m^{(k)} = \dfrac{a_{ik}^{(k)}}{a_{kk}^{(k)}} = \dfrac{e_i^T A^{(k)} e_k}{e_k^T A^{(k)} e_k}$. Damit ist Satz 1.1 bewiesen.

Bemerkung

1. Man braucht $\frac{n^3}{3} + n^2 - \frac{n}{3}$ Punktoperationen bei dieser Form des Gaußschen Eliminationsverfahrens; denn bei der Elimination der i-ten Unbekannten hat man bei ökonomischer Aufteilung der Rechnung zunächst die Zahlen $a_{i\,i+1}^{(i)}, \ldots, a_{i\,n}^{(i)}, b^{(i)}$ durch $a_{i\,i}^{(i)}$ zu dividieren ($n-i+1$ Punktoperationen) und dann für die Elimination von x_i aus den restlichen $n-i$ Gleichungen $(n-i)$-mal die i-te Zeile und das Element $b^{(i)}$ mit gewissen Größen zu multiplizieren ($(n-i)(n-i+1)$ Punktoperationen) und dann eine Differenz zu bilden. Es ergeben sich also

$$\sum_{i=1}^{n-1} (n-i+1+(n-i)(n-i+1)) = \sum_{i=1}^{n-1} (i+1+i(i+1)) = \frac{n(n+1)}{2} + \frac{n^3}{3} - \frac{n}{3} - 1$$

Punktoperationen für die Herstellung des Gleichungssystems $A^{(n)} x = b^{(n)}$.

Dabei sind im Verlauf der soeben beschriebenen Rechnung die ersten $n-1$ Diagonalelemente von $A^{(n)}$ gleich Eins gesetzt worden. Damit ergeben sich für die Berechnung der Lösung x noch

$$1 + \frac{n(n-1)}{2}$$

Punktoperationen, weil für die Ermittlung von x_n eine Division und für die Berechnung der übrigen x_i jeweils $n-i$ Multiplikationen nötig sind. Insgesamt ergeben sich also

$\frac{n^3}{3} + n^2 - \frac{n}{3}$ Punktoperationen.

2. Die Matrix $A = \begin{pmatrix} 0 & 1 \\ 1 & 0 \end{pmatrix}$ besitzt keine $L \cdot R$-Zerlegung, wie man durch einfaches Nachrechnen bestätigen kann. Vertauscht man aber die Zeilen (was erlaubt wäre, wenn man ein Gleichungssystem $Ax = b$ zu lösen hätte), so erhält man die Einheitsmatrix, die natürlich eine $L \cdot R$- Zerlegung hat. In dem weiter unten folgenden Abschnitt über Pivotisierung wird bewiesen, daß bei geeigneter Permutation der Zeilen jede nichtsinguläre Matrix eine $L \cdot R$- Zerlegung zuläßt.

Es werden für später noch einige Hilfssätze über Subdiagonalmatrizen sowie über die Matrix L benötigt:

Hilfssatz 1.1

Ist x ein Vektor, dessen i-te Komponente $e_i^T x = x^T e_i$ verschwindet, so ist $E + xe_i^T$ die Inverse zu $E - xe_i^T$. Speziell gilt für $L^{(i)} := E - m^{(i)} e_i^T$

$$(L^{(i)})^{-1} = E + m^{(i)} e_i^T .$$

Beweis

Es gilt

$$(E + xe_i^T)(E - xe_i^T) = E + xe_i^T - xe_i^T - x\underbrace{(e_i^T x)}_{=0} e_i^T = E .$$

Hilfssatz 1.2

Das Produkt subdiagonaler Matrizen ist subdiagonal.

Beweis

Für $j = 1, \ldots, n$ seien l^j und k^j Vektoren, deren erste bis $(j-1)$-te Komponente verschwinden; man setze

$$L := \sum_{i=1}^{n} l^i e_i^T \quad \text{und}$$

$$\tilde{L} := \sum_{j=1}^{n} k^j e_j^T ,$$

dann gilt wegen $e_i^T k^j = 0$ für $i < j$

$$L \cdot \tilde{L} = \sum_{i,j=1}^{n} l^i e_i^T k^j e_j^T = \sum_{\substack{i,j=1 \\ i \geq j}}^{n} \underbrace{\left(e_i^T k^j\right)}_{\in \mathbb{R}} l^i e_j^T ,$$

d. h. die j-te Spalte von $L \cdot \tilde{L}$ ist

$$\sum_{i \geq j} \left(e_i^T k^j\right) l^i$$

und hat daher verschwindende erste bis $(j-1)$-te Komponenten.

Hilfssatz 1.3

Es seien l^j für $j = 1,\dots,m \le n-1$ Vektoren, deren erste bis j-te Komponente verschwinden. Dann ist die Subdiagonalmatrix

$$L := E + \sum_{j=1}^{m} l^j e_j^T$$

als Produkt

$$L = \left(E + l^1 e_1^T\right) \cdot \dots \cdot \left(E + l^m e_m^T\right)$$

darstellbar.

Beweis

Vollständige Induktion über m.

1. Für $m = 1$ ist nichts zu beweisen.
2. Die Behauptung gelte für ein m, $1 \le m < n-1$. Dann hat man

$$\left(E + \sum_{j-1}^{m} l^j e_j^T\right)\left(E + l^{m+1} e_{m+1}^T\right)$$

$$= E + \sum_{j=1}^{m+1} l^j e_j^T + \sum_{j=1}^{m} l^j \underbrace{e_j^T l^{m+1}}_{=0} e_{m+1}^T ,$$

weil die ersten m Komponenten des Vektors l^{m+1} verschwinden. Damit ist der Induktionsschluß vollzogen.

Korollar 1

Die bei der Zerlegung

$$A = L \cdot R$$

einer nichtsingulären Matrix A in das Produkt einer subdiagonalen Matrix L und einer superdiagonalen Matrix R auftretende Matrix L besitzt in der Terminologie des Gauß-Algorithmus die Darstellung

$$L = E + \sum_{i=1}^{n-1} m^{(i)} e_i^T .$$

Beweis

Nach Konstruktion der Matrizen

$$L^{(i)} := E - m^{(i)} e_i^T \qquad (1 \le i \le n-1)$$

gilt $L^{-1} = L^{(n-1)} \cdot \dots \cdot L^{(1)}$; daher gilt nach Hilfssatz 1.1

$$L = \left(L^{(1)}\right)^{-1} \cdot \dots \cdot \left(L^{(n-1)}\right)^{-1}$$

$$= \left(E + m^{(1)} e_1^T\right) \cdot \dots \cdot \left(E + m^{(n-1)} e_{n-1}^T\right)$$

und nach Hilfssatz 1.3 ergibt sich die Behauptung.

Hilfssatz 1.4

Die Inverse einer nichtsingulären Subdiagonalmatrix L ist subdiagonal.

Beweis

Schreibt man L als

$$L = D \cdot \tilde{L}$$

mit einer Diagonalmatrix D und einer Subdiagonalmatrix $\tilde{L}$, so kann man erreichen, daß alle Diagonalelemente von $\tilde{L}$ gleich Eins sind. Schreibt man ferner $\tilde{L}$ als die Summe seiner Spalten, d. h.

$$\tilde{L} = E + \sum_{i=1}^{n-1} k^i e_i^T$$

mit Vektoren k^i, für die $e_j^T k^i = 0$ für $j \leq i$ gilt, so folgt nach Hilfssatz 1.3:

$$\tilde{L} = (E + k^1 e_1^T) \cdot \ldots \cdot (E + k^{n-1} e_{n-1}^T)$$

und nach Hilfssatz 1.1:

$$\tilde{L}^{-1} = (E - k^{n-1} e_{n-1}^T) \cdot \ldots \cdot (E - k^1 e_1^T).$$

Nach Hilfssatz 1.2 ist $\tilde{L}^{-1}$ als Produkt subdiagonaler Matrizen subdiagonal. L^{-1} ergibt sich schließlich als die Subdiagonalmatrix $\tilde{L}^{-1} D^{-1}$.

Bemerkung

1. Der Beweis von Hilfssatz 1.4 gibt gleichzeitig ein einfaches Verfahren zur Inversion von Subdiagonalmatrizen an.
2. Bei Verfahren zur Eigenwertbestimmung ist man ebenfalls an der Zerlegung $A = L \cdot R$ interessiert. Das Korollar zu Hilfssatz 1.3 zeigt, wie sich L aus den auf A anzuwendenden Umformungen (Linksmultiplikation mit den Matrizen $L^{(i)}$) ergibt. Bei dem weiter unten beschriebenen Verfahren von GAUSS-BANACHIEWICZ wird sich L direkt aus dem Rechenschema ablesen lassen.

Eine wichtige Anwendung der obigen Hilfssätze ist der folgende Eindeutigkeitssatz:

Satz 1.2

Die Zerlegung einer nichtsingulären Matrix A in das Produkt

$$A = L \cdot R$$

einer Superdiagonalmatrix R und einer normierten Subdiagonalmatrix L (d. h. einer Subdiagonalmatrix mit lauter Einsen in der Diagonale) ist eindeutig, wenn sie existiert.

Beweis

A sei zerlegbar in der Form

$$A = L \cdot R = \tilde{L} \cdot \tilde{R}$$

mit Superdiagonalmatrizen $R, \tilde{R}$ und normierten Subdiagonalmatrizen $L, \tilde{L}$. Dann gilt

$$R \cdot \tilde{R}^{-1} = L^{-1}\tilde{L}$$

und die rechte Seite dieser Gleichung ist nach Hilfssatz 1.2 und 1.4 subdiagonal. Ebenso folgt, daß die linke Seite superdiagonal ist. Also gilt

$$R\ \tilde{R}^{-1} = L^{-1}\tilde{L} = D \tag{1.7}$$

mit einer Diagonalmatrix D. Daraus folgt

$$\tilde{L} = L \cdot D;$$

weil aber $\tilde{L}$ und L normierte Subdiagonalmatrizen sind, muß D die Einheitsmatrix sein. Aus (1.7) folgt daher

$$R = \tilde{R}, \quad L = \tilde{L}.$$

Zur Pivotisierung (vgl. auch § 2).

Im folgenden werden wieder die Bezeichnungen von Satz 1.1 verwendet. Es wurde dort angenommen, daß die Diagonalelemente $a_{ii}^{(i)}$ nicht verschwinden. Ein Verschwinden wird in der Praxis kaum vorkommen, da die Rundungsfehler das Ergebnis einer Differenzbildung fast nie auf Null setzen. Dennoch kann das Ergebnis durch die Rundungsfehler bei der Division durch sehr kleine $a_{ii}^{(i)}$ stark verfälscht werden.

Um diese Schwierigkeiten zu umgehen, benutzt man die Vertauschbarkeit der Zeilen und Spalten der Koeffizientenmatrix (Pivotisierung). Hat man etwa in der Rechnung das unten angedeutete Schema erreicht:

$$A^{(3)}x = \begin{pmatrix} a_{11} & & & & \\ 0 & a_{22}^{(2)} & & & \\ 0 & 0 & a_{33}^{(3)} & \dots & a_{3n}^{(3)} \\ \vdots & \vdots & \vdots & & \vdots \\ \cdot & \cdot & a_{n3}^{(3)} & \dots & a_{nn}^{(3)} \end{pmatrix} \cdot x = \begin{pmatrix} b_1^{(1)} \\ b_2^{(2)} \\ b_3^{(3)} \\ \vdots \\ b_n^{(3)} \end{pmatrix} \tag{1.8}$$

so kann man durch Vertauschen der letzten $n-2$ Zeilen (einschließlich der entsprechenden rechten Seiten) erreichen, daß das "Pivotelement" $a_{33}^{(3)}$ unter den Zahlen $a_{33}^{(3)}, \dots, a_{n3}^{(3)}$ den größten Betrag hat. Dieses Vorgehen nennt man teilweise Pivotisierung (partial pivoting). Die Existenz eines von Null verschiedenen Pivotelementes ist in (1.8) aus Ranggründen gesichert. Würde nämlich $a_{33}^{(3)} = \dots = a_{n3}^{(n)} = 0$ gelten, so wäre die Matrix

$$\tilde{A} := \begin{pmatrix} a_{33}^{(3)} & \cdots & a_{3n}^{(3)} \\ \vdots & & \vdots \\ a_{n3}^{(3)} & \cdots & a_{nn}^{(3)} \end{pmatrix} \qquad (1.9)$$

singulär; weil aber nach (1.8)

$$\det A^{(3)} = a_{11} \cdot a_{22}^{(2)} \cdot \det \tilde{A}$$

gilt, ist dies nicht möglich, denn A und damit auch $A^{(3)}$ sind nicht singulär. Um ein noch größeres Pivotelement zu erhalten, kann man auch die gesamte Matrix $\tilde{A}$ nach ihrem betragsmäßig größten Element durchsuchen (vollständige Pivotisierung, total pivoting) und die entsprechenden Spalten und Zeilen von $(A^{(3)}, b^{(3)})$ vertauschen. Für die Lösung des Gleichungssystems bedeutet das eine Umnumerierung der Unbekannten, worüber man buchführen muß, damit man am Schluß wieder die alte Reihenfolge herstellen kann. Man könnte überdies die Zeilen von A bzw. $A^{(3)}$ mit willkürlichen Faktoren multiplizieren. Dadurch wird die Auswahl des Pivotelementes künstlich (möglicherweise negativ) beeinflußt. Man sorgt im allgemeinen daher vor der Rechnung dafür, daß die Normen der Zeilenvektoren der Matrix A größenordnungsmäßig gleich sind (Äquilibration, vgl. § 2).

Die Methode von Gauß-Banachiewicz

Man kann die Superdiagonalisierung einer Matrix A durch Änderung des Rechenschema nach GAUSS-BANACHIEWICZ komprimiert darstellen. Für die Rechnung auf einer Reche anlage zeichnet sich diese Methode durch geringen Speicherplatzbedarf aus, und der Handrechner braucht beim Gauß-Banachiewicz-Verfahren nicht so viele Zwischenergebnisse zu notieren. Die Rundungsfehler werden überdies niedrig gehalten, weil man im wesentlichen innere Produkte zu bilden hat und diese in einem Register doppelter Stellenzahl akkumulieren kann.

Schreibt man die zu bestimmenden Matrizen L und R mit $A = L \cdot R$ als Summe ihrer Spalten bzw. Zeilen, d. h.

$$L = \sum_{i=1}^{n} l^i e_i^T \quad \text{und}$$

$$R = \sum_{j=1}^{n} e_j r^{j^T}$$

mit $e_i^T l^j = 0 = e_i^T r^j$ für $i < j$ sowie $e_i^T l^i = 1$ für $i = 1, \ldots, n$, so hat man

$$A = L \cdot R = \sum_{i,j=1}^{n} l^i \underbrace{e_i^T e_j}_{=\delta_{ij}} r^{j^T} = \sum_{i=1}^{n} l^i r^{i^T} \tag{1.9}$$

$$= l^1 r^{1^T} + l^2 r^{2^T} + l^3 r^{3^T} + \dots + l^n r^{n^T}$$

$$\begin{pmatrix} * & \cdot & \cdot & \cdot & \cdot & * \\ \cdot & & & & & \cdot \\ \cdot & & * & & & \cdot \\ \cdot & & & & & \cdot \\ * & \cdot & \cdot & \cdot & \cdot & * \\ * & \cdot & \cdot & \cdot & \cdot & * \end{pmatrix} + \begin{pmatrix} 0 & \cdot & \cdot & \cdot & \cdot & \cdot & \cdot & 0 \\ \cdot & * & \cdot & \cdot & \cdot & \cdot & \cdot & * \\ \cdot & \cdot & & & & & & \cdot \\ \cdot & \cdot & & & * & & & \cdot \\ \cdot & \cdot & & & & & & \cdot \\ 0 & * & \cdot & \cdot & \cdot & \cdot & \cdot & * \end{pmatrix} + \begin{pmatrix} 0 & \cdot & \cdot & \cdot & \cdot & \cdot & \cdot & 0 \\ \cdot & 0 & \cdot & \cdot & \cdot & \cdot & \cdot & 0 \\ \cdot & \cdot & * & \cdot & \cdot & \cdot & \cdot & * \\ \cdot & \cdot & \cdot & & & & & \cdot \\ \cdot & \cdot & \cdot & & & * & & \cdot \\ 0 & 0 & * & \cdot & \cdot & \cdot & \cdot & * \end{pmatrix} + \dots + \begin{pmatrix} 0 & \cdot & \cdot & \cdot & \cdot & \cdot & \cdot & 0 \\ \cdot & & & & & & & \cdot \\ \cdot & & & & & & & \cdot \\ \cdot & & & 0 & & & & \cdot \\ \cdot & & & & & & & 0 \\ 0 & \cdot & \cdot & \cdot & \cdot & \cdot & 0 & * \end{pmatrix}$$

$$=: A^1 + A^2 + A^3 + \dots + A^n .$$

Dann ist die erste Zeile von A^1 gleich der ersten Zeile von A; das gleiche gilt für die erste Spalte von A^1. Die erste Zeile von A^1 ist aber

$$e_1^T A^1 = e_1^T l^1 r^{1^T} = \underbrace{l_1^1}_{1} r^{1^T} = r^{1^T} ,$$

d. h. r^{1^T} ist gleich der ersten Zeile von A.
Ebenso ergibt sich die erste Spalte von A^1 als

$$A^1 e_1 = l^1 r^{1^T} e_1 = r_1^1 l^1 = a_{11} l^1 ,$$

d. h. l^1 ist das $\frac{1}{a_{11}}$ -fache der ersten Spalte von A (vgl. auch Hilfssatz 1.2). Also sind r^1, l^1 und damit die gesamte Matrix A^1 bekannt; man kann nun $A - A^1$ bilden und das Vorgehen für die zweite Zeile und Spalte von A^2 wiederholen; man erhält so alle Vektoren $l^1, \dots, l^n$, $r^1, \dots, r^n$.
Dieses Rechenschema läßt sich als eine Reihe von Formeln schreiben; man erhält diese durch Spezialisierung von (1.9) auf ein Element $a_{ij} = e_i^T A e_j$ der Matrix A:

$$a_{ij} = e_i^T A e_j = \sum_{k=1}^{n} e_i^T l^k r^{k^T} e_j = \sum_{k=1}^{n} l_i^k r_j^k . \tag{1.10}$$

Aus dieser Formel erhält man Ausdrücke für die Komponenten l_i^k, r_j^k von l^k und r^k:

für $i = j = 1$: $\quad r_1^1 = a_{11}$

für $j = 1,\ 2 \le i \le n$: $\quad l_i^1 = \frac{1}{a_{11}} a_{i1}$

für $i = 1,\ 2 \le j \le n$: $\quad r_j^1 = \frac{1}{l_1^1} a_{1j} = a_{1j}.$

Wenn für $k > 1$ bereits alle r_i^j und l_i^j mit $j < k$ berechnet sind, hat man mit (1.10)

$$\text{für } i=j=k: \qquad r_k^k = a_{kk} - l_k^1 r_k^1 - l_k^2 r_k^2 - \ldots - l_k^{k-1} r_k^{k-1}$$

$$\text{für } j=k,\ k+1 \le i \le n: \qquad l_i^k = \frac{1}{r_k^k}\left(a_{ik} - l_i^1 r_k^1 - l_i^2 r_k^2 - \ldots l_i^{k-1} r_k^{k-1}\right) \tag{1.11}$$

$$\text{für } i=k,\ k+1 \le j \le n: \qquad r_j^k = a_{kj} - l_k^1 r_j^1 - l_k^2 r_j^2 - \ldots - l_k^{k-1} r_j^{k-1}.$$

Man kann also aus der Matrix A in der durch die obigen Formeln angegebenen Reihenfolge durch Bildung einfacher Skalarprodukte sukzessive eine Matrix aufbauen, die die Matrizen L und R in der folgenden Weise enthält:

$$\begin{pmatrix} r_1^1 & r_2^1 & r_3^1 & \cdots & r_{n-1}^1 & r_n^1 \\ l_2^1 & r_2^2 & r_3^2 & \cdots & r_{n-1}^2 & r_n^2 \\ l_3^1 & l_3^2 & r_3^3 & & \vdots & \vdots \\ \vdots & \vdots & \vdots & \ddots & & \vdots \\ \vdots & \vdots & \vdots & & r_{n-1}^{n-1} & r_n^{n-1} \\ l_n^1 & l_n^2 & l_n^3 & \cdots & l_n^{n-1} & r_n^n \end{pmatrix}$$

wobei bei L die Einsen in der Diagonale zu ergänzen sind. Der Rechenaufwand ergibt sich gemäß den obigen Formeln als

$$\sum_{k=1}^{n} (k-1+(n-k)\cdot(2k-1)) = \ldots = \frac{n^3}{3} - \frac{n}{3}$$

Punktoperationen zur Durchführung der $L \cdot R$-Zerlegung.
Es bleibt zu überlegen, wie sich der Vektor $y = L^{-1}b$ aus b berechnet. Es gilt

$$b = L L^{-1} b = Ly = \sum_{i=1}^{n} l^i e_i^T y = \sum_{i=1}^{n} l^i y_i$$

und für die j-te Komponente von b folgt

$$b_j = e_j^T b = \sum_{i=1}^{n} e_j^T l^i y_i = \sum_{\substack{i=1 \\ i<j}}^{n} l_j^i y_i + y_j,$$

d. h. man erhält

$$y_j = b_j - \sum_{i=1}^{j-1} l_j^i y_i \qquad \text{für } j = 1,\ldots,n. \tag{1.12}$$

Für die Berechnung des Vektors y benötigt man also noch $\frac{n(n-1)}{2}$ Multiplikationen. Hat man ein lineares Gleichungssystem für verschiedene "rechte Seiten" bei gleicher

Koeffizientenmatrix A zu lösen, so führe man zunächst nur eine LR-Zerlegung von A aus und berechne die jeweiligen rechten Seiten nach (1.12).
Zur Berechnung der Lösung x aus $Rx = y$ benötigt man noch $\frac{n(n+1)}{2}$ Punktoperationen. Damit erhält man wie bei der früheren Formulierung des Eliminationsprozesses

$$\frac{n^3}{3} + n^2 - \frac{n}{3}$$

Punktoperationen zur Lösung des Gleichungssystems $Ax = b$.

Das CHOLESKY-Verfahren

Gegeben sei eine nichtsinguläre symmetrische $n \times n$-Matrix A (etwa als Koeffizientenmatrix eines linearen Gleichungssystems). Führt man die LR-Zerlegung

$$A = L \cdot R$$

für A aus und schreibt $R = D \cdot \tilde{R}$ mit einer normierten Superdiagonalmatrix $\tilde{R}$ (d. h. $e_i^T \tilde{R} e_i = 1$ für $i = 1,\ldots,n$), so ergibt sich

$$A^T = A = R^T \cdot L^T = \tilde{R}^T \cdot D \cdot L^T.$$

$\tilde{R}^T$ ist aber eine normierte Subdiagonalmatrix und $D \cdot L^T$ ist superdiagonal. Aus Satz 1.2 folgt also

$$L = \tilde{R}^T \quad \text{und} \quad D \cdot L^T = R.$$

Falls alle Diagonalelemente d_{ii} von D positiv sind, setze man

$$D^{1/2} := \sum_{i=1}^{n} \sqrt{d_{ii}}\, e_i e_i^T ;$$

dann gilt $D^{1/2} \cdot D^{1/2} = D$ und mit $\tilde{L} := L \cdot D^{1/2}$ folgt

$$\begin{aligned} A = L \cdot R = L \cdot D \cdot \tilde{R} &= L \cdot D^{1/2} \cdot D^{1/2} \cdot L^T \\ &= \tilde{L}\tilde{L}^T . \end{aligned}$$

Man kann A also in das Produkt einer Subdiagonalmatrix und ihrer Transponierten zerlegen.
Führt man die Rechnung wie beim Gauß-Banachiewicz-Verfahren durch, so gehen die Formeln (1.11) über in die für $k = 1,\ldots,n$ sukzessive zu berechnenden Ausdrücke

$$l_k^k = (a_{kk} - (l_k^1)^2 - (l_k^2)^2 - \ldots - (l_k^{k-1})^2)^{1/2}$$

$$l_i^k = \frac{1}{l_k^k} (a_{ik} - l_i^1 l_k^1 - l_i^2 l_k^2 - \ldots - l_i^{k-1} l_k^{k-1}), \quad k+1 \le i \le n.$$

Daraus ergibt sich der Rechenaufwand zu $\frac{n^3}{6} + \frac{n^2}{2} - \frac{2}{3} n$ Punktoperationen.

Obendrein hat man n-mal eine Wurzel zu ziehen.

Bemerkung

Jedes Verfahren zur Herstellung einer LR-Zerlegung einer nichtsingulären Matrix A ist zur Berechnung der Inversen von A verwendbar. Aus

$$A = L \cdot R$$

folgt nämlich

$$A^{-1} = R^{-1} \cdot L^{-1}$$

und die Inversion der Sub- bzw. Superdiagonalmatrizen L und R kann auf einfache Weise wie im Beweis von Hilfssatz 1.4 erfolgen.

§ 2. Fehleranalyse nach WILKINSON, Konditionszahlen

In diesem Paragraphen werden die Bezeichnungen von § 1 weiter verwendet.

I. Analyse des Rundungsfehlers beim Gaußschen Eliminationsverfahren (nach WILKINSON)

Die LR-Zerlegung einer Matrix $A = (a_{ik})$ durch das Gaußsche Eliminationsverfahren wurde in Satz 1.1 durch die Formeln

$$\begin{aligned} A^{(1)} &:= A, \\ L^{(j)} &:= E - m^{(j)} e_j^T \\ A^{(j+1)} &:= L^{(j)} A^{(j)} \end{aligned} \Bigg\} \quad 1 \le j \le n-1 \tag{2.1}$$

beschrieben; in der letzten Formel werden dabei nur die $(j+1)$-te bis n-te Zeile von $A^{(j)}$ verändert.

In der Praxis treten dabei Rundungsfehler auf. Die an Stelle von $m^{(j)}$, $L^{(j)}$ und $A^{(j)}$ numerisch berechneten, mit Rundungsfehlern behafteten Größen werden durch das Symbol "$\sim$" gekennzeichnet, d. h. mit $\tilde{m}^{(j)}$, $\tilde{L}^{(j)}$ und $\tilde{A}^{(j)}$ bezeichnet.

Die Matrix A sei numerisch exakt gegeben; es gelte also $\tilde{A}^{(1)} = A^{(1)} = A$. Schreibt man die Matrizen $\tilde{A}^{(j)}$ als $\tilde{A}^{(j)} = (\tilde{a}_{ik}^{(j)})$ und $\tilde{m}^{(j)}$ als $\tilde{m}^{(j)} = (\tilde{m}_1^{(j)}, \dots, \tilde{m}_n^{(j)})^T$, so gehen die Formeln (2.1) über in

$$a_{ik}^{(1)} = a_{ik} \qquad (1 \le i,\ k \le n)$$

$$\left.\begin{aligned} 0 &= a_{ij}^{(j)} - m_i^{(j)} \cdot a_{jj}^{(j)} && \qquad (2.2)\\ a_{ik}^{(j+1)} &= a_{ik}^{(j)} - m_i^{(j)} \cdot a_{jk}^{(j)} \quad (j+1 \le k \le n) && \qquad (2.3)\end{aligned}\right\} \ (j+1 \le i \le n,\ 1 \le j \le n-1)$$

In der Praxis sind diese Gleichungen nicht exakt erfüllt; die Berechnung von $m_i^{(j)}$ als $m_i^{(j)} = \frac{a_{ij}^{(j)}}{a_{jj}^{(j)}}$ erfolgt in der Form

$$\tilde{m}_i^{(j)} = \frac{\tilde{a}_{ij}^{(j)}}{\tilde{a}_{jj}^{(j)}} (1+\varepsilon), \tag{2.4}$$

weil die Größen $a_{ij}^{(j)}$ und $a_{jj}^{(j)}$ durch die entsprechenden (im allgemeinen durch die vorausgegangenen Rechnungen bereits fehlerhaften) numerischen Werte zu ersetzen sind und obendrein (vgl. § 6 des Kapitels I) noch der Faktor $(1+\varepsilon)$ durch die Berücksichtigung des Rundungsfehlers bei der Division von $\tilde{a}_{ij}^{(j)}$ und $\tilde{a}_{jj}^{(j)}$ hinzugefügt werden muß. Die Größe ε hängt dabei von der Arithmetik der benutzten Rechenanlage ab; wird in Gleitkommadarstellung mit t binären Stellen und einem Akkumulator doppelter Länge gerechnet, so ergibt sich (vgl. § 6 des Kapitels I)

$$|\varepsilon| < 2^{-t}.$$

Die Gleichung (2.4) läßt sich schreiben als

$$\begin{aligned} 0 &= \tilde{a}_{ij}^{(j)} - \tilde{m}_i^{(j)} \cdot \tilde{a}_{jj}^{(j)} + \varepsilon \cdot \tilde{a}_{ij}^{(j)} \\ &= \tilde{a}_{ij}^{(j)} - \tilde{m}_i^{(j)} \cdot \tilde{a}_{jj}^{(j)} + \varepsilon_{ij}^{(j)}, \end{aligned} \tag{2.5}$$

wobei die Größen $\varepsilon_{ij}^{(j)}$ durch

$$\varepsilon_{ij}^{(j)} = \varepsilon \cdot \tilde{a}_{ij}^{(j)} \tag{2.6}$$

definiert sind. Die Gleichungen (2.3) gehen auf ähnliche Weise über in

$$\begin{aligned} \tilde{a}_{ik}^{(j+1)} &= gl(\tilde{a}_{ik}^{(j)} - gl(\tilde{m}_i^{(j)} \cdot \tilde{a}_{jk}^{(j)})) \\ &= (\tilde{a}_{ik}^{(j)} - (\tilde{m}_i^{(j)} \cdot \tilde{a}_{jk}^{(j)})(1+\varepsilon^*))(1+\varepsilon) && (2.7) \\ &= \tilde{a}_{ik}^{(j)} - \tilde{m}_i^{(j)} \cdot \tilde{a}_{jk}^{(j)} + \varepsilon_{ik}^{(j)} \qquad (j+1 \le i,\ k \le n,\ 1 \le j \le n-1). && (2.8) \end{aligned}$$

Die Fehlergrößen $\varepsilon_{ik}^{(j)}$ bestimmt man durch Auflösen von (2.8) und Ausnutzen von (2.7) zu

$$\varepsilon_{ik}^{(j)} = \tilde{a}_{ik}^{(j+1)} - \tilde{a}_{ik}^{(j)} + \tilde{m}_i^{(j)} \cdot \tilde{a}_{jk}^{(j)}$$

$$= \frac{\varepsilon}{1+\varepsilon} \tilde{a}_{ik}^{(j+1)} - \varepsilon^* \cdot \tilde{m}_i^{(j)} \cdot \tilde{a}_{jk}^{(j)} \tag{2.9}$$

bzw.

$$= \left[\left(\frac{\varepsilon}{1+\varepsilon} + \varepsilon^* \right) \cdot \tilde{a}_{ik}^{(j+1)} - \varepsilon^* \cdot \tilde{a}_{ik}^{(j)} \right] (1+\varepsilon^*)^{-1} \tag{2.9'}$$

Definiert man $F^{(j)}$ als die Matrix

$$F^{(j)} := \left(\varepsilon_{ik}^{(j)}\right) \qquad (1 \le j \le n-1),$$

so folgen aus (2.5) und (2.8) die Gleichungen

$$\tilde{A}^{(j+1)} = \tilde{L}^{(j)} \cdot \tilde{A}^{(j)} + F^{(j)}, \quad (1 \le j \le n-1).$$

Setzt man in diese Gleichung die Beziehung $\tilde{L}^{(j)} = E - \tilde{m}^{(j)} e_j^T$ ein, so folgt

$$\tilde{A}^{(j+1)} - F^{(j)} = (E - \tilde{m}^{(j)} e_j^T)\, \tilde{A}^{(j)}$$

$$= \tilde{A}^{(j)} - \tilde{m}^{(j)} e_j^T \tilde{A}^{(j)} \qquad (1 \le j \le n-1).$$

Durch Summierung über j folgt

$$\sum_{j=2}^{n} \tilde{A}^{(j)} - \sum_{j=1}^{n-1} F^{(j)} = \sum_{j=1}^{n-1} \tilde{A}^{(j)} - \sum_{j=1}^{n-1} \tilde{m}^{(j)} (e_j^T \tilde{A}^{(j)}).$$

Weil die j-te Zeile $e_j^T \tilde{A}^{(j)}$ von $\tilde{A}^{(j)}$ bei den folgenden Eliminationsschritten unverändert bleibt, gilt

$e_j^T \tilde{A}^{(j)} = e_j^T \tilde{A}^{(n)}$ für $j = 1, \ldots, n-1$. Mit $F := \sum_{j=1}^{n-1} F^{(j)}$ folgt dann:

$$\tilde{A}^{(n)} - F = \tilde{A}^{(1)} - \left(\sum_{j=1}^{n-1} \tilde{m}^{(j)} e_j^T \right) \tilde{A}^{(n)}, \text{ d. h.}$$

$$A + F = \tilde{A}^{(1)} + F = \left(E + \sum_{j=1}^{n-1} \tilde{m}^{(j)} e_j^T \right) \tilde{A}^{(n)}.$$

Nach Konstruktion ist $\tilde{A}^{(n)}$ eine superdiagonale Matrix; also gilt

$$A + F = \tilde{L} \cdot \tilde{R} \tag{2.10}$$

mit $\tilde{L} = E + \sum_{j=1}^{n-1} \tilde{m}^{(j)} e_j^T$ und $\tilde{R} := \tilde{A}^{(n)}$. Die Gleichung (2.10) liefert demnach die exakte LR-Zerlegung einer gestörten Matrix $A+F$. Dies ist ein typisches Ergebnis der Backward-Analysis von WILKINSON (vgl. § 6 des Kapitels I.).

Es sollen nun Aussagen über die Fehlermatrix F gemacht werden. Setzt man

$$\eta := \max \{ |\varepsilon_{ik}^{(j)}| \mid 1 \le j \le n-1,\ j \le k \le n,\ j+1 \le i \le n \},$$

so folgt aus der Gleichung $\sum_{j=1}^{n-1} F^{(j)} = F$ und aus der Tatsache, daß die ersten j Zeilen und die ersten j-1 Spalten der Matrix $F^{(j)}$ verschwinden, die Abschätzung

$$|F| \le \eta \begin{pmatrix} 0 & 0 & 0 & \ldots & 0 & 0 \\ 1 & 1 & 1 & \ldots & 1 & 1 \\ 1 & 2 & 2 & \ldots & 2 & 2 \\ 1 & 2 & 3 & \ldots & 3 & 3 \\ \vdots & \vdots & \vdots & & \vdots & \vdots \\ 1 & 2 & 3 & \ldots & n-1 & n-1 \end{pmatrix} \qquad (2.11)$$

Für eine Matrix $B = (b_{ik})$ sei dabei $|B|$ definiert als

$$|B| = (|b_{ik}|).$$

Setzt man ferner

$$\tilde{a}^{(m)} := \max_{1 \le i,j \le n} |\tilde{a}_{ij}^{(m)}|, \quad \tilde{a} := \max_{1 \le j \le n} \tilde{a}^{(j)},$$

so erhält man aus den Gleichungen (2.6) und (2.9) bzw. (2.9') durch den Ausdruck

$$2^{-t} \cdot \left(\max_{i,k} |\tilde{a}_{ik}^{(j)}| + \frac{1}{1-2^{-t}} \max_{i,k} |\tilde{a}_{ik}^{(j+1)}| \right)$$

$$\le 2^{-t} \cdot \tilde{a} \cdot \frac{2-2^{t}}{1-2^{-t}} \approx 2 \cdot 2^{-t} \cdot \tilde{a} \text{ bei Pivotisierung,}$$

$$\left[\tilde{a} \cdot \left(\frac{2^{-t}}{1+2^{-t}} + 2^{-t} \right) + \tilde{a} \cdot 2^{-t} \right] (1-2^{-t})^{-1} \approx 3 \cdot 2^{-t} \cdot \tilde{a} \text{ ohne Pivotisierung}$$

eine Schranke η für die Größen $|\varepsilon_{ik}^{(j)}|$. Dabei ist zu berücksichtigen, daß durch Pivotisierung die Beträge der Elemente $\tilde{m}_l^{(j)}$ höchstens gleich Eins sind. Es bleibt zu untersuchen, wie stark die Größen $\tilde{a}^{(j)}$ bei festem $\tilde{a}^{(1)}$ anwachsen können. Während einer aktuellen Rechnung kann man die Größen $\tilde{a}^{(j)}$ überwachen und erhält damit aus der vorhergehenden Abschätzung eine "a-posteriori-Fehlerschranke". (J.K. Reid 1971)

Hilfssatz 2.1

Mit den obigen Bezeichnungen gilt für $\varepsilon := 2^{-t}$

$$\tilde{a}^{(n)} \le (\underbrace{(1+\varepsilon)(2+\varepsilon)}_{> 2+3\varepsilon > 2})^{n-1} \tilde{a}^{(1)}.$$

Beweis

Aus (2.7) folgt für $j \in \{1,\dots,n-1\}$

$$\tilde{a}^{(j+1)} \le (1+\varepsilon)(\tilde{a}^{(j)} + 1\cdot\tilde{a}^{(j)}(1+\varepsilon))$$

$$= (1+\varepsilon)(2+\varepsilon)\cdot\tilde{a}^{(j)}.$$

Durch sukzessive Anwendung dieser Abschätzung folgt die Behauptung.

Bemerkung

1. Wie D. BRAESS bemerkte, wird die Arithmetik einer Rechenanlage in der Regel so beschaffen sein, daß $|m| \le 1$ die Ungleichung

$$|gl(m\cdot a)| \le |a|$$

impliziert. Unter dieser Annahme folgt offenbar die schärfere Abschätzung

$$\tilde{a}^{(n)} \le (2+2\varepsilon)^{n-1}\tilde{a}^{(1)}.$$

2. Führt man eine LR-Zerlegung der Matrix

$$A = \begin{pmatrix} 1 & 0 & 0 & \cdots & 0 & 1 \\ -1 & 1 & 0 & \cdots & 0 & 1 \\ -1 & -1 & 1 & \cdots & 0 & 1 \\ \vdots & \vdots & \vdots & \ddots & & \vdots \\ & & & & 1 & 1 \\ -1 & -1 & -1 & \cdots & -1 & 1 \end{pmatrix}$$

durch, so erhält man bei teilweiser Pivotisierung die Matrizen

$$A^{(2)} = \begin{pmatrix} 1 & 0 & 0 & 0 & \cdots & 0 & 1 \\ 0 & 1 & 0 & 0 & \cdots & 0 & 2 \\ 0 & -1 & 1 & 0 & \cdots & 0 & 2 \\ 0 & -1 & -1 & 1 & & & \vdots \\ \vdots & \vdots & \vdots & \vdots & \ddots & & \vdots \\ & & & & & 1 & 2 \\ 0 & -1 & -1 & -1 & \cdots & -1 & 2 \end{pmatrix}$$

$$A^{(3)} = \begin{pmatrix} 1 & 0 & 0 & 0 & \cdots & 0 & 1 \\ 0 & 1 & 0 & 0 & \cdots & 0 & 2 \\ 0 & 0 & 1 & 0 & \cdots & 0 & 4 \\ 0 & 0 & -1 & 1 & \cdots & 0 & 4 \\ \vdots & \vdots & \vdots & \vdots & & & \vdots \\ 0 & 0 & -1 & \cdots & & -1 & 4 \end{pmatrix}$$

usw. und schließlich

$$A^{(n)} = \begin{pmatrix} 1 & & & 1 \\ & \ddots & 0 & \vdots \\ & 0 & \ddots & 2^{n-2} \\ & & 1 & \\ & & 0 & 2^{n-1} \end{pmatrix},$$

d. h. es gilt

$$\tilde{a}^{(j)} = 2^{j-1} \cdot \tilde{a}^{(1)}.$$

Die in Hilfssatz 2.1 angegebene Schranke wird also angenommen, wenn man Rundungsfehler nicht berücksichtigt.

In der Praxis tritt dies aber selten auf. WILKINSON hat experimentell beobachtet, daß der Wert $8\,\tilde{a}^{(1)}$ fast nie überschritten wird und man kann wie erwähnt im Rechenautomat von Fall zu Fall prüfen lassen, ob diese Annahme während einer Elimination erfüllt bleibt oder verletzt wird. Man hat also in der Regel

$$\eta \le 16 \cdot \varepsilon \cdot \max_{1 \le i, k \le n} |a_{ik}|$$

Zusammen mit (2.11) ist damit eine Analyse der Rundungsfehler beim Gaußschen Eliminationsverfahren durchgeführt worden.

Ähnliche Ergebnisse bekommt man für die Auflösung von

$$Rx = b .$$

Eine Backward-Analysis des Rundungsfehlers führt dies zurück auf die exakte Lösung von

$$(R + \delta R)x = b$$

mit einer superdiagonalen Störungsmatrix $\delta R = (\delta r_{ik})$. Man erhält dabei

$$\max_{1 \le i \le j \le n} |\delta r_{ij}| \le \left(\frac{n(n+1)}{2} + 1\right) \cdot \varepsilon \cdot \max_{1 \le i \le j \le n} |r_{ij}|.$$

II. Die Abhängigkeit der Lösung eines linearen Gleichungssystems von Störungen in den Eingangsdaten

Die obigen Rechnungen führen dazu, die durch die Rundungsfehler hervorgerufenen Störungen als Fehler in den Eingangsdaten aufzufassen. Deshalb muß man nun nach der Abhängigkeit der Lösung x eines linearen Gleichungssystems

$$Ax = b$$

von Störungen δA und δb in den Eingangsdaten fragen, d. h. nach Abschätzungen für den Störungsvektor δx suchen, wenn

$$(A + \delta A)(x + \delta x) = b + \delta b \tag{2.12}$$

gilt.

Es seien zunächst zwei Spezialfälle betrachtet:

1. $\delta A = 0$

In diesem Fall erhält man in irgendeiner zu einer Vektornorm $\|\cdot\|$ passenden Matrixnorm $|||\cdot|||$ aus der Gleichung (2.12) die Abschätzung

$$\|\delta x\| \leq |||A^{-1}||| \cdot \|\delta b\| ;$$

aus $Ax = b$ folgt

$$\|x\| \geq |||A|||^{-1} \|b\| ;$$

für den relativen Fehler $\frac{\|\delta x\|}{\|x\|}$ ergibt sich also

$$\frac{\|\delta x\|}{\|x\|} \leq |||A||| \cdot |||A^{-1}||| \cdot \frac{\|\delta b\|}{\|b\|} . \tag{2.13}$$

Definition 2.1

Ist A eine nichtsinguläre $n \times n$-Matrix und $|||\cdot|||$ eine Matrixnorm, so heißt

$$\varkappa(A) := |||A^{-1}||| \cdot |||A|||$$

die Konditionszahl der Matrix A bezüglich der Norm $|||\cdot|||$.

Hilfssatz 2.2

Es sei F eine $n \times n$-Matrix mit $|||F||| < 1$ für irgendeine zu einer Vektornorm $\|\cdot\|$ passende Matrixnorm $|||\cdot|||$.

Dann ist $E - F$ nichtsingulär und es gilt

$$|||(E-F)^{-1}||| \leq \frac{1}{1 - |||F|||} .$$

Beweis

Das Iterationsverfahren

$$x^{m+1} = Fx^{m} + b$$

ist für jedes $b \in \mathbb{R}^n$ stark kontrahierend, weil

$$\|x^{m+1} - x^{m}\| \leq |||F||| \cdot \|x^{m} - x^{m-1}\|$$

und

$$|||F||| < 1 \text{ gilt.}$$

Also gibt es für jedes $b \in \mathbb{R}^n$ ein $x \in \mathbb{R}^n$ mit

$$x = Fx + b, \text{ d. h. mit} \tag{2.14}$$

$$(E-F)x = b.$$

Daher ist $E-F$ surjektiv, d. h. die Matrix $E-F$ ist nichtsingulär. Aus der Gleichung (2.14) und der Beziehung $x = (E-F)^{-1}b$ folgt dann

$$\|x\| \leq |||F||| \cdot \|x\| + \|b\|, \text{ d. h.}$$

$$\|x\| = \|(E-F)^{-1}b\| \leq \frac{\|b\|}{1-|||F|||} \text{ für jedes } b \in \mathbb{R}^n.$$

Also gilt

$$|||(E-F)^{-1}||| \leq \frac{1}{1-|||F|||}.$$

Nun wird ein weiterer Spezialfall von (2.12) diskutiert.

2. $\underline{\delta b = 0}$

Unter Benutzung der Identität

$$B^{-1} - C^{-1} = B^{-1}(C-B) \cdot C^{-1}$$

für nichtsinguläre Matrizen B und C erhält man aus (2.12):

$$\delta x = (A+\delta A)^{-1}b - A^{-1}b = ((A+\delta A)^{-1} - A^{-1})b$$

$$= ((A+\delta A)^{-1}(A-A-\delta A) \cdot \underbrace{A^{-1})b}_{=x}$$

$$= -(A+\delta A)^{-1} \cdot \delta A \cdot x. \qquad (2.15)$$

Unter der Voraussetzung $|||A^{-1}||| \cdot |||\delta A||| < 1$ kann man mit Hilfssatz 2.2 den relativen Fehler $\frac{\|\delta x\|}{\|x\|}$ folgendermaßen abschätzen:

$$\frac{\|\delta x\|}{\|x\|} \leq |||\delta A||| \cdot |||(A+\delta A)^{-1}|||$$

$$= |||\delta A||| \cdot |||(E+A^{-1}\delta A)^{-1} \cdot A^{-1}|||$$

$$\leq \frac{|||\delta A|||}{|||A|||} \cdot \frac{|||A||| \cdot |||A^{-1}|||}{1-|||A^{-1}\delta A|||}$$

$$\leq \frac{|||\delta A|||}{|||A|||} \cdot \frac{\varkappa(A)}{1-\varkappa(A)\frac{|||\delta A|||}{|||A|||}} \qquad (2.16)$$

Speziell folgt

$$|||(A+\delta A)^{-1}||| \leq \frac{\varkappa(A)}{|||A|||} \quad \frac{1}{1-\varkappa(A)\frac{|||\delta A|||}{|||A|||}} \qquad (2.17)$$

3. Jetzt wird der allgemeine Fall betrachtet:

Aus (2.12) folgt

$$x + \delta x = (A+\delta A)^{-1}b + (A+\delta A)^{-1}\delta b, \text{ d. h.}$$

$$\delta x = (A+\delta A)^{-1}b - \underbrace{A^{-1}b}_{=x} + (A+\delta A)^{-1}\delta b$$

und wie bei der Gleichung (2.15) ergibt sich

$$\delta x = -(A+\delta A)^{-1}\delta A \cdot x + (A+\delta A)^{-1}\delta b; \tag{2.18}$$

verwendet man (2.17) und die aus $Ax = b$ folgende Abschätzung

$$\frac{\|\delta b\|}{\|x\|} \le \frac{|||A||| \cdot \|\delta b\|}{\|b\|} \quad ,$$

so erhält man aus (2.18) für den relativen Fehler $\frac{\|\delta x\|}{\|x\|}$ schließlich

$$\frac{\|\delta x\|}{\|x\|} \le \frac{\varkappa(A)}{1-\varkappa(A)\cdot\frac{|||\delta A|||}{|||A|||}} \cdot \left(\frac{|||\delta A|||}{|||A|||} + \frac{\|\delta b\|}{\|b\|}\right). \tag{2.19}$$

Hilfssatz 2.3

Die Konditionszahl $\varkappa(A)$ einer nichtsingulären $n \times n$-Matrix A ist bezüglich jeder zu einer Vektornorm passenden Matrixnorm größer oder gleich Eins.

Beweis

Es sei $x \in \mathbb{R}^n$ mit $\|x\| = 1$. Dann gilt

$$1 = \|x\| = \|A^{-1}Ax\| \le |||A^{-1}||| \cdot |||A||| \cdot \|x\| = \varkappa(A) \cdot 1 = \varkappa(A),$$

d. h.

$$\varkappa(A) \ge 1.$$

Bemerkung

Man kann sich fragen, ob die Abschätzungen (2.13), (2.16) und (2.19) scharf sind, d. h. sich nicht verbessern lassen (VAN DER SLUIS).
Tatsächlich kann man beweisen, daß in (2.13) und (2.16) das Gleichheitszeichen stehen kann.
Man wähle eine Vektornorm $\|\cdot\|$ und die zugeordnete Matrixnorm $|||\cdot|||$. Wie in § 4 des Kapitels II bemerkt wurde, gibt es dann zu jeder Matrix A einen Vektor $x^* \neq 0$ mit

$$\|Ax^*\| = |||A||| \cdot \|x^*\|, \text{ d. h.}$$

$$|||A||| = \frac{\|Ax^*\|}{\|x^*\|}.$$

Betrachtet man nun das lineare Gleichungssystem $Ax = b$ mit $\det A \neq 0$ und $b := Ax^*$ und wählt man einen Vektor $y \neq 0$ mit

$$\|A^{-1}y\| = |||A^{-1}||| \cdot \|y\| ,$$

so gilt für $\delta b := y$ und $\delta x := A^{-1}y$ die Gleichung

$$\frac{\|\delta x\|}{\|x\|} = \frac{\|A^{-1}y\|}{\frac{\|b\|}{|||A|||}} = \varkappa(A) \cdot \frac{\|\delta b\|}{\|b\|} ,$$

d. h. die Abschätzung (2.13) kann für jede Koeffizientenmatrix A scharf sein.

Für kleine Werte von $\varkappa(A)\frac{|||\delta A|||}{|||A|||}$ geht die Abschätzung (2.16) durch Vernachlässigung des Nenners über in

$$\frac{\|\delta x\|}{\|x\|} \leq \frac{|||\delta A|||}{|||A|||} \cdot \varkappa(A). \tag{2.20}$$

Das gleiche Ergebnis erhält man, wenn man in (2.15) den Ausdruck $(A+\delta A)^{-1} = \underbrace{(E + A^{-1}\delta A)^{-1}}_{\approx E} \cdot A^{-1}$ durch A^{-1} ersetzt.

Die Schärfe der Ungleichung (2.20) ergibt sich aus folgendem Satz:

<u>Satz 2.1</u> (VAN DER SLUIS)
Es sei ein lineares Gleichungssystem $Ax = b$ mit einer nichtsingulären Koeffizientenmatrix A gegeben. Dann gibt es eine Störungsmatrix ΔA mit beliebiger Spektralnorm, so daß für die Störung

$$\delta x = - A^{-1} \Delta A x \approx - (A + \Delta A)^{-1} \Delta A x$$

(vgl. (2.15)) der Lösung x des Gleichungssytems $Ax = b$ in (2.20) bezüglich der euklidischen Vektornorm und der ihr zugeordneten Spektralnorm das Gleichheitszeichen gilt.

<u>Beweis</u>
Es gibt (vgl. obige Bemerkung) einen Vektor $c \neq 0$ mit

$$|||A^{-1}||| = \frac{\|A^{-1}c\|}{\|c\|} ,$$

wobei $|||\cdot|||$ die zur euklidischen Norm $\|\cdot\|$ zugeordnete Spektralnorm sei. Nun bilde man mit Hilfe des Lösungsvektors x von $Ax = b$ die Matrix

$$\Delta A := \frac{cx^T}{\|x\|^2} ;$$

es folgt dann

$$(\Delta A)x = \frac{cx^T x}{\|x\|^2} = c \quad \text{und}$$

$$\begin{aligned} \|(\Delta A)x\| &= \|c\| \\ &\leq \|x\| \cdot |||\Delta A||| = \frac{\|c\|}{\|x\|} \cdot \|x\| = \|c\|, \end{aligned}$$

denn man verifiziert leicht, daß die Spektralnorm von ΔA gleich $\frac{\|c\|}{\|x\|}$ ist. Es gilt also

$$\|(\Delta A)x\| = |||\Delta A||| \cdot \|x\| = \|c\|$$

und daher

$$\frac{\|\delta x\|}{\|x\|} = \frac{\|A^{-1} \cdot \Delta A \cdot x\|}{\|x\|} = \frac{\|A^{-1}c\|}{\|x\|} = \frac{|||A^{-1}||| \cdot \|c\|}{\|x\|}$$

$$= \frac{|||A^{-1}||| \cdot |||\Delta A||| \cdot \|x\|}{\|x\|} = \frac{|||\Delta A|||}{|||A|||} \cdot \varkappa(A).$$

Da man bei der Wahl von c einen konstanten Faktor frei hat, dessen Betrag auch bei $|||\Delta A|||$ als Faktor auftritt, kann $|||\Delta A|||$ jeden beliebigen Wert annehmen.

Bemerkung

1. Der vorstehende Satz läßt sich bei etwas mehr Aufwand auch für beliebige Normen beweisen.

2. Durch hinreichend kleine Wahl von $|||\Delta A|||$ wird mit den im Beweis von Satz 2.1 eingeführten Größen x, ΔA die Differenz

$$\frac{\|\delta x\|}{\|x\|} - \frac{|||\Delta A|||}{|||A|||} \cdot \frac{\varkappa(A)}{1-\varkappa(A)\frac{|||\Delta A|||}{|||A|||}}$$

beliebig klein, d. h. die Abschätzung (2.16) ist für kleine Werte von $|||\Delta A|||$ nicht zu verbessern.

3. Die vorstehenden Resultate zeigen, daß man lediglich durch eine Erniedrigung der Konditionszahl der Koeffizientenmatrix den Einfluß von Störungen auf die Lösung verringern kann.
Man kann zum Beispiel durch Multiplikation der Zeilen mit konstanten Faktoren (Äquilibrierung, engl. equilibration), d. h. durch Übergang von $Ax = b$ zu

$$(DA)x = Db$$

mit einer nichtsingulären Diagonalmatrix D versuchen, die Konditionszahl zu verkleinern.
Nach Ergebnissen von WILKINSON und VAN DER SLUIS erhält man im allgemeinen optimale Konditionszahlen, wenn man dafür sorgt, daß alle Zeilenvektoren der Matrix A gleiche Norm haben.
Man erhält beispielsweise folgenden Satz:

Satz 2.2

Ist eine nichtsinguläre $n \times n$-Matrix $A = (a_{ik})$ normiert (äquilibriert) durch

$$\sum_{k=1}^{n} |a_{ik}| = 1 \qquad (1 \le i \le n),$$

so gilt für jede Diagonalmatrix D mit $\det D \neq 0$ die Ungleichung

$$\varkappa(DA) \ge \varkappa(A),$$

wenn für die Berechnung der Konditionszahl $\varkappa$ die Zeilensummennorm $|||\cdot|||_\infty$ genommen wird.

Beweis

Es gilt für jede Diagonalmatrix $D = (d_{ii})$ mit $\det(D) \neq 0$

$$|||DA|||_\infty = \max_{1\le i\le n} |d_{ii}| \underbrace{\sum_{k=1}^{n} |a_{ik}|}_{=1} = \max_{1\le i\le n} |d_{ii}| \quad \text{und}$$

$$|||(DA)^{-1}|||_\infty = |||A^{-1}D^{-1}|||_\infty = \max_{1\le i\le n} \sum_{k=1}^{n} |\tilde{a}_{ik}| \cdot \frac{1}{|d_{kk}|}$$

$$\ge |||A^{-1}|||_\infty \cdot \min_{1\le i\le n} \frac{1}{|d_{ii}|},$$

wenn A^{-1} als $A^{-1} = (\tilde{a}_{ik})$ geschrieben wird. Insgesamt folgt

$$\varkappa(DA) = |||DA|||_\infty \cdot |||(DA)^{-1}|||_\infty$$

$$\ge |||A^{-1}|||_\infty \cdot \underbrace{\max_{1\le i\le n} |d_{ii}| \cdot \min_{1\le j\le n} \frac{1}{|d_{jj}|}}_{=1\,=\,|||A|||_\infty}$$

$$= \varkappa(A).$$

§ 3. QR-Zerlegung von Matrizen

Im Gegensatz zu § 1, wo die Zerlegung einer nichtsingulären $n \times n$- Matrix A in ein Produkt $A = L \cdot R$ einer normierten Subdiagonalmatrix L und einer Superdiagonalmatrix R diskutiert worden war, soll jetzt die Zerlegung

$$A = Q \cdot R \tag{3.1}$$

in eine orthogonale Matrix Q (d. h. es gilt $Q^T = Q^{-1}$) und eine superdiagonale Matrix R untersucht werden. Diese Zerlegung wird wie die LR-Zerlegung bei der Eigenwertbestimmung benutzt; sie besitzt bei numerisch geeigneter Rechnung die größere Stabilität.

In diesem Paragraphen werden drei verschiedene Methoden zur Herstellung einer QR-Zerlegung erörtert.

Eine sehr übersichtliche, aber numerisch weniger geeignete Methode zur QR-Zerlegung ist die

Orthogonalisierung nach ERHARD SCHMIDT

Ist A eine nichtsinguläre $n \times n$-Matrix mit den Spalten $a^1, \dots, a^n$, so kann man die Gleichung (3.1) so interpretieren, daß die Matrix R angibt, wie sich die Vektoren

$a^1,\dots,a^n$ aus den (orthonormalen) Spaltenvektoren von Q linear kombinieren. Man findet also eine QR-Zerlegung von A, indem man eine Orthonormalbasis $q^1,\dots$ $\dots q^n$ im $\mathbb{R}^n$ sucht (d.h. ein Vektorsystem $q^1,\dots,q^n$ mit $q^{i^T} q^j = \delta_{ij}$), mit der sich die Spaltenvektoren $a^1,\dots,a^n$ so kombinieren lassen, daß die Koeffizienten r_i^k der Linearkombinationen

$$a^k = \sum_{i=1}^{n} r_i^k q^i$$

eine Superdiagonalmatrix R bilden, d. h. daß

$$\begin{aligned} a^1 &= r_1^1 q^1 \\ a^2 &= r_1^2 q^1 + r_2^2 q^2 \\ &\cdot\quad\cdot\quad\cdot \\ a^j &= \sum_{i=1}^{j} r_i^j q^i \qquad (1 \le j \le n) \end{aligned} \tag{3.2}$$

gilt. Dies erreicht man auf einfache Weise durch das Orthogonalisierungsverfahren von ERHARD SCHMIDT, welches darin besteht, die Gleichungen (3.2) zusammen mit den Zusatzbedingungen

$$q^{i^T} q^j = \delta_{ij} \qquad (1 \le i \le j \le n)$$

sukzessive auszuwerten.

Die Gleichungen

$$a^1 = r_1^1 q^1 \quad \text{und} \quad q^{1^T} q^1 = 1$$

sind offenbar erfüllt für

$$r_1^1 := \|a^1\| \quad \text{und} \quad q^1 := \frac{1}{r_1^1} a^1 .$$

Mit "$\|\cdot\|$" werde dabei die euklidische Norm $\|x\| := (x^T x)^{1/2}$ bezeichnet.

Um r_1^2, r_2^2 und q^2 zu ermitteln, kann man die Gleichung

$$a^2 = r_1^2 q^1 + r_2^2 q^2 \tag{3.3}$$

mit q^{1^T} von links multiplizieren:

$$q^{1^T} a^2 = r_1^2 q^{1^T} q^1 + r_2^2 q^{1^T} q^2 .$$

Da $q^{1^T} q^2 = 0$ gelten soll, hat man

$$r_1^2 = q^{1^T} a^2 .$$

Nach (3.3) hat

$$\tilde{q}^2 := a^2 - (q^{1^T} a^2) q^1 \tag{3.4}$$

dieselbe Richtung wie q^2. Da a^2 und a^1 linear unabhängig sind, kann $\tilde{q}^2$ nicht verschwinden. Den Vektor q^2 selbst erhält man damit als

$$q^2 := \frac{\tilde{q}^2}{\|\tilde{q}^2\|} ,$$

weil $q^{2^T} q^2 = 1$ gelten muß. Mit (3.4) bestätigt man leicht, daß in der Tat

$$q^{1^T} q^2 = 0$$

gilt.

Hat man nun $q^1, \ldots, q^{j-1}$ bestimmt mit

$$q^{i^T} q^k = \delta_{ik} \quad \text{für } 1 \le i,\ k \le j-1 < n,$$

so gewinnt man aus der Gleichung

$$a^j = \sum_{i=1}^{j} r_i^j q^i \tag{3.5}$$

für $k = 1, \ldots, j$ die Gleichungen

$$q^{k^T} a^j = \sum_{i=1}^{j} r_i^j \underbrace{q^{k^T} q^i}_{=\delta_{ik}} = r_k^j . \tag{3.6}$$

Daraus erhält man $r_1^j, \ldots, r_{j-1}^j$; setzt man

$$\tilde{q}^j := a^j - \sum_{i=1}^{j-1} r_i^j q^i , \tag{3.7}$$

so hat $\tilde{q}^j$ nach (3.5) die gleiche Richtung wie q^j und durch die Normierung hat man

$$r_j^j := \|\tilde{q}^j\| = a^{j^T} \tilde{q}^j$$

und

$$q^j := \frac{1}{r_j^j} \tilde{q}^j .$$

Die Größe r_j^j kann nicht verschwinden, weil sonst $a^1, \ldots, a^j$ von $q^1, \ldots, q^{j-1}$ linear abhängig wären, was wegen $\det A \neq 0$ unmöglich ist.

Umgekehrt verifiziert man sofort, daß aus (3.7) die Gleichungen $q^{j^T} q^i = \delta_{ij}$ $(1 \le i \le j-1)$ folgen.

Man erhält also die QR-Zerlegung

$$(a^1,\dots,a^n) = (q^1,\dots,q^n)\begin{pmatrix} \|a^1\| & r_1^2 & r_1^3 \dots\dots & r_1^n \\ 0 & \|\tilde{q}^2\| & r_2^3 \dots\dots & r_2^n \\ 0 & 0 & \|\tilde{q}^3\| & r_3^n \\ \vdots & \vdots & \ddots & \vdots \\ 0 & 0 & 0 & \|\tilde{q}^n\| \end{pmatrix}.$$

Aus (3.6), (3.7) und der Normierung der $\tilde{q}^j$ ergibt sich der Rechenaufwand zu $n^3 + n^2$ Punktoperationen.
Wenn die a^i "fast parallel" sind, werden die $\|\tilde{q}^i\|$ klein. Dies macht die $q^i = \frac{1}{\|\tilde{q}^i\|}\tilde{q}^i$ sehr ungenau. Daher ist das Verfahren für numerische Zwecke nicht zu empfehlen.
Besser ist die

QR-Zerlegung durch HOUSEHOLDER-Transformationen mit Hilfe symmetrischer orthogonaler Matrizen

Wieder sei die nichtsinguläre Matrix A geschrieben als

$$A = (a^1,\dots,a^n).$$

Gesucht sind symmetrische orthogonale Transformationen $H^{(1)},\dots,H^{(n-1)}$, die A in eine Superdiagonalmatrix

$$R = H^{(n-1)}\cdots H^{(1)}\cdot A$$

transformieren.
Die Matrizen $H^{(i)}$ findet man durch folgende Überlegung:
$H^{(1)}$ soll den Vektor a^1 in den ersten Einheitsvektor e_1 abbilden (bis auf einen Streckungsfaktor) und selbst orthogonal und symmetrisch sein. $H^{(1)}$ ist also als eine Spiegelung zu wählen, die a^1 in e^1 abbildet. Ist u der Normaleneinheitsvektor auf der Spiegelungsebene, so muß a^1 in $a^1 - 2u\cdot(u^Ta^1)$ übergehen, d. h. man hat a^1 mit der Matrix $E - 2uu^T$ von links zu multiplizieren.
Eine solche Matrix $H = E - 2uu^T$ ist jedenfalls symmetrisch:
es gilt $H^T = (E-2uu^T)^T = E^T - (2uu^T)^T = E - 2uu^T = H$. Weil $u^Tu = 1$ gilt, hat man außerdem

$$(E-2uu^T)(E-2uu^T)^T = (E-2uu^T)(E-2uu^T)$$
$$= E - 4uu^T + 4u\underbrace{u^Tu}_{=1}u^T = E,$$

d. h. $E - 2uu^T$ ist auch orthogonal.

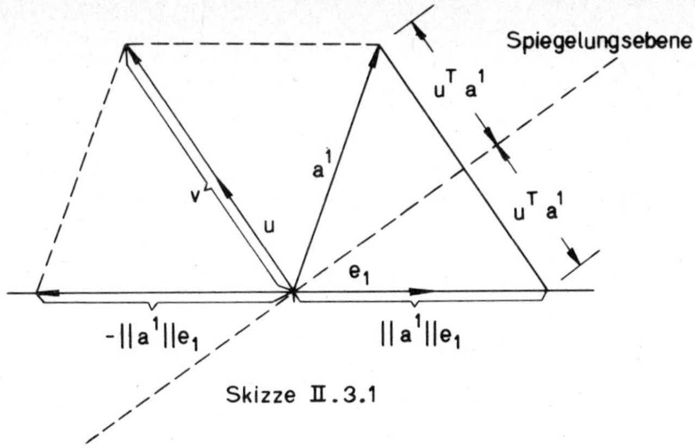

Skizze II.3.1

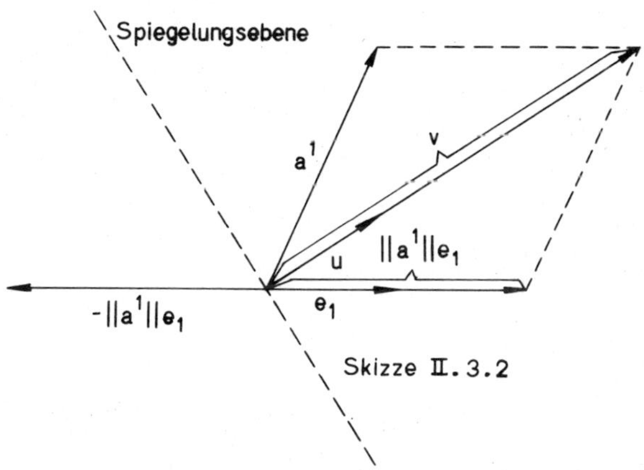

Skizze II.3.2

Wie ist nun u zu bestimmen? Man hat 2 Möglichkeiten, die Spiegelungsebene zu legen, wie die beiden Skizzen zeigen, und zwar ergibt sich in Skizze 3.1

$$u = \frac{a^1 - \|a^1\| e_1}{\|a^1 - \|a^1\| e_1\|}$$

und in Skizze 3.2

$$u = \frac{a^1 + \|a^1\| e_1}{\|a^1 + \|a^1\| e_1\|} \quad .$$

Numerisch ist es günstig, das Vorzeichen in

$$v := a^1 \pm \|a^1\| e^1$$

so zu wählen, daß $\|v\|$ maximal wird; dann braucht man nicht mit allzu kleinen Zahlen zu dividieren.

Der Vektor v entsteht aus a^1 durch Korrektur der ersten Komponente a_{11}; man wird also

$$v := a^1 + \operatorname{sgn}(a_{11}) \cdot \|a^1\| \cdot e_1 \quad \text{und} \quad u = \frac{v}{\|v\|}$$

setzen. Insgesamt erhält man also

$$H^{(1)} = E - \frac{2vv^T}{\|v\|^2} = E - \frac{v \cdot v^T}{K} \quad \text{mit dem angegebenen } v$$

$$\text{und} \quad K = \frac{1}{2}\|v\|^2 = \|a^1\|^2 + |a_{11}| \cdot \|a^1\|.$$

Allgemein lautet das Verfahren folgendermaßen:

Satz 3.1 (Algorithmus mit Householder-Transformationen)
Setzt man

$$A^{(1)} := A$$

und hat man für $j \in \{1,\ldots,n-1\}$ eine Matrix

$$A^{(j)} =: (a_{ik}^{(j)})$$

mit $a_{ik}^{(j)} = 0$ für $i > k \le j-1$ bereits erhalten, so gelten für die mit

$$c^{(j)} := \Big(\sum_{i=j}^{n} (a_{ij}^{(j)})^2\Big)^{1/2}, \quad v^j := (0,\ldots,0, a_{jj}^{(j)},\ldots, a_{nj}^{(j)})^T + \operatorname{sgn}(a_{jj}^{(j)}) \cdot c^{(j)} \cdot e_j$$

und

$$K^{(j)} := c^{(j)^2} + c^{(j)} \cdot |a_{jj}^{(j)}|, \quad H^{(j)} := E - \frac{v^{(j)} v^{(j)^T}}{K^{(j)}}$$

als

$$A^{(j+1)} := H^{(j)} \cdot A^{(j)}$$

gebildete Matrix $A^{(j+1)} =: (a_{ik}^{(j+1)})$ die Gleichungen

$$a_{ik}^{(j+1)} = 0$$

für $k \le j$ und $i > k$.
Speziell folgt:
$A^{(n)}$ ist eine Superdiagonalmatrix und A besitzt die QR-Zerlegung

$$A = \underbrace{H^{(1)} \cdots H^{(n-1)}}_{=:\,Q} \cdot \underbrace{A^{(n)}}_{=:\,R}.$$

Beweis
Induktion über j. Zum Induktionsanfang ist nichts zu beweisen.
Für ein $j < n-1$ gelte $a_{ik}^{(j)} = 0$ für alle $k < j$ und $i > k$. Da $H^{(j)}$ die Gestalt

$$H^{(j)} = \begin{pmatrix} 1 & & & & \\ & 1 & & 0 & \\ & & \ddots & & \\ & & & 1 & \\ 0 & & & * \cdots * \\ & & & \vdots \quad \vdots \\ & & & * \cdots * \end{pmatrix} \begin{matrix} \left.\vphantom{\begin{matrix}1\\1\\1\end{matrix}}\right\} j-1 \text{ Zeilen} \\ \\ \\ \end{matrix}$$

$\underbrace{\qquad\qquad}_{j-1 \text{ Spalten}}$

hat, werden bei der Multiplikation $H^{(j)} \cdot A^{(j)}$ die ersten $j-1$ Zeilen und Spalten von $A^{(j)}$ nicht geändert. Man hat also $a_{ik}^{(j+1)} = 0$ für $k \leq j-1$ und alle $i > k$. Für alle $i > k = j$ ergibt sich wegen der speziellen Gestalt von $H^{(j)}$ mit der Abkürzung

$$C^2 := \sum_{m=j}^{n} (a_{mj}^{(j)})^2$$

der Ausdruck

$$a_{ij}^{(j+1)} = a_{ij}^{(j)} - \frac{a_{ij}^{(j)}}{K^{(j)}} (C^2 + \underbrace{\operatorname{sgn}(a_{jj}^{(j)}) \cdot a_{jj}^{(j)} \cdot C}_{= |a_{jj}^{(j)}| \cdot C}). \tag{3.8}$$

Da die Klammer den Wert $K^{(j)}$ hat, folgt

$$a_{ij}^{(j+1)} = a_{ij}^{(j)} - a_{ij}^{(j)} = 0$$

für $i = j+1,\ldots,n$. Damit ist der Schluß von j auf $j+1$ vollzogen.

Bemerkung

Eine sinnvolle Anordnung der Rechenoperationen des j-ten Schrittes ist die folgende: Zunächst berechne man durch $n-j+1$ Multiplikationen und eine Wurzelbildung die Größe

$$c^{(j)} = (\sum_{m=j}^{n} (a_{mj}^{(j)})^2)^{1/2} .$$

Mit (3.8) folgt dann aus den gespeicherten Größen $(c^{(j)})^2$ und $c^{(j)}$

$$K^{(j)} = (c^{(j)})^2 + c^{(j)} |a_{jj}^{(j)}|$$

mit einer weiteren Multiplikation. Um $u^{(j)} := \frac{v^{(j)}}{K^{(j)}}$ zu bilden, braucht man $(n-j+1)$ Divisionen. Es wäre sehr unökonomisch, erst $H^{(j)}$ und dann das Matrizenprodukt $H^{(j)}A^{(j)}$ zu berechnen; man bildet vielmehr direkt das Produkt

$$H^{(j)} \cdot A^{(j)} = A^{(j)} - v^{(j)} u^{(j)^T} A^{(j)}.$$

Dabei benötigt man $(n-j+1)^2$ Punktoperationen zur Bildung von $u^{(j)^T} A^{(j)}$, weitere

$(n-j+1)^2$ Punktoperationen zur Berechnung des Produktes aus $v^{(j)}$ und $u^{(j)^T} A^{(j)}$. Insgesamt ergeben sich

$$\sum_{j=1}^{n-1} (1+1(n-j+1)+2(n-j+1)^2) = \frac{2}{3}n^3 + \frac{3}{2}n^2 + \mathcal{O}(n)$$

Punktoperationen zuzüglich $(n-1)$ Wurzelberechnungen für die Bildung von $A^{(n)}$. Wegen

$$A^{(n)} = H^{(n-1)} \cdot\cdot\cdot H^{(1)} \cdot A$$

erhält man die Matrix Q der QR-Zerlegung von A als

$$(H^{(n-1)} \cdot\cdot\cdot H^{(1)})^{-1} = H^{(1)} \cdot\cdot\cdot H^{(n-1)} .$$

Man wird in der Regel mit dieser Produktdarstellung von Q zufrieden sein, denn analog zu oben sieht man, daß zur Bildung von Q noch $\frac{2}{3}n^3 + \mathcal{O}(n^2)$ Punktoperationen nötig sind.

QR-Zerlegung nach JACOBI durch ebene Drehungen

Eine Drehung der durch e_1 und e_2 aufgespannten Ebene um den Nullpunkt um den Winkel α wird bekanntlich beschrieben durch die orthogonale Transformationsmatrix

$$T_{12}(\alpha) := \begin{pmatrix} \cos\alpha & \sin\alpha \\ -\sin\alpha & \cos\alpha \end{pmatrix}$$

Betrachtet man eine Drehung der im $\mathbb{R}^n$ durch die Vektoren e_i und e_j aufgespannten Ebene um den Winkel α, so erhält man als Transformationsmatrix die orthogonale Matrix

$$T_{ij}(\alpha) := \begin{pmatrix} 1 & & & & & & & & \\ & \ddots & & & 0 & & & & \\ & & 1 & & & & & & \\ & & & c & 0 & \cdots & s & & \\ & & & 0 & 1 & & 0 & & \\ & 0 & & \vdots & & \ddots & \vdots & 0 & \\ & & & & & 1 & & & \\ & & & -s & 0 & \cdots & c & & \\ & & & & & & & 1 & \\ & & & & 0 & & & & \ddots \\ & & & & & & & & & 1 \end{pmatrix} \begin{matrix} \\ \\ \\ \leftarrow \text{i-te Zeile} \\ \\ \\ \\ \leftarrow \text{j-te Zeile} \\ \\ \\ \\ \end{matrix} \quad \text{mit } c = \cos\alpha, \; s = \sin\alpha$$

$$= E-(1-c)(e_i e_i^T + e_j e_j^T) + s(e_i e_j^T - e_j e_i^T) \quad (1 \le i < j \le n) \tag{3.9}$$

Für das Produkt $\tilde{A} = T_{ij}(\alpha) \cdot A$ einer solchen Drehungsmatrix mit einer Matrix $A = (a_{ik})$ gilt:

Hilfssatz 3.1

1. $T_{ij}(\alpha) \cdot A$ unterscheidet sich von A nur in der i-ten und j-ten Zeile.
2. Ist $a_{ji} \neq 0$, so kann man $\tilde{a}_{ji}$ zum Verschwinden bringen, indem man

$$r = +\sqrt{a_{ji}^2 + a_{ii}^2}\ , \quad s = \frac{a_{ji}}{r}\ , \quad c = \frac{a_{ii}}{r}$$

setzt; $\tilde{a}_{ii}$ erhält den Wert r. (Ist $a_{ji} = 0$, so kann man $s = 0$, $c = \operatorname{sgn} a_{ii}$, $r = |a_{ii}|$ setzen).

Beweis

1. Es sei $k \in \{1,\ldots,n\}$, $k \neq i$, $k \neq j$, $1 \leq i < j \leq n$. Dann folgt aus (3.9) unmittelbar

$$e_k^T \cdot T_{ij}(\alpha) = e_k^T$$

also

$$e_k^T \cdot T_{ij}(\alpha) \cdot A = e_k^T \cdot A;$$

d. h. es ergibt sich die k-te Zeile von A.

2. Wählt man im Falle $a_{ji} \neq 0$ die Größen c und s in der angegebenen Weise, so gilt

$$\begin{aligned} \tilde{a}_{ji} &= - s \cdot a_{ii} + c \cdot a_{ji} \\ &= (- a_{ji}\, a_{ii} + a_{ii}\, a_{ji}) \ / \ r = 0. \end{aligned}$$

Die Aussage 2. in Hilfssatz 3.1 ermöglicht es, eine Matrix A durch Linksmultiplikation mit einer Folge von Matrizen $T_{ij}(\alpha)$ in eine Superdiagonalmatrix zu überführen:

Satz 3.2

Ist $A = (a_{ik})$ eine $n \times n$-Matrix, so ist die mit orthogonalen Matrizen $T_{ij}(\alpha)$ nach Aussage 2. des Hilfssatzes 3.1 gebildete Matrix

$$R = T_{n-1\,n} T_{n-2\,n} \cdots\cdots T_{3n} \cdots T_{34}\, T_{2n} \cdots T_{23}\, T_{1n} \cdots T_{12} \cdot A$$

eine Superdiagonalmatrix.

Beweis

Die erste Spalte der Matrix $T_{1n} \cdots T_{12} \cdot A$ enthält Nullen an der zweiten bis n-ten Stelle; denn T_{12} annulliert die zweite Stelle nach Aussage 2. des Hilfssatzes 3.1 und die $T_{1n} \cdot\cdot\ T_{13}$ lassen nach Aussage 1. des Hilfssatzes 3.1 die zweite Zeile von $T_{12}A$ unverändert und annullieren sukzessive die dritte bis n-te Stelle.
Da die Linksmultiplikation einer Matrix mit T_{ij} die i-te und j-te Zeile der Matrix durch Linearkombinationen der i-ten und j-ten Zeile ersetzt, bleiben die Nullen in der ersten Spalte des Produkts

$$T_{1n} \cdots T_{12}A$$

im folgenden erhalten.
Hat $A^{(j)} := T_{jn} \cdots T_{j\,j+1} \cdots T_{1n} \cdot\cdot\ T_{12} \cdot A$ bereits die Gestalt

$$\underbrace{\begin{pmatrix} * & \cdots & \cdots & \cdots & * \\ & \ddots & * & \cdots & * \\ 0 & & \vdots & & \\ & & * & \cdots & * \end{pmatrix}}_{j \text{ Spalten}},$$

d. h. gilt $e_i^T A^{(j)} e_k = 0$ für $i > k \leq j$, so annulliert $T_{j+1\ j+2}(\alpha)$ das Element $e_{j+2}^T A^{(j)} e_{j+1}$ und läßt die übrigen Nullen stehen, weil lediglich Linearkombinationen der $(j+1)$-ten und $(j+2)$-ten Zeile gebildet werden. Ebenso erzeugen die $T_{j+1\ j+3}, \ldots, T_{j+1\ n}$ nacheinander Nullen an der $(j+3)$-ten bis n-ten Stelle der $(j+1)$-ten Spalte und lassen alle bisherigen Nullen stehen, weil Linearkombinationen der $(j+1)$-ten Zeile mit einer der jeweils folgenden Zeilen gebildet werden und dadurch offensichtlich keine der bisher erzeugten Nullen ausgelöscht werden kann.

Bemerkung

Die Multiplikation mit T_{jk} im Sinne von Satz 3.2 erfordert $4(n-j)$ Multiplikationen; denn die j-te und k-te Zeile haben dann, wenn im obigen Verfahren mit T_{jk} multipliziert wird, gerade $n-j+1$ bzw. $n-j$ i. a. von Null verschiedene Elemente. Berücksichtigt man ferner noch die zur Bestimmung von r notwendige Quadratsumme und Wurzel sowie die Anzahl der Transformationsmatrizen T_{ij}, so erhält man, daß

$$\sum_{j=1}^{n-1} (n-j)(4(n-j)+2) = \sum_{j=1}^{n-1} (4 \cdot j^2 + 2j) = \frac{4}{3}n^3 - n^2 + \frac{n}{3}$$

Punktoperationen zuzüglich $\frac{n(n-1)}{2}$ Bildungen von Wurzeln nötig sind, um A in eine Superdiagonalmatrix zu überführen.

Will man eine QR-Zerlegung von A durchführen, so hat man noch Q als

$$Q = (T_{n-1\ n} \ldots T_{1n} \ldots T_{12})^{-1} = T_{12}^T \ldots T_{1n}^T \ldots T_{n-1\ n}^T$$

zu bilden; dabei sind bei ökonomischer Rechnung noch einmal

$$\frac{4}{3}n^3 - n^2 + \mathcal{O}(n)$$

Rechenschritte durchzuführen.

Es soll nun eine Eindeutigkeitsaussage über die QR-Zerlegung gemacht werden. Dazu der folgende

Hilfssatz 3.2

Jede orthogonale superdiagonale oder subdiagonale Matrix R ist eine Diagonalmatrix mit den Diagonalelementen ± 1. Sind überdies alle Diagonalelemente von R positiv, so gilt $R = E$.

Ferner bilden die super- bzw. subdiagonalen Matrizen, deren Diagonalelemente positiv sind, eine Untergruppe der Gruppe der nichtsingulären super- bzw. subdiagonalen Matrizen.

Beweis

Es sei R eine orthogonale super- oder subdiagonale Matrix. Dann gilt $R^T = R^{-1}$ und nach Hilfssatz 1.4 aus § 1 ist R^{-1} wieder super- bzw. subdiagonal.
War R aber eine Superdiagonalmatrix, so ist R^T subdiagonal und umgekehrt. Aus $R^T = R^{-1}$ folgt also, daß R eine Diagonalmatrix sein muß. Hat R die Spalten $\alpha_1 e_1, \ldots, \alpha_n e_n$, so folgt aus $RR^T = E$, daß $\alpha_1^2 = \ldots = a_n^2 = 1$ gelten muß, d. h. R ist eine Diagonalmatrix mit den Diagonalelementen ± 1 und es gilt $R = E$, wenn alle Diagonalelemente von R positiv sind.

Aus den Hilfssätzen 1.2 und 1.4 von § 1 entnimmt man, daß die nichtsingulären super- bzw. subdiagonalen Matrizen eine Untergruppe aller nichtsingulären $n \times n$-Matrizen bilden.
Es seien R und $\tilde{R}$ Super- bzw. Subdiagonalmatrizen. Dann ist das i-te Diagonalelement von $R \cdot \tilde{R}$ gleich dem Produkt der i-ten Diagonalelemente von R und $\tilde{R}$. Also hat $R\tilde{R}$ positive Diagonalelemente, wenn R und $\tilde{R}$ positive Diagonalelemente haben. Aus $RR^{-1} = E$ folgt speziell, daß R^{-1} positive Diagonalelemente hat, wenn R positive Diagonalelemente hat. Damit ist Hilfssatz 3.2 bewiesen.

Satz 3.3

Die Zerlegung $A = Q \cdot R$ einer nichtsingulären $n \times n$-Matrix A in das Produkt einer orthogonalen Matrix Q und einer superdiagonalen Matrix R ist eindeutig, wenn die Vorzeichen der Diagonalelemente von R fest vorgeschrieben sind.

Beweis

Es gebe zwei Zerlegungen

$$A = Q \cdot R = \tilde{Q} \cdot \tilde{R} \tag{3.10}$$

mit orthogonalen Matrizen $Q, \tilde{Q}$ und superdiagonalen Matrizen R und $\tilde{R}$, für die die jeweils entsprechenden Diagonalelemente gleiches Vorzeichen haben. Aus (3.10) folgt

$$\tilde{Q}^{-1} Q = \tilde{R} R^{-1},$$

und diese Gleichung ist eine Identität zwischen einer superdiagonalen und einer orthogonalen Matrix. Also gilt

$$D = \tilde{Q}^{-1} Q = \tilde{R} R^{-1}$$

mit einer Diagonalmatrix D. Aus dem Beweis von Hilfssatz 3.2 folgt, daß die Diagonalelemente von R und R^{-1} und damit auch die von $\tilde{R}$ und R^{-1} jeweils gleiches Vorzeichen haben. Also sind die Diagonalelemente der orthogonalen Matrix D sämtlich positiv; nach Hilfssatz 3.2. folgt also

$$D = E = \tilde{Q}^{-1} Q = \tilde{R} R^{-1};$$

und daher gilt

$$Q = \tilde{Q} \text{ und } R = \tilde{R},$$

d. h. die QR-Zerlegung ist eindeutig.

§ 4. Iterative Behandlung linearer Gleichungssysteme

Es sei A eine nichtsinguläre $n \times n$-Matrix. Gegeben sei das lineare Gleichungssystem

$$Ax = b \tag{4.1}$$

mit $b \in \mathbb{R}^n$. Die in § 1 aufgeführten direkten Verfahren (Gauß-Elimination, Gauß-Banachiewicz, Cholesky-Verfahren) haben sämtlich einen Rechenaufwand von $\mathcal{O}(n^3)$ Punktoperationen. Bei großen Matrizen mit sehr vielen verschwindenden Elementen, wie sie etwa bei der numerischen Lösung partieller Differentialgleichungen auftreten, ist dieses Vorgehen wenig empfehlenswert.

Daher versucht man, iterative Lösungsmethoden zu finden, die bei der Berechnung einer neuen Näherungslösung mit verhältnismäßig wenig arithmetischen Operationen auskomme

Auch diese Methoden gehen bereits auf GAUSS zurück.

Für diesen Paragraphen werde die Bezeichnung $N := \{1,\dots,n\}$ vereinbart. Die Gleichu (4.1) läßt sich umschreiben in

$$x = x - Ax + b = (E - A)x + b; \tag{4.2}$$

man könnte also das Iterationsverfahren

$$x^{i+1} = (E - A)x^i + b \tag{4.3}$$

durchzuführen versuchen.

Beispiel

Ist $A = \begin{pmatrix} 1 & 0{,}002 \\ 0{,}001 & 1 \end{pmatrix}$, so wird die Lösung x von (4.1) bereits durch die "rechte Seite" b sehr gut angenähert. Das Verfahren (4.3) besteht dann lediglich darin, durch

$$x^{i+1} = \begin{pmatrix} 0 & -0{,}002 \\ -0{,}001 & 0 \end{pmatrix} x^i + b$$

"kleine" Korrekturen an der Näherungslösung x^i anzubringen. Man findet für $x^0 := b = \binom{1}{2}$ nach 5 Iterationsschritten

$$x^5 = \begin{pmatrix} 0{,}999000999001 \\ 1{,}996007984033 \end{pmatrix}$$

bis auf eine Einheit der letzten Stelle.

Um zu allgemeineren Iterationsverfahren als (4.3) zu kommen, kann man (4.2) verallgemeinern zu einer Gleichung der Form

$$x = \Phi(x) := Cx + y \tag{4.4}$$

mit einer $n \times n$-Matrix C und das Iterationsverfahren

$$x^{i+1} = \Phi(x^i) = Cx^i + y \tag{4.5}$$

untersuchen. Dabei muß aus $\Phi(\tilde{x}) = \tilde{x}$ für ein $\tilde{x} \in \mathbb{R}^n$ die Gültigkeit von $A\tilde{x} = b$ folgen und der Fehlervektor

$$\begin{aligned} x^{i+1} - \tilde{x} &= \Phi(x^i) - \Phi(\tilde{x}) \\ &= C(x^i - \tilde{x}) \\ &= C^i(x^1 - \tilde{x}) \end{aligned} \tag{4.6}$$

muß gegen den Nullvektor konvergieren.

Für jeden beliebigen Fehlervektor $(x^1 - \tilde{x})$ gilt dies genau dann, wenn es für jeden Einheitsvektor, mithin $E = (e_1, \dots, e_n)$ erfüllt ist. Das heißt, $C^i \cdot E = C^i$ konvergiert gegen die Nullmatrix.

Es gilt der

Satz 4.1

Die Potenzen einer $n \times n$-Matrix C gehen genau dann gegen die Nullmatrix, wenn die Beträge aller Eigenwerte von C kleiner als 1 sind.

Beweis

1. Es gelte $C^j \to 0$ für $j \to \infty$ und $\lambda \in \mathbb{C}$ sei ein beliebiger Eigenwert von C mit dem Eigenvektor $x \neq 0$. Dann gilt $Cx = \lambda x$ und durch Induktion folgt $C^j x = \lambda^j x$ für alle $j \in \mathbb{N}$. Für jede Vektornorm gilt $\|C^j x\| \to 0$, dies impliziert

$$\|\lambda^j x\| = |\lambda|^j \|x\| = |\lambda|^j \cdot \text{const.} \to 0.$$

Also sind die Beträge der Eigenwerte von C kleiner als 1.

2. Die Beträge aller Eigenwerte von C seien kleiner als 1. Die Matrix C läßt sich durch eine nichtsinguläre $n \times n$-Matrix T auf Jordansche Normalform J transformieren:

$$C = T \cdot J \cdot T^{-1}. \tag{4.7}$$

Dann gilt

$$C^j = T \cdot J^j \cdot T^{-1} \tag{4.8}$$

für alle $j \in \mathbb{N}$, wie man leicht durch Induktion verifiziert. Aus (4.7) folgt, daß J dieselben Eigenwerte wie C hat und aus (4.8) ergibt sich, daß $J^j \to 0$ für $j \to \infty$ auch $C^j \to 0$ für $j \to \infty$ impliziert.

J besteht aus quadratischen "Jordankästchen" $J_1, \dots, J_k$:

$$J = \begin{pmatrix} J_1 & & 0 \\ & \ddots & \\ 0 & & J_k \end{pmatrix}, \quad J_i = \begin{pmatrix} \lambda_i & 1 & & & \\ & \lambda_i & 1 & & 0 \\ & & \ddots & \ddots & \\ & 0 & & \lambda_i & 1 \\ & & & & \lambda_i \end{pmatrix}, \quad \lambda_i \in \mathbb{C},$$

wobei $\lambda_1, \dots, \lambda_k$ Eigenwerte von C sind und also $|\lambda_i| < 1$ gilt. Offenbar gilt ferner

$$J^j = \begin{pmatrix} J_1^j & & 0 \\ & \ddots & \\ 0 & & J_k^j \end{pmatrix} ,$$

so daß es genügt, nachzuweisen, daß die Potenzen jedes Jordankästchens J_i gegen die Nullmatrix streben. Für die Potenzen einer typischen Jordanmatrix $\mathfrak{J}(\lambda)$ beweist man durch Induktion, daß

$$\mathfrak{J}(\lambda)^j = \begin{pmatrix} \lambda^j & \binom{j}{1}\lambda^{j-1} & \binom{j}{2}\lambda^{j-2} \cdots\cdots & \binom{j}{j}\lambda^0 & 0 \cdots\cdots 0 \\ 0 & \lambda^j & \binom{j}{1}\lambda^{j-1} \cdots\cdots & \binom{j}{j-1}\lambda & \binom{j}{j}\lambda^0 \quad 0 \\ 0 & 0 & \lambda^j & \ddots & \ddots \quad \vdots \\ \vdots & \ddots & \ddots & \ddots & \ddots \quad 0 \end{pmatrix}$$

gilt, d. h. daß die Elemente $e_i^T \tilde{\mathfrak{J}}(\lambda)^j e_k$ von $\tilde{\mathfrak{J}}^j(\lambda)$ die Darstellung

$$e_i^T \mathfrak{J}(\lambda)^j e_k = \begin{cases} \lambda^{j-(k-i)} \binom{j}{k-i} & 1 \le i \le k \le n \\ 0 & \text{sonst} \end{cases}$$

haben. Es gilt aber

$$\left|\lambda^{j-(k-i)} \binom{j}{k-i}\right| = |\lambda|^{j-(k-i)} \binom{j}{k-i} \le |\lambda|^{j-(k-i)} \cdot j^{k-i} . \qquad (4.9)$$

Nach bekannten Sätzen der Infinitesimalrechnung gehen die Ausdrücke in (4.9) bei festen Werten i,k für $j \to \infty$ gegen Null, wenn $|\lambda| < 1$ gilt.

Insgesamt folgt: Die Elemente der Matrix $\mathfrak{J}(\lambda)$ und daher auch die von J und C streben gegen Null.

Korollar 4.1

Es sei C eine $n \times n$-Matrix, $|||\cdot|||$ eine der Vektornorm $\|\cdot\|$ zugeordnete Matrixnorm. Gilt $|||C||| < 1$, so sind die Beträge der Eigenwerte von C kleiner als 1 und die Potenzen von C streben gegen die Nullmatrix.

Beweis

Es sei $\lambda \in \mathbb{C}$ ein Eigenwert von C mit dem Eigenvektor $x \neq 0$. Dann kann man annehmen, daß $\|x\| = 1$ gilt und erhält einerseits aus $Cx = \lambda x$ die Gleichung

$$\|Cx\| = \|\lambda x\| = |\lambda| \cdot \|x\| = |\lambda|$$

und andererseits wegen $|||C||| < 1$

$$\|Cx\| \leq |||C||| \cdot \|x\| < \|x\| = 1$$

d. h. es gilt $|\lambda| < 1$ und der Rest der Behauptung folgt aus Satz 4.1.

Definition 4.1

Der Betrag des größten Eigenwertes einer Matrix A heißt Spektralradius von A und wird mit $\rho(A)$ bezeichnet.

Bemerkung

Der obige Beweis zeigt, daß für jede einer Vektornorm zugeordnete Matrixnorm die Norm einer Matrix A größer oder gleich dem Spektralradius $\rho(A)$ ist.

Der Satz 4.1 soll nun auf zwei verschiedene Weisen auf Iterationsverfahren der Gestalt (4.5) angewendet werden. In beiden Fällen wird die Koeffizientenmatrix A eines gegebenen linearen Gleichungssystems $Ax = b$ zerlegt in der Form

$$A = L + D + R, \tag{4.10}$$

wobei D eine Diagonalmatrix ist und L bzw. R Sub- bzw. Superdiagonalmatrizen sind, in deren Diagonale nur Nullen stehen. Durch Umnumerierung der Unbekannten (Umstellung der Spalten von A) oder Umordnen der Zeilen (Gleichungen von (4.10)) kann man erreichen, daß $\det D \neq 0$ gilt, wenn A nicht singulär ist. Ferner kann man durch Multiplikation der Gleichungen mit konstanten Faktoren $D = E$ erreichen. Diese Voraussetzung wird im folgenden benötigt.

I. Das Gesamtschrittverfahren

Die Gleichung (4.1) läßt sich unter Benutzung von (4.10) und $D = E$ umschreiben in

$$Ax = Lx + x + Rx = b$$

und daraus folgt

$$x = b - (L + R)x.$$

Mit

$$C := -(L + R) \quad \text{und} \quad y := b$$

erhält man also ein Iterationsverfahren der Gestalt (4.5). Zur Verdeutlichung sei das Rechenschema vollständig angegeben:

1. Man sorge durch einfache Umformungen des linearen Gleichungssystems

$$Ax = b = (b_1, \dots, b_n)^T$$

dafür, daß in der Diagonalen der Koeffizientenmatrix $A = (a_{ik})$ lauter Einsen stehen.

2. Dann beginne man die Iteration mit irgendeinem Vektor $x^0 = (x_1^0, \dots, x_n^0)^T$ und bestimme aus $x^i = (x_1^i, \dots, x_n^i)^T$ den nächsten Iterationsvektor $x^{i+1} = (x_1^{i+1}, \dots, x_n^{i+1})^T$ durch

$$\begin{aligned}
x_1^{i+1} &= b_1 && - (a_{12}x_2^i + a_{13}x_3^i + \dots + a_{1n-1}x_{n-1}^i + a_{1n}x_n^i) \\
x_2^{i+1} &= b_2 - (a_{21}x_1^i) && - (a_{23}x_3^i + \dots + a_{2n-1}x_{n-1}^i + a_{2n}x_n^i) \\
x_3^{i+1} &= b_3 - (a_{31}x_1^i + a_{32}x_2^i) && - (\dots \qquad) \\
& \quad \cdot \qquad \cdot \qquad \cdot \\
x_n^{i+1} &= b_n - (a_{n1}x_1^i + a_{n2}x_2^i + a_{n3}x_3^i + \dots\dots + a_{nn-1}x_{n-1}^i) \, .
\end{aligned} \tag{4.11}$$

Bevor die Konvergenz und die Abschätzung des Fehlers beim Gesamtschrittverfahren behandelt wird, soll erst das zweite iterative Verfahren dieser Art angegeben werden.

II. Das Einzelschrittverfahren

Hat man aus der ersten Gleichung des Systems (4.11) die Größe x_1^{i+1} berechnet, so wird im Falle der Konvergenz des Gesamtschrittverfahrens der Wert von x_1^{i+1} wesentlich brauchbarer sein als der von x_1^i. Man könnte also in die zweite Gleichung statt x_1^i bereits den neuen Wert x_1^{i+1} einsetzen und in die dritte Gleichung die aus den ersten beiden Gleichungen ermittelten Werte x_1^{i+1} und x_2^{i+1} einsetzen, usw. So erhält man das Rechenschema des Einzelschrittverfahrens:

$$\begin{aligned}
x_1^{i+1} &= b_1 && - (a_{12}x_2^i + a_{13}x_3^i + \dots + a_{1n-1}x_{n-1}^i + a_{1n}x_n^i) \\
x_2^{i+1} &= b_2 - a_{21}x_1^{i+1} && - (a_{23}x_3^i + \dots + a_{2n-1}x_{n-1}^i + a_{2n}x_n^i) \\
x_3^{i+1} &= b_3 - (a_{31}x_1^{i+1} + a_{32}x_2^{i+1}) && - (\dots + a_{3n-1}x_{n-1}^i + a_{3n}x_n^i) \\
& \quad \cdot \qquad \cdot \qquad \cdot \\
x_n^{i+1} &= b_n - (a_{n1}x_1^{i+1} + a_{n2}x_2^{i+1} && + \dots + a_{nn-1}x_{n-1}^{i+1}) \, .
\end{aligned} \tag{4.12}$$

Die Rechnung verläuft also gemäß der Gleichung

$$\begin{aligned}
x^{i+1} &= b - Lx^{i+1} - Rx^i, \text{ d.h} \\
(E+L)x^{i+1} &= b - Rx^i \qquad \text{oder} \\
x^{i+1} &= (E+L)^{-1}b - (E+L)^{-1} \cdot R \cdot x^i \, .
\end{aligned} \tag{4.13}$$

Das Einzelschrittverfahren ist also ein Iterationsverfahren der Form (4.5) mit $C := -(E+L)^{-1}\cdot R$ und $y := (E+L)^{-1}b$.

Bemerkung

Die Inverse von $E+L$ existiert, weil $E+L$ eine Subdiagonalmatrix ist, deren Diagonale aus Einsen besteht. Bei der Durchführung des Einzelschrittverfahrens braucht $E+L$ aber nicht invertiert zu werden. (4.13) ist lediglich eine abgekürzte Umformulierung des Rechenschemas (4.12), gibt aber keinesfalls den Verlauf der Rechnung wieder.

Es sollen nun Konvergenzkriterien und Fehlerabschätzungen für das Gesamt- und das Einzelschrittverfahren angegeben werden.
Aus der Gleichung (4.6) und Korollar 4.1 ist zu ersehen, daß man dazu Aussagen über die Norm der in (4.5) auftretenden Matrix C machen muß.
Denn aus $|||C||| < 1$ folgt nach Korollar 4.1 die Konvergenz des Verfahrens (4.5) für jeden Startvektor x^1; kennt man überdies den numerischen Wert von $|||C|||$, so kann man aus (4.6) leicht Fehlerabschätzungen gewinnen, indem man wie in § 1 des Kapitels II verfährt. Denn die Abbildung Φ ist stark kontrahierend mit der Kontraktionszahl $|||C|||$:

$$\|\Phi(x) - \Phi(y)\| = \|C(x-y)\| \leq |||C||| \cdot \|x-y\|, \quad (x,y\in\mathbb{R}^n).$$

Die Gleichungen (1.8) und (1.9) im ersten Paragraphen des zweiten Kapitels liefern in diesem Spezialfall:

$$\|x^{i+1} - \tilde{x}\| \leq \frac{|||C|||}{1-|||C|||}\,\|x^{i+1} - x^i\|$$

und

$$\|x^{i+1} - \tilde{x}\| \leq \frac{|||C|||^i}{1-|||C|||}\,\|x^2 - x^1\| .$$

Es werden also nur noch Aussagen über die Norm der Matrizen $C_G = -(L+R)$ bzw. $C_E = -(E+L)^{-1}\cdot R$ beim Gesamt- bzw. Einzelschrittverfahren benötigt.

III. Konvergenzaussagen beim Gesamtschrittverfahren

Zur Ableitung des Gesamtschrittverfahrens war angenommen worden, daß alle Diagonalelemente der Matrix A des Gleichungssystems gleich 1 sind. Setzt man nur das Nichtverschwinden der Diagonalelemente voraus und benutzt wieder die Zerlegung

$$A = L + D + R ,$$

so schreibt sich die Iterationsvorschrift auch

$$x^{j+1} = -D^{-1}(L+R)\cdot x^j + D^{-1}\cdot b .$$

Die Iterationsmatrix C hat also die Elemente

$$c_{ik} = \begin{cases} -\dfrac{a_{ik}}{a_{ii}} & \text{falls } i \neq k, \\ 0 & \text{falls } i = k. \end{cases}$$

Mit diesen Konventionen gilt

Kriterium 4.1 (starkes Zeilensummenkriterium).
Das Gesamtschrittverfahren zur Lösung eines linearen Gleichungssystems

$$Ax = b$$

mit einer nichtsingulären $n \times n$-Koeffizientenmatrix $A = (a_{ik})$ konvergiert für jeden Startvektor, falls für alle $i \in N$

$$\sum_{\substack{k=1 \\ k \neq i}} |a_{ik}| =: \sum_{k=1}^{n}{}' |a_{ik}| < |a_{ii}| \tag{4.14}$$

gilt. Dabei sei i der Zeilen- und k der Spaltenindex der Matrix $A = (a_{ik})$.

Eine Kontraktionszahl für die Iteration nach dem Gesamtschrittverfahren kann durch die Zeilensummennorm

$$|||C|||_Z = \max_{1 \le i \le n} \frac{1}{|a_{ii}|} \cdot \sum_{k=1}^{n}{}' |a_{ik}| < 1$$

gewonnen werden.

Der Beweis des Kriteriums ist unmittelbar durch Vergleich mit (4.5) und (4.6) und aus der Definition der Zeilensummennorm (Kap.II, § 4) abzulesen.

Hilfssatz 4.1
Für den Spektralradius (den Betrag des größten Eigenwertes) von C gilt

$$\rho(C) \le \max_{1 \le i \le n} \frac{1}{|a_{ii}|} \sum_{k=1}^{n}{}' |a_{ik}| .$$

Beweis
Durch Anwendung des Satzes von GERSCHGORIN (Satz 7.2 in § 7 des Kapitels II) auf die Matrix C ergibt sich, daß jeder Eigenwert λ von C einer der Abschätzungen

$$|\lambda - c_{ii}| \le \sum_{\substack{k=1 \\ k \neq i}}^{n} |c_{ik}| , \quad \text{d.h.}$$

$$|\lambda| \le \sum_{k=1}^{n}{}' \frac{|a_{ik}|}{|a_{ii}|}$$

für $i \in \{1,\ldots,n\}$ genügt. Damit ist die Abschätzung für den Spektralradius von C nachgewiesen.

Definition 4.2

Eine $n \times n$-Matrix $A = (a_{ik})$ erfüllt das schwache Zeilensummenkriterium, wenn für jedes $i \in N$

$$\sum_{\substack{k=1 \\ k \neq i}}^{n} |a_{ik}| \leq |a_{ii}| \neq 0$$

gilt; für wenigstens ein $i_0 \in N$ sogar

$$\sum_{\substack{k=1 \\ k \neq i_0}}^{n} |a_{i_0 k}| < |a_{i_0 i_0}|.$$

Dabei sei i der Zeilen- und k der Spaltenindex der Matrix A.

Definition 4.3

Eine $n \times n$-Matrix $A = (a_{ik})$ heißt zerlegbar, wenn es nichtleere Teilmengen N^1 und N^2 von N gibt mit

1. $N^1 \cap N^2 = \emptyset$
2. $N^1 \cup N^2 = N$
3. für jedes $i \in N^1$ und jedes $k \in N^2$ gilt $a_{ik} = 0$.

A heißt unzerlegbar, wenn A nicht zerlegbar ist.

Bemerkung

Ist ein lineares Gleichungssystem

$$Ax = b$$

mit einer zerlegbaren Matrix A gegeben, und enthält N^1 genau $m < n$ Elemente, so läßt sich (mit den Bezeichnungen von Definition 4.3) das Gleichungssystem in zwei Teilaufgaben niedrigerer Ordnung zerlegen:

a) man löse die m Gleichungen

$$\sum_{k=1}^{n} a_{ik} x_k = \sum_{k \in N^1} a_{ik} x_k = b_i \quad \text{für } i \in N^1.$$

Daraus erhält man die m Komponenten x_i des Lösungsvektors mit einem Index $i \in N^1$. Weil diese Größen dann bekannt sind, vereinfacht sich die zweite Aufgabe:

b) man löse die $n-m$ Gleichungen

$$\sum_{k=1}^{n} a_{ik} x_k = \underbrace{\sum_{k \in N^1} a_{ik} x_k}_{\text{bekannt}} + \sum_{k \in N^2} a_{ik} \cdot x_k = b_i \quad \text{für } i \in N^2.$$

Bei der Betrachtung von Lösungsmethoden für lineare Gleichungssysteme kann man sich also auf unzerlegbare Koeffizientenmatrizen beschränken.

Kriterium 4.2

Ist eine $n \times n$-Matrix A unzerlegbar und erfüllt sie das schwache Zeilensummenkriterium, so konvergiert das Gesamtschrittverfahren zur Lösung linearer Gleichungssysteme mit der Koeffizientenmatrix A für jeden Startvektor.

Beweis

Nach Hilfssatz 4.1 und dem schwachen Zeilensummenkriterium sind die Beträge der Eigenwerte von $C = -D^{-1}(L+R)$ höchstens gleich 1. Nach Satz 4.1 bleibt also zu beweisen, daß kein Eigenwert von C den Betrag 1 hat. Es sei also angenommen, es gebe einen Eigenwert $\lambda \in \mathbb{C}$ von C mit $|\lambda| = 1$ und einen (gegebenenfalls komplexen) Eigenvektor x zum Eigenwert λ mit $\|x\|_\infty = 1$.

Es bezeichne

$$\tilde{N} := \{ i \mid i \in N \ , \ |x_i| = 1 \} \neq \emptyset .$$

Für alle $i \in N$ gilt

$$\underbrace{(\lambda - c_{ii})}_{=0} x_i = \sum_{\substack{k=1 \\ k \neq i}}^{n} c_{ik} x_k$$

und folglich

$$|x_i| = |\lambda| \, |x_i| \leq \sum_{k=1}^{n}{}' \left| \frac{a_{ik}}{a_{ii}} \right| \underbrace{|x_k|}_{\leq 1} \leq \sum_{k=1}^{n}{}' \frac{|a_{ik}|}{|a_{ii}|} \leq 1. \tag{4.15}$$

Ist jedoch $i \in \tilde{N}$, so steht in der Gleichung (4.15) sogar überall das Gleichheitszeichen und für diese i folgt aus (4.15) die Gleichung

$$\sum_{k=1}^{n}{}' |a_{ik}| = |a_{ii}| .$$

Da das schwache Zeilensummenkriterium gelten soll, gilt daher $|x_i| < 1$ für ein $i \in N$. Setzt man $M := \{ i \mid i \in N, i \notin \tilde{N} \}$, so ist $M \neq \emptyset$.

Da A unzerlegbar ist, gibt es ein $i_0 \in \tilde{N}$ und ein $k_0 \in M$ mit $a_{i_0 k_0} \neq 0$. Dann gilt die Gleichungskette (4.15) für i_0 anstelle von i und dort wird der Summand

$$\frac{|a_{i_0 k_0}|}{|a_{i_0 i_0}|} |x_{k_0}|$$

wegen $k_0 \in M$ und $|a_{i_0 k_0}| \neq 0$ echt vergrößert, wenn man $|x_{k_0}|$ durch 1 ersetzt. Das ist ein Widerspruch, weil in (4.15) für i_0 überall das Gleichheitszeichen stehen sollte. Damit ist das Kriterium 4.2 bewiesen.

Satz 4.2

Konvergiert das Gesamtschrittverfahren für ein Gleichungssystem mit der Matrix A^T, so konvergiert es auch für jedes Gleichungssystem mit der Matrix A.

Beweis

Die $n \times n$-Matrix A^T erfülle die Voraussetzungen für die Konvergenz des Gesamtschrittverfahrens. A^T besitzt die Zerlegung

$$A^T = R^T + D + L^T,$$

wenn A die Zerlegung

$$A = L + D + R$$

im Sinne von (4.10) besitzt.

Wegen der Konvergenz des Gesamtschrittverfahrens für A^T sind also nach Satz 4.1 die Beträge der Eigenwerte der Matrix

$$C = D^{-1}(L^T + R^T)$$

kleiner als 1. Die Matrizen

$$DCD^{-1} = (L^T + R^T)\, D^{-1} = (D^{-1}(L + R))^T \quad \text{und}$$

$$(DCD^{-1})^T = D^{-1}(L + R)$$

haben dann dieselben Eigenwerte. Demnach sind auch die Beträge der Eigenwerte der Matrix $D^{-1}(L+R)$ kleiner als 1, also konvergiert das Gesamtschrittverfahren für A ebenfalls.

Satz 4.2 liefert zwei weitere Kriterien für die Konvergenz des Gesamtschrittverfahrens durch Anwendung der Kriterien 4.1 und 4.2 auf die transponierte Koeffizientenmatrix.

Kriterium 4.3 (starkes Spaltensummenkriterium)

Das Gesamtschrittverfahren zur Lösung eines linearen Gleichungssystems

$$Ax = b$$

mit einer nichtsingulären $n \times n$-Koeffizientenmatrix $A = (a_{ik})$ konvergiert für jeden Startvektor, falls für $k = 1,\ldots,n$

$$\sum_{\substack{i=1 \\ i \neq k}}^{n} |a_{ik}| < |a_{kk}|$$

gilt. Der Konvergenzfaktor $|||C|||_S$ ist gegeben durch die Spaltensummennorm

$$|||C|||_S = \max_{1 \le k \le n} \frac{1}{|a_{kk}|} \sum_{\substack{i=1 \\ i \neq k}}^{n} |a_{ik}| < 1,$$

dabei sei k der Spaltenindex der Matrix A.

Kriterium 4.4 (schwaches Spaltensummenkriterium)

Ist eine $n \times n$-Matrix A unzerlegbar und gilt

$$\sum_{\substack{i=1\\ i\neq k}}^{n} |a_{ik}| \leq |a_{kk}| \neq 0 \quad \text{für jedes } k \in N,$$

und

$$\sum_{\substack{i=1\\ i\neq k}}^{n} |a_{ik}| < |a_{kk}| \qquad \text{für ein } k \in N,$$

so konvergiert das Gesamtschrittverfahren zur Lösung eines linearen Gleichungssystems $Ax = b$ für jeden Startvektor.

Bemerkung

Eine Matrix A ist genau dann unzerlegbar, wenn A^T unzerlegbar ist.

Hilfssatz 4.2

Eine $n \times n$-Matrix $A = (a_{ik})$, deren Nebendiagonalelemente $a_{i\,i+1}$ und $a_{i+1\,i}$ für $i \in \{1,\ldots,n-1\}$ nicht verschwinden, ist unzerlegbar.

Beweis

Offenbar genügt es, folgendes zu zeigen:

Bei jeder Zerlegung der Menge N in nichtleere, disjunkte Mengen N^1 und N^2 gibt es ein $i \in \{1,\ldots,n-1\}$ mit

$$i \in N^1 \text{ und } i+1 \in N^2$$

oder

$$i+1 \in N^1 \text{ und } i \in N^2.$$

Zum Beweis dieser Aussage darf man annehmen, daß n in N^2 ist. Sei m das größte Element von N^1; dann liegt $m+1$ in N^2. Bezüglich N^1 und N^2 ist die Aussage symmetrisch.

Das folgende Beispiel soll zeigen, daß in wichtigen Anwendungen Gleichungssysteme auftreten, in denen nicht das starke, sondern nur das schwache Zeilensummenkriterium gilt.

Beispiel

Gegeben sei eine stetige Funktion $f(x)$ auf einem abgeschlossenen Intervall $I = [a,b] \subset \mathbb{R}$. Gesucht ist eine in I zweimal stetig differenzierbare Funktion $u(x)$, die die Differentialgleichung

$$u''(x) = f(x) \quad (x \in I)$$

und die Randbedingungen (4.16)

$$u(a) = u(b) = 0$$

erfüllt.

Dieses Problem soll durch "Diskretisierung" numerisch behandelt werden. Es ist ein

Modellfall für die Verfahren zur Lösung von Randwertaufgaben bei gewöhnlichen oder partiellen Differentialgleichungen. Man teile das Intervall $[a,b]$ in $n+1$ gleichlange Teilintervalle der Länge h:

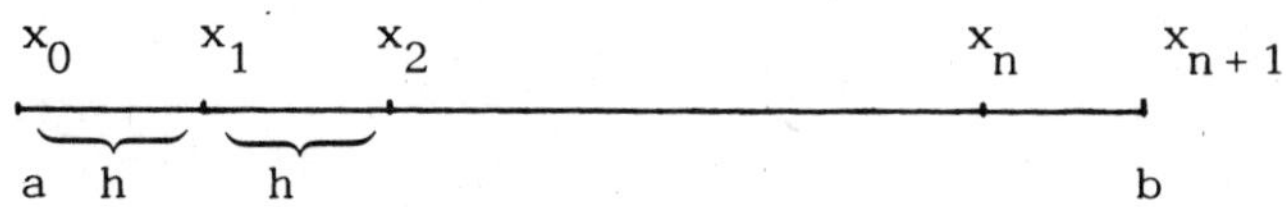

Die erste Ableitung der gesuchten Funktion $u(x)$ an der Stelle x_i wird durch den Ausdruck

$$\frac{1}{h}(u(x_i)-u(x_{i-1}))$$

angenähert; ebenso erhält man die zweite Ableitung von $u(x)$ an der Stelle x_i näherungsweise als

$$\frac{1}{h}(u'_{i+1}) - u'(x_i)) \approx \frac{1}{h}(\frac{1}{h}(u(x_{i+1}) - u(x_i)) - \frac{1}{h}(u(x_i) - u(x_{i-1})))$$

$$= \frac{1}{h^2}(u(x_{i+1}) - 2u(x_i) + u(x_{i-1})).$$

Man hat also die n Gleichungen

$$\frac{1}{h^2}(u(x_{i+1}) - 2u(x_i) + u(x_{i-1})) = f(x_i) \quad (1 \le i \le n) \tag{4.17}$$

zu lösen, um wenigstens in einigen Punkten eine "Lösung" von (4.16) zu erhalten. Wegen $u(x_0) = 0 = u(x_{n+1})$ hat man nur noch die Unbekannten $u(x_1),\ldots,u(x_n)$ auszurechnen. Das Gleichungssystem (4.17) läßt sich daher folgendermaßen beschreiben:

$$\underbrace{\begin{pmatrix} -2 & 1 & & & & 0 \\ 1 & -2 & 1 & & & \\ & 1 & -2 & 1 & & \\ & & \cdot & \cdot & \cdot & \\ & & & \cdot & \cdot & \cdot \\ & & & & \cdot & \cdot & \cdot \\ & 0 & & 1 & -2 & 1 \\ & & & & 1 & -2 \end{pmatrix}}_{=:\,A} \begin{pmatrix} u(x_1) \\ u(x_2) \\ u(x_3) \\ \vdots \\ u(x_{n-1}) \\ u(x_n) \end{pmatrix} = \begin{pmatrix} f(x_1) \\ f(x_2) \\ f(x_3) \\ \vdots \\ f(x_{n-1}) \\ f(x_n) \end{pmatrix} \cdot h^2$$

Die Koeffizientenmatrix A dieses linearen Gleichungssystems erfüllt weder das starke Zeilen- noch das starke Spaltensummenkriterium, wohl aber das schwache Zeilensummenkriterium. Nach Hilfssatz 4.2 ist A aber auch unzerlegbar; also ist das Kriterium 4.2 anwendbar, d. h. das Gesamtschrittverfahren für die Lösung von (4.17) konvergiert.

IV. Konvergenzaussagen beim Einzelschrittverfahren

Es soll nun versucht werden, Konvergenzkriterien für das Einzelschrittverfahren anzugeben.

Im folgenden werde die Iterationsmatrix $-D^{-1}(L+R)$ des Gesamtschrittverfahrens mit C_G und die Iterationsmatrix $-(D+L)^{-1} \cdot R$ des Einzelschrittverfahrens mit C_E bezeichnet.

Oben wurde bereits bemerkt, daß man vermuten kann, daß das Einzelschrittverfahren "besser" konvergiert als das Gesamtschrittverfahren. Diese Vermutung läßt sich in zwei Spezialfällen bestätigen:

1. falls das starke Zeilensummenkriterium erfüllt ist,
2. falls in der Zerlegung $A = L+D+R$ die Elemente von L und R nicht positiv sind, $D = E$ gilt und das Gesamtschrittverfahren konvergiert. Dieser Fall tritt bei Matrizen zur Lösung numerischer Probleme bei Differentialgleichungen auf (siehe obiges Beispiel mit geeignet umgeformter Koeffizientenmatrix).

Satz 4.3

Ist für eine nichtsinguläre $n \times n$-Matrix A das starke Zeilensummenkriterium erfüllt, so konvergiert auch das Einzelschrittverfahren zur Lösung des linearen Gleichungssystems $Ax = b$ und es gilt für die Iterationsmatrizen C_E und C_G beim Einzel- bzw. Gesamtschrittverfahren:

$$|||C_E|||_\infty \leq |||C_G|||_\infty < 1,$$

d. h. das Einzelschrittverfahren konvergiert, und die Kontraktionszahl ist nicht größer als beim Gesamtschrittverfahren, die Konvergenz ist also "besser".

Anmerkung

Das schließt nicht aus, daß für gewisse Fehlervektoren die Abnahme beim Gesamtschrittverfahren rascher erfolgt als beim Einzelschrittverfahren.

Beweis

1. Ohne Einschränkung kann angenommen werden, daß die Koeffizientenmatrix $A = (a_{ik})$ eine Zerlegung

$$A = L + E + R$$

im Sinne von (4.10) gestattet; es gilt dann z.B. in der Zeilensummennorm $|||\cdot|||_\infty$

$$K := |||C_G|||_\infty = \max_{1 \leq i \leq n} \sum_{k=1}^{n}{}' |a_{ik}| < 1.$$

Ferner seien nichtnegative reelle Zahlen $s_1, \ldots, s_{n-1}$ rekursiv definiert durch

$$s_j := \sum_{k=1}^{j-1} |a_{jk}| \, s_k + \sum_{k=j+1}^{n} |a_{jk}|, \quad \text{d. h.}$$

$$s_1 := \sum_{k=2}^{n} |a_{1k}| \le K < 1.$$

2. <u>Behauptung</u>:
Es gilt $s_j \le K < 1$ für alle $j \in N$.

<u>Beweis</u>
Es gelte $s_i \le K < 1$ für alle $i \in \{1,\dots,j-1\}$, $2 \le j \le n$. Dann hat man

$$\begin{aligned} s_j &= \sum_{k=1}^{j-1} |a_{jk}|\, s_k + \sum_{k=j+1}^{n} |a_{jk}| \\ &\le \sum_{k=1}^{j-1} |a_{jk}| \cdot K + \sum_{k=j+1}^{n} |a_{jk}| \\ &\le \sum_{k=1}^{n}{}' |a_{jk}| \le K < 1. \end{aligned}$$

3. <u>Behauptung</u>:
$|||C_E|||_\infty \le K < 1.$

<u>Beweis</u>
Es sei $y \in \mathbb{R}^n$. Zu zeigen ist: $\|C_E y\|_\infty \le K \|y\|_\infty$, denn dann folgt $|||C_E|||_\infty \le K$, weil die Zeilensummennorm der ∞-Vektornorm zugeordnet ist. Der Vektor $C_E y$ werde mit y^1 bezeichnet. Für die Komponenten $y_1^1,\dots,y_n^1$ von y^1 gilt dann:

$$y_j^1 = -\sum_{k=1}^{j-1} a_{jk} y_k^1 - \sum_{k=j+1}^{n} a_{jk} y_k \quad (1 \le j \le n)$$

Speziell folgt für $j=1$:

$$|y_1^1| \le \sum_{k=2}^{n} |a_{1k}| \cdot |y_k| \le \|y\|_\infty \underbrace{\sum_{k=2}^{n} |a_{1k}|}_{= s_1} = s_1 \|y\|_\infty \le K \cdot \|y\|_\infty .$$

Hat man bereits für $i = 1,\dots j-1$

$$|y_i^1| \le s_i \|y\|_\infty ,$$

so gilt für y_j^1:

$$\begin{aligned} |y_j^1| &\le \sum_{k-1}^{j-1} |a_{jk}| \cdot |y_k^1| + \sum_{k=j+1}^{n} |a_{jk}| \cdot |y_k| \\ &\le \|y\|_\infty \underbrace{\Big(\sum_{k=1}^{j-1} |a_{jk}|\, s_k + \sum_{k=j+1}^{n} |a_{jk}|\Big)}_{= s_j} \\ &= \|y\|_\infty s_j. \end{aligned}$$

Insgesamt folgt nach Teil 2. dieses Beweises:

$$\|y^1\|_\infty = \max_{1\le i\le n} |y_i^1| \le \|y\|_\infty \cdot \max_{1\le i\le n} s_i \le K \cdot \|y\|_\infty \,.$$

Bemerkung

Der Beweis zeigt, daß sogar die schärfere Aussage

$$|||C_E|||_\infty \le \max_{1\le i\le n} s_i$$

gilt.

Beispiel

Betrachtet werde die Koeffizientenmatrix

$$A = \begin{pmatrix} 1 & 0{,}1 \\ 6 & 1 \end{pmatrix},$$

für die weder das starke Zeilen- noch das starke Spaltensummenkriterium erfüllt ist. Für die Iterationsmatrizen C_E und C_G erhält man

$$C_G = -(L+R) = \begin{pmatrix} 0 & -0{,}1 \\ -6 & 0 \end{pmatrix},$$

d. h.

$$|||C_G|||_\infty = 6$$

und

$$C_E = -(E+L)^{-1} \cdot R = -\begin{pmatrix} 0 & 0{,}1 \\ 0 & -0{,}6 \end{pmatrix},$$

d. h.

$$|||C_E|||_\infty = 0{,}6.$$

Durch Ausrechnung der Normen findet man also, daß das Einzelschrittverfahren konvergiert, und zwar ist der Konvergenzfaktor kleiner oder gleich $0{,}6$. Endgültige Klarheit über die Konvergenz des Gesamt- oder Einzelschrittverfahrens liefert aber erst die Berechnung der Eigenwerte (die aber im allgemeinen numerisch schwieriger ist als die Lösung linearer Gleichungssysteme). Die Eigenwerte von C_G sind

$$\lambda_1 = +\sqrt{0{,}6}\ ,\quad \lambda_2 = -\sqrt{0{,}6}\ ,$$

d. h. das Gesamtschrittverfahren konvergiert ebenfalls, und zwar mit dem Konvergenzfaktor $\sqrt{0{,}6} > 0{,}6$. Da die Iterationsmatrix C_E des Einzelschrittverfahrens die Eigenwerte

$$\lambda_1 = 0\ ,\quad \lambda_2 = 0{,}6$$

hat, ist also die Konvergenz des Einzelschrittverfahrens besser als die des Gesamtschrittverfahrens.

Der folgende Satz ist grundlegend für die Konvergenzdiskussion beim Einzel- und Gesamtschrittverfahren zur Lösung der schon erwähnten Diskretisierungsaufgaben bei numerischen Problemen zur Lösung von Randwertaufgaben.

Satz 4.4 (STEIN und ROSENBERG)

Die nichtsinguläre $n \times n$-Matrix A lasse sich im Sinne von (4.10) zerlegen in der Form

$$A = L + E + R$$

und alle Elemente von R und L seien nicht positiv. Dann gilt für die Spektralradien $\rho(C_G)$ und $\rho(C_E)$ der Iterationsmatrizen C_G und C_E des Gesamt- bzw. Einzelschrittverfahrens genau einer der folgenden Fälle:

1. $\rho(C_G) = (C_E) = 0$

2. $0 < \rho(C_E) < \rho(C_G) < 1$

3. $\rho(C_G) = \rho(C_E) = 1$

4. $1 < \rho(C_G) < \rho(C_E)$.

Der Beweis findet sich bei VARGA, Matrix Iterative Analysis.

§ 5. Konvergenzbeschleunigung bei der iterativen Behandlung linearer Gleichungssysteme; sukzessive Overrelaxation

In diesem Paragraphen werden durchweg die Bezeichnungen von § 4 verwendet. Beim Gesamtschrittverfahren erfolgte die Iteration in der Form

$$x^{m+1} = b - (L+R)\, x^m ;$$

dies kann man auch schreiben als

$$\begin{aligned} x^{m+1} &= x^m + b - (L+R+E)x^m \\ &= x^m + b - Ax^m , \end{aligned} \tag{5.1}$$

d. h. der Wert x^m wird durch die Korrekturgröße

$$z^m := b - Ax^m$$

"verbessert". Man kann nun versuchen, den Wert x^m durch $\omega \cdot z^m$ anstelle von z^m zu verbessern, wobei der Relaxationskoeffizient ω irgendeine reelle Zahl in der Größenordnung von 1 ist. Das Iterationsverfahren (5.1) erhält dann die Form

$$x^{m+1} = x^m + \omega(b - Ax^m). \tag{5.2}$$

Dabei ist ω so zu wählen, daß sich die Konvergenzgeschwindigkeit von (5.2) gegenüber dem Gesamtschrittverfahren erhöht.
Die Iterationsmatrix $C(\omega)$ des durch (5.2) gegebenen Relaxationsverfahrens ergibt sich als

$$C(\omega) = (1-\omega)\cdot E - (L+R)\omega \tag{5.3}$$

anstelle der Iterationsmatrix $C = -(L+R) = C(1)$ beim Gesamtschrittverfahren.

Satz 5.1
Die Matrix $C = -(L+R)$ habe die reellen Eigenwerte $\lambda_1 \le \lambda_2 \le \ldots \le \lambda_n$ mit den Eigenvektoren $x_1, \ldots, x_n$. Ferner sei der Spektralradius von C kleiner als 1, d. h. es gelte $I := [\lambda_1, \lambda_n] \subset (-1, +1)$. Dann hat $C(\omega)$ die Eigenvektoren $x_1, \ldots, x_n$ zu den Eigenwerten $\mu_i = 1 - \omega + \omega\lambda_i$ für $i = 1, \ldots, n$. Der Spektralradius von $C(\omega)$ wird minimal, wenn

$$\omega = \frac{2}{2 - \lambda_1 - \lambda_n}$$

gewählt wird. Im Falle $\lambda_1 \neq -\lambda_n$ ist die Konvergenz des Verfahrens (5.2) dann besser als die des Gesamtschrittverfahrens.

Beweis
Für jeden Eigenvektor x_i von C gilt auf Grund von (5.3):

$$C(\omega)x_i = (1-\omega)x_i + \omega\lambda_i x_i = (1-\omega+\omega\lambda_i)x_i ,$$

d. h. x_i ist Eigenvektor von $C(\omega)$ zum Eigenwert $1 - \omega + \omega\lambda_i = \mu_i$. Der Spektralradius von $C(\omega)$

$$\rho(C(\omega)) = \max_{1 \le i \le n} |\mu_i|$$

wird minimal, wenn ω so gewählt wird, daß der Ausdruck

$$\max_{1 \le i \le n} |1 - \omega + \omega\lambda_i| \tag{5.4}$$

minimal wird.
Für jedes feste ω ist $f_\omega(\lambda) := 1 - \omega + \omega\lambda$ als Funktion von λ eine Gerade, die im Punkte $\lambda = 1$ den Wert 1 hat. Man erhält so eine Schar von Geraden:

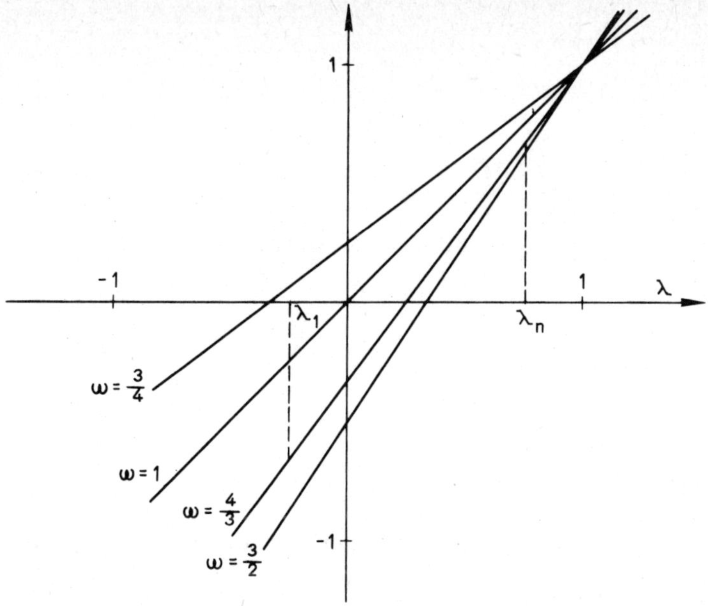

Es ist klar, daß das Maximum in (5.4) nur für die Indizes $i = 1$ und $i = n$ angenommen werden kann. Ferner sieht man, daß ω optimal gewählt ist, falls

$$f_\omega(\lambda_1) = - f_\omega(\lambda_n)$$

gilt, d. h.

$$1 - \omega + \omega\lambda_1 = - (1-\omega+\omega\lambda_n),$$

$$2 - \omega(2-\lambda_1-\lambda_n) = 0, \quad \text{also}$$

$$\omega = \frac{2}{2-\lambda_1-\lambda_n} \quad . \tag{5.5}$$

Aus der Skizze entnimmt man obendrein, daß der Spektralradius

$$\rho(C(\omega_0)) = |f_{\omega_0}(\lambda_1)| = |f_{\omega_0}(\lambda_n)|$$

der zum optimalen Wert ω_0 gehörigen Iterationsmatrix $C(\omega_0)$ im Falle $\omega_0 \neq 1$ (d. h. im Falle $\lambda_1 \neq - \lambda_n$) <u>kleiner</u> ist als der Spektralradius von $C(1) = - (L+R)$. Man erhält aus (5.5) schließlich

$$\rho(C(\omega_0)) = \frac{\lambda_n-\lambda_1}{2-\lambda_n-\lambda_1} \quad .$$

Bemerkung

Der Relaxationskoeffizient ω liegt im Intervall $(\frac{1}{2}, \infty)$, wie aus der Skizze zum Beweis von Satz 5.1 hervorgeht. Für $\omega \in (\frac{1}{2}, 1)$ spricht man auch von Underrelaxation (dies tritt auf, wenn $-\lambda_1 > \lambda_n$ gilt); für $\omega > 1$ spricht man von Overrelaxation (falls $-\lambda_1 < \lambda_n$ gilt). Satz 5.1 zeigt, daß man zur Durchführung einer Relaxation scharfe Schranken für die Eigenwerte von $C = -(L+R)$ haben sollte, die obendrein noch das Vorzeichen der Eigenwerte berücksichtigen.

Relaxation beim Einzelschrittverfahren

Das Einzelschrittverfahren verläuft gemäß der Iterationsformel

$$x^{m+1} = b - Lx^{m+1} - Rx^m \quad \text{(vgl. §4).}$$

Diese Gleichung kann man umformen zu

$$x^{m+1} = x^m + b - Lx^{m+1} - (E + R)\, x^m ,$$

d. h. das zugehörige Relaxationsverfahren ergibt sich als

$$x^{m+1} = x^m + \omega(b - Lx^{m+1} - (E + R) \cdot x^m)$$

mit der Iterationsmatrix

$$C_E(\omega) = (E+\omega L)^{-1}((1-\omega) \cdot E - \omega R). \tag{5.6}$$

$C_E(\omega)$ heißt Matrix der sukzessiven Overrelaxation.

Bemerkung

In der Formel (5.6) geht ω im Gegensatz zu (5.2) als nichtlinearer Parameter ein. Daher ist die Berechnung des optimalen Wertes für ω verhältnismäßig schwierig und soll deshalb hier übergangen werden. Es sei auf das bereits zitierte Buch von VARGA verwiesen.

Das ADI-Verfahren

(Alternating Direction Implicit Iterative Methods, vgl. auch VARGA, Matrix Iterative Analysis, p. 181 f.)

Dieses Verfahren wurde zur Behandlung numerischer Probleme bei elliptischen partiellen Differentialgleichungen entwickelt und ist ein wichtiges Beispiel für die Anwendung der bisher behandelten Methoden.

Problemstellung

(Dirichletproblem für die Potentialgleichung in zwei Veränderlichen)
Es sei in einem abgeschlossenen Quadrat $Q \subset \mathbb{R}^2$ eine stetige, im Innern $\dot{Q}$ von Q zweimal stetig nach x und y differenzierbare Funktion $u(x,y)$ gesucht, die auf dem Rand ∂Q von Q verschwindet und die Differentialgleichung

$$-\frac{\partial^2 u}{\partial x^2} - \frac{\partial^2 u}{\partial y^2} + c(x,y) \cdot u = f(x,y) \tag{5.7}$$

in $\dot{Q}$ erfüllt; dabei seien $f(x,y)$ und $c(x,y) \geq 0$ in $\dot{Q}$ stetige Funktionen.
Wie im Beispiel in § 4 wird man versuchen, zu diskretisieren, d.h. die Funktion $u(x,y)$ in endlich vielen Punkten aus Q näherungsweise zu berechnen.

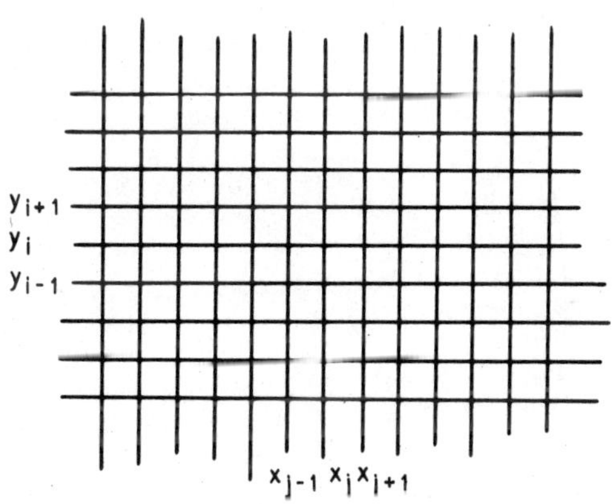

Dazu lege man über Q ein Gitter mit der Maschenweite $h > 0$; dabei seien die Abszissenwerte $x_0, x_1, \ldots, x_{n+1}$ und die Ordinatenwerte $y_0, y_1, \ldots, y_{n+1}$ so eingeteilt, daß $x_0, y_0, x_{n+1}, y_{n+1}$ auf den Rand von Q fallen, d. h. es gilt

$$Q = [x_0, x_{n+1}] \times [y_0, y_{n+1}].$$

Analog zu dem Beispiel in § 4 erhält man die Näherungswerte

$$\text{für } \left.\frac{\partial^2 u}{\partial x^2}\right|_{x_j, y_i} : \frac{1}{h^2}\,(u(x_{j+1}, y_i) - 2u(x_j, y_i) + u(x_{j-1}, y_i))$$

$$\text{für } \left.\frac{\partial^2 u}{\partial y^2}\right|_{x_j, y_i} : \frac{1}{h^2}\,(u(x_j, y_{i+1}) - 2u(x_j, y_i) + u(x_j, y_{i-1})).$$

Setzt man $u_{ij} := u(x_j, y_i)$, $f_{ij} := f(x_j, y_i)$ und $c_{ij} := c(x_j, y_i)$, so erhält man aus der Differentialgleichung (5.7) das lineare Gleichungssystem (für $(1 \le i, j \le n)$)

$$\underbrace{-u_{ij+1} + 2u_{ij} - u_{ij-1}}_{-Hu} \underbrace{- u_{i+1j} + 2u_{ij} - u_{i-1j}}_{+\quad Vu} \underbrace{+ h^2 c_{ij} u_{ij}}_{+\quad Su} = \underbrace{h^2 f_{ij}}_{=\ f,} \tag{5.8}$$

wenn man die Vektoren

$$u = (u_{11}, u_{12}, \ldots, u_{1n}, u_{21}, \ldots, u_{2n}, u_{31}, \ldots\ldots, u_{nn})^T,$$

$$f = h^2 (f_{11}, f_{12}, \ldots, f_{1n}, f_{21}, \ldots, f_{2n}, f_{31}, \ldots\ldots, f_{nn})^T$$

und die Matrizen

$$H = \begin{pmatrix} H_1 & & & 0 \\ & H_2 & & \\ & & \ddots & \\ 0 & & & H_n \end{pmatrix}$$

(Matrix der horizontalen Differenzenquotienten)

$$\text{mit } H_i = \left.\begin{pmatrix} 2 & -1 & & 0 \\ -1 & \ddots & \ddots & \\ & \ddots & \ddots & -1 \\ 0 & & -1 & 2 \end{pmatrix}\right\} \begin{matrix}\text{n Zeilen} \\ (1 \le i \le n)\end{matrix}$$

(d.h. für jede einzelne Zelle erhält man die in § 4 angegebene Matrix)

$$V := \left(\begin{array}{ccc|ccc} 2 & & & -1 & & \\ & \ddots & 0 & & \ddots & \\ 0 & & 2 & & & -1 \\ \hline -1 & & & 2 & & -1 \\ & \ddots & & & \ddots & \ddots \end{array}\right) \begin{array}{l} \left.\right\} \text{n Zeilen (Matrix der vertikalen Differenzenquotienten),} \end{array}$$

(n Spalten)

sowie

$$S := h^2 \cdot \begin{pmatrix} c_{11} & & & 0 & \\ & c_{12} & \cdots c_{1n} & & \\ & & & c_{21} & \\ & & & & \ddots \\ & 0 & & & & c_{nn} \end{pmatrix}$$

einführt.

Schreibt man die Gleichung (5.8) in der Form

$$Hu + \frac{1}{2}Su = -(Vu + \frac{1}{2}Su) + f \quad \text{bzw.}$$

$$\underbrace{(V + \frac{1}{2}S)}_{=:V_1}u = -\underbrace{(H + \frac{1}{2}S)}_{=:H_1}u + f$$

und addiert einen Term $r \cdot E$ mit $r \in \mathbb{R}$ auf beiden Seiten, so erhält man

$$(H_1 + rE)u = (rE - V_1)u + f \quad \text{bzw.}$$

$$(V_1 + rE)u = (rE - H_1)u + f.$$

Aus diesen beiden Gleichungen erhält man ein Iterationsverfahren:

$$(H_1 + r_{m+1}E)u^{(m+\frac{1}{2})} = (r_{m+1}E - V_1)u^{(m)} + f \tag{5.9}$$

$$(V_1 + r_{m+1}E)u^{(m+1)} = (r_{m+1}E - H_1)u^{(m+\frac{1}{2})} + f, \qquad (5.9)$$

d. h. es wird abwechselnd mit der ersten und der zweiten Gleichung iteriert (alternating directions) und zur Bestimmung von $u^{(m+\frac{1}{2})}$ und $u^{(m+1)}$ muß ein lineares Gleichungsystem gelöst werden, welches aber einfach zu behandeln ist, weil die Koeffizientenmatrizen tridiagonal sind (Implicit Iterative Method).

Typisch ist die Gestalt von H_1 und V_1. Es gilt das schwache Zeilensummenkriterium und die Nichtdiagonalelemente sind negativ oder Null.

Der Term $r_{m+1}E$ dient zur Spektralverschiebung (Relaxationsterm) und r_{m+1} kann von Schritt zu Schritt variiert werden. Die Iterationsmatrix B_{ADI} ergibt sich aus den Gleichungen (5.9) als

$$B_{ADI} = (V_1 + r_{m+1}E)^{-1}(r_{m+1}E - H_1)(r_{m+1}E + H_1)^{-1}(r_{m+1}E - V_1)$$

(PEACEMAN - RACHFORD - Matrix).

Da für den Spektralradius von B_{ADI} die Abschätzung

$$\rho(B_{ADI}) \le \|B_{ADI}\|_2 \le \max_{1\le i\le n^2}\left|\frac{r_{m+1}-\varkappa_i}{r_{m+1}+\varkappa_i}\right| \cdot \max_{1\le i\le n^2}\left|\frac{r_{m+1}-\lambda_i}{r_{m+1}+\lambda_i}\right|$$

gilt, hat man im einfachsten Falle r_{m+1} so zu wählen, daß der Ausdruck

$$\max_{1\le i\le n^2}\left|\frac{r_{m+1}-\varkappa_i}{r_{m+1}+\varkappa_i}\right| \cdot \max_{1\le i\le n^2}\left|\frac{r_{m+1}-\lambda_i}{r_{m+1}+\lambda_i}\right|$$

minimal wird. Dabei sind $\varkappa_i$ die Eigenwerte von H_1 und λ_i die Eigenwerte von V_1. Eine wesentliche Beschleunigung erfordert es, mehrere Schritte simultan in Betracht zu ziehen.

Numerisches Beispiel

Im Quadrat $Q := [0,4] \times [0,4] \subset \mathbb{R}^2$ sei die Differentialgleichung

$$-\Delta u = -4$$

mit den Randwerten

$$u(0,x) = x^2$$
$$u(y,0) = y^2$$
$$u(4,x) = 16 + x^2$$
$$u(y,4) = 16 + y^2$$

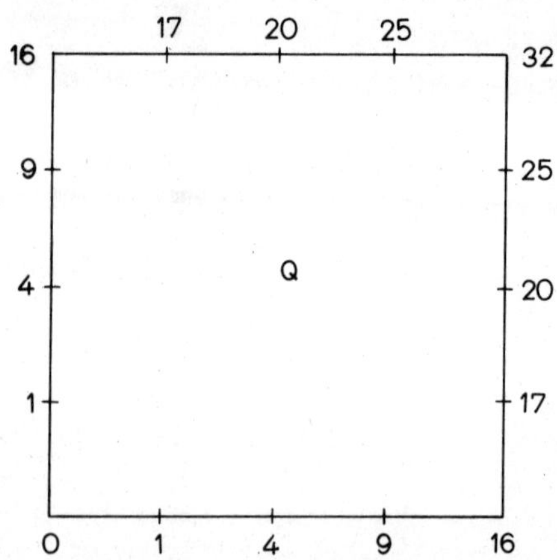

zu lösen. Die exakte Lösung dieses Problems ist

$$u(x,y) = x^2 + y^2.$$

In der obigen Skizze sind die jeweiligen Randwerte eingetragen. Setzt man wie oben

$$u_{ij} := u(j,i) \quad (1 \le i,j \le 3),$$

so erhält man für die 9 Unbekannten analog zu der Gleichung (5.8) die Relation

$$Hu + Vu = f + R, \tag{5.10}$$

wobei der Vektor R die im Spezialfall (5.8) verschwindenden Randwerte enthält:

$$R = (2,4,26,4,0,20,26,20,50)^T ,$$

d. h. die der Unbekannten u_{ij} entsprechende Komponente r_{ij} des Vektors R ist genau die Summe der Randwerte an den der Stelle $x = j$, $y = i$ benachbarten Randpunkten. Man kann das lineare Gleichungssystem (5.10) auch als

$$Au = b$$

mit

$$A = H + V = \left(\begin{array}{ccc|ccc|ccc}
4 & -1 & 0 & -1 & & & & & \\
-1 & 4 & -1 & 0 & -1 & & & 0 & \\
0 & -1 & 4 & 0 & 0 & -1 & & & \\
\hline
-1 & 0 & 0 & 4 & -1 & 0 & -1 & & \\
 & -1 & 0 & -1 & 4 & -1 & 0 & -1 & \\
 & & -1 & 0 & -1 & 4 & 0 & 0 & -1 \\
\hline
0 & & & -1 & 0 & 0 & 4 & -1 & 0 \\
 & & & & -1 & 0 & -1 & 4 & -1 \\
 & & & & & -1 & 0 & -1 & 4
\end{array}\right)$$

und

$$b = (-2,0,22,0,-4,16,22,16,46)^T$$

schreiben und das Gesamtschrittverfahren anwenden, weil das schwache Zeilensummenkriterium erfüllt ist. Zerlegt man A als

$$A = L + D + R,$$

so ergibt sich die Iterationsmatrix C_G des Gesamtschrittverfahrens als

$$C_G := -D^{-1}(L+R)$$

und dies bedeutet wegen der speziellen Gestalt von A und b gerade, daß sich der neue Wert $u_{ij}^{(m+1)}$ an der Stelle $x = j$, $y = i$ als das um $-f = 4$ verminderte arithmetische Mittel über die Werte von $u^{(m)}$ an den vier umliegenden Punkten berechnet. Führt man also die Werte von $u^{(m)}$ an den Gitterpunkten entsprechend ihrer geometrischen Anordnung in einer Tabelle auf, so ergeben sich für die Iteration mit der durch symmetrisches Fortsetzen der Randwerte auf $i + j = \text{const.}$ gefundenen Starttabelle

$$u^{(0)}: \quad \begin{array}{ccccc} 16 & 17 & 20 & 25 & 32 \\ 9 & 16 & 17 & 20 & 25 \\ 4 & 9 & 16 & 17 & 20 \\ 1 & 4 & 9 & 16 & 17 \\ 0 & 1 & 4 & 9 & 16 \end{array}$$

(Aus Symmetriegründen könnte man sich hier auf ein halbes Quadrat beschränken!)

die Iterierten

$$u^{(1)}: \quad \begin{array}{ccccc} 16 & 17 & 20 & 25 & 32 \\ 9 & \underline{12} & 17 & 20 & 25 \\ 4 & 9 & \underline{12} & 17 & 20 \\ 1 & 4 & 9 & \underline{12} & 17 \\ 0 & 1 & 4 & 9 & 16 \end{array}$$

$$u^{(2)}: \quad \begin{array}{ccccc} 16 & 17 & 20 & 25 & 32 \\ 9 & 12 & \underline{15} & 20 & 25 \\ 4 & \underline{7} & 12 & \underline{15} & 20 \\ 1 & 4 & \underline{7} & 12 & 17 \\ 0 & 1 & 4 & 9 & 16 \end{array}$$

$$u^{(3)}: \quad \begin{array}{ccccc} 16 & 17 & 20 & 25 & 32 \\ 9 & \underline{11} & 15 & 20 & 25 \\ 4 & 7 & \underline{10} & 15 & 20 \\ 1 & \underline{3} & 7 & \underline{11} & 17 \\ 0 & 1 & 4 & 9 & 16 \end{array} \; .$$

Die Lösung $x^2 + y^2$ der Differentialgleichung liefert

$$u: \quad \begin{array}{ccccc} 16 & 17 & 20 & 25 & 32 \\ 9 & 10 & 13 & 18 & 25 \\ 4 & 5 & 8 & 13 & 20 \\ 1 & 2 & 5 & 10 & 17 \\ 0 & 1 & 4 & 9 & 16 \end{array}$$

und das Gesamtschrittverfahren konvergiert gegen diese Lösung, weil für ein Polynom zweiten Grades die zur Aufstellung des linearen Gleichungssystems (5.10) benutzten zweiten Differenzenquotienten gleich der konstanten zweiten Ableitung sind und somit kein Diskretisierungsfehler zu erwarten ist.

Mit dem Einzelschrittverfahren erhält man, indem man zur Mittelbildung die bereits berechneten Werte benutzt, die Iterierten

$$u^{(1)}: \quad \begin{array}{ccccc} 16 & 17 & 20 & 25 & 32 \\ 9 & \underline{12} & \underline{15} & 19 & 25 \\ 4 & 9 & \underline{12} & \underline{15} & 20 \\ 1 & 4 & 9 & \underline{12} & 17 \\ 0 & 1 & 4 & 9 & 16 \end{array}$$

$$u^{(2)}: \quad \begin{array}{ccccc} 16 & 17 & 20 & 25 & 32 \\ 9 & \underline{11} & \underline{14} & \underline{18{,}5} & 25 \\ 4 & \underline{7} & \underline{10} & \underline{14} & 20 \\ 1 & \underline{4} & \underline{7} & \underline{11} & 17 \\ 0 & 1 & 4 & 9 & 16 \end{array}$$

$$u^{(3)}: \quad \begin{array}{ccccc} 16 & 17 & 20 & 25 & 32 \\ 9 & \underline{10{,}5} & \underline{13{,}5} & \underline{18{,}25} & 25 \\ 4 & \underline{6} & \underline{9} & \underline{13{,}5} & 20 \\ 1 & \underline{3} & \underline{6} & \underline{10{,}5} & 17 \\ 0 & 1 & 4 & 9 & 16 \end{array} \quad .$$

Es ist deutlich erkennbar, daß das Einzelschrittverfahren besser konvergiert als das Gesamtschrittverfahren. Andererseits zeigt das Beispiel die Notwendigkeit der Konvergenzbeschleunigung. Beim angegebenen Verfahren dauert es viel zu lange, bis z. B. der Einfluß von einem Eckpunkt des Quadrates zum diagonal gegenüber gelegenen wandert.

Bei der Bedeutung derartiger Gleichungssysteme für die Physik ist verständlich, warum eine ausgedehnte Literatur über die optimale Wahl der Parameter r_m entstanden ist. (Vgl. R. VARGA, Matrix Iterative Analysis, E. L. WACHSPRESS, Iterative Solution of Elliptic Systems,...).

§ 6. Fehlerabschätzungen mit Hilfe von Monotoniebetrachtungen

Die in § 4 dieses Kapitels gegebenen Fehlerabschätzungen für das Einzel- und das Gesamtschrittverfahren beruhten auf der Anwendung des Kontraktionssatzes und setzten voraus, daß eine Norm der jeweiligen Iterationsmatrix kleiner als 1 ist. In vielen Fällen ist es aber sehr mühsam, wenn nicht unmöglich, solch eine Norm zu finden. Überdies ist wegen des auftretenden Nenners $1-k$ eine solche Fehlerabschätzung oft eine grobe Überschätzung.

Von der Praxis her bietet sich ein weiterer Weg zu einer Fehlerabschätzung an, denn oft hat man eine gute Schätzung für die Lösung eines gegebenen Gleichungssystems und kann dann unter gewissen Voraussetzungen über die Koeffizientenmatrix durch eine Art Intervallschachtelung die Lösung in enge Schranken einschließen. Dieser Paragraph wird solche Einschließungssätze behandeln.
Dazu braucht man einen Ordnungsbegriff:

Definition 6.1

R sei eine nichtleere Menge. Eine nicht notwendig für alle Paare von Elementen von R definierte Relation "$\preceq$" auf R heißt Halbordnung von R, wenn gilt:

1. Aus $x \preceq y$ und $y \preceq z$ folgt $x \preceq z$ für alle $x, y, z \in R$.
2. Es gilt $x \preceq x$ für alle $x \in R$.
3. Aus $x \preceq y$ und $y \preceq x$ folgt $x = y$ für alle $x, y \in R$.

Bemerkung

Für zwei Elemente $x, y \in R$ gilt nicht notwendig $x \preceq y$ oder $y \preceq x$; es kann sein, daß x und y nicht vergleichbar sind (vgl. die unten folgenden Beispiele).

Definition 6.2

Es sei R eine nichtleere Menge mit der Halbordnung "$\preceq$". Eine Abbildung $A : R \to R$ heißt

isoton, falls aus $x \preceq y$ stets $Ax \preceq Ay$ folgt,
antiton, falls aus $x \preceq y$ stets $Ay \preceq Ax$ folgt;
(für alle $x, y \in R$).

Beispiele

1. Für Vektoren $x = (x_1, \dots, x_n)^T$ und $y = (y_1, \dots, y_n)^T$ des $\mathbb{R}^n$ mit $x_i \le y_i$ für alle $i \in \{1, \dots, n\}$ kann man $x \le y$ schreiben. Dann ist "$\le$" eine Halbordnung des $\mathbb{R}^n$.
   Analog definiere man die Relationen "$\ge$", "$>$", "$<$", von denen allerdings nur "$\ge$" eine Halbordnung ist.
2. Es sei $N := \{1, \dots, n\}$ zerlegt in zwei disjunkte nichtleere Mengen N^1 und N^2. Schreibt man $x \preceq y$ für Vektoren $x = (x_1, \dots, x_n)^T$ und $y = (y_1, \dots, y_n)^T$ des $\mathbb{R}^n$, wenn $x_i \le y_i$ für alle $i \in N^1$ und $x_i \ge y_i$ für alle $i \in N^2$ gilt, so ist "$\preceq$" eine weitere Halbordnung auf dem $\mathbb{R}^n$.
3. Analoge Relationen erhält man für $n \times n$-Matrizen als Vektoren des $\mathbb{R}^{n^2}$:
   Sind $A = (a_{ik})$ und $B = (b_{ik})$ zwei $n \times n$-Matrizen, so schreibt man $A \le B$, falls $a_{ik} \le b_{ik}$ für alle $i, k \in N := \{1, \dots, n\}$ gilt.

Hilfssatz 6.1

Eine $n \times n$-Matrix A ist als Abbildung $\mathbb{R}^n \to \mathbb{R}^n$ genau dann isoton bezüglich der durch "$\le$" gegebenen Halbordnung des $\mathbb{R}^n$, wenn kein Element von A negativ ist.

Beweis

1. Die Matrix $A = (a_{ik})$ sei isoton. Wegen

$$0 \leq e_j \quad (1 \leq j \leq n)$$

gilt auf Grund der Isotonie von A

$$A0 = 0 \leq Ae_j \quad (1 \leq j \leq n),$$

d. h. alle Spalten von A sind nichtnegative Vektoren.

2. Es gelte $A \geq 0$ und $x \leq y$ für zwei Vektoren $x = (x_1, \dots, x_n)^T$ und $y = (y_1, \dots, y_n)^T$ des $\mathbb{R}^n$.
Dann hat man

$$A(y-x) = A \sum_{i=1}^{n} (y_i - x_i)e_i = \sum_{i=1}^{n} \underbrace{(y_i - x_i)}_{\geq 0} \underbrace{Ae_i}_{\geq 0} \geq 0,$$

d. h. es gilt

$$Ax \leq Ay,$$

was zu beweisen war.
Die Theorie der halbgeordneten Räume ist von J. SCHRÖDER, J. ALBRECHT und D. BRAESS auf lineare Gleichungssysteme angewendet worden.

Definition 6.3

Es sei T ein bezüglich der Halbordnung " $\leq$ " des $\mathbb{R}^n$ isotoner Operator $\mathbb{R}^n \to \mathbb{R}^n$.
Dann bilden zwei Vektoren $x^0, y^0 \in \mathbb{R}^n$ ein Paar von S-Vektoren zu T bezüglich "$\leq$", wenn

$$x^0 \leq Tx^0 \leq Ty^0 \leq y^0 \tag{6.1}$$

gilt.
Der folgende Satz wendet die vorstehenden Begriffe auf die iterativen Lösungsmethoden für lineare Gleichungssysteme an.

Satz 6.1

Gegeben sei eine $n \times n$-Matrix $B \geq 0$ und ein Vektor $b \in \mathbb{R}^n$. Ferner sei x^0, y^0 ein Paar von S-Vektoren zu dem bezüglich " $\leq$ " isotonen Operator $Tx := Bx + b$.
Iteriert man gemäß der Vorschrift

$$x^{m+1} := Tx^m, \quad y^{m+1} := Ty^m \quad (m = 0, 1, \dots), \tag{6.2}$$

so existiert eine Lösung $\tilde{x}$ der Gleichung

$$x = Tx = Bx + b$$

und es gilt

$$x^0 \leq \ldots \leq x^m \leq \tilde{x} \leq y^m \leq \ldots \leq y^0$$

für jedes $m \in \mathbb{N}$.

Beweis

1. Da x^0 und y^0 ein Paar von S-Vektoren zu T sind, gilt nach (6.1)

$$x^0 \leq x^1 \leq y^1 \leq y^0 \tag{6.3}$$

und daher wegen der Isotonie von T auch

$$x^1 \leq x^2 \leq y^2 \leq y^1$$

indem man T auf die Ungleichung (6.3) anwendet.
Durch Induktion folgt

$$x^0 \leq x^1 \leq \ldots \leq x^m \leq \ldots \leq y^m \leq \ldots \leq y^1 \leq y^0 \tag{6.4}$$

für jedes $m \in \mathbb{N}$.

2. Auf Grund von (6.4) bilden die Komponenten der Vektoren x^m jeweils eine monotone nach oben (z. B. durch jedes der y^m) beschränkte Folge. Also gibt es einen Vektor $\tilde{x} \in \mathbb{R}^n$ mit

$$x^0 \leq x^1 \leq \ldots \leq x^m \leq \tilde{x} \leq y^m \leq \ldots \leq y^0$$

und

$$\tilde{x} = \lim_{m \to \infty} x^m . \tag{6.5}$$

Da T stetig ist, folgt aus (6.2) und (6.5)

$$T\tilde{x} = \tilde{x} .$$

Bemerkung

Im Verlauf des Iterationsverfahrens (6.2) erhält man nach Satz 6.1 durch

$$x^m \leq \tilde{x} \leq y^m$$

eine Folge von Fehlerschranken für die Lösung $\tilde{x}$. Will man die Rundungsfehler berücksichtigen, muß man während der Berechnung von x^m und y^m auf konsequente Weise ab- bzw. aufrunden, um strenge untere bzw. obere Schranken für $\tilde{x}$ zu erhalten.

Beispiel

Gegeben sei das lineare Gleichungssystem

$$x = Bx + b =: Tx$$

mit

$$B = \begin{pmatrix} 0,5 & 0,25 \\ 0,25 & 0,5 \end{pmatrix}, \quad b = \begin{pmatrix} 0,25 \\ 0,25 \end{pmatrix}$$

und der Lösung $\tilde{x} = (1;1)^T$. Ein Paar von S-Vektoren ist gegeben durch

$$x^0 := (0;0)^T \text{ und } y^0 = (2;2)^T,$$

da

$$x^0 < Tx^0 = (0,25;\ 0,25)^T < Ty^0 = (\tfrac{7}{4};\ \tfrac{7}{4})^T < y^0$$

gilt. Durch Iteration gemäß (6.2) folgt

$$x^2 = (\tfrac{7}{16};\tfrac{7}{16})^T, \quad y^2 = (\tfrac{25}{16};\tfrac{25}{16})$$

$$x^3 = (\tfrac{37}{64};\tfrac{37}{64})^T, \quad y^3 = (\tfrac{91}{64};\tfrac{91}{64})$$

$$x^4 = (\tfrac{175}{254};\tfrac{175}{254}), \quad y^4 = (\tfrac{277}{254};\tfrac{277}{254}).$$

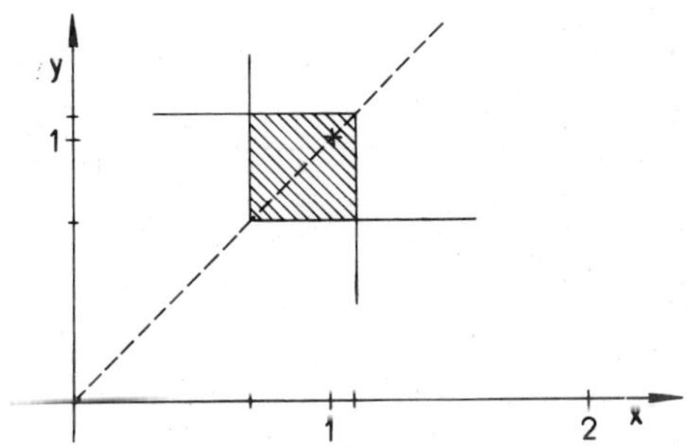

Die Lösung liegt also zwischen

$$\frac{175}{254}\cdot(1,1)^T \quad \text{und} \quad \frac{277}{254}\cdot(1,1)^T,$$

wie durch das schraffierte Quadrat in der nebenstehenden Skizze angedeutet wird.

Es ist im allgemeinen schwierig, ein Paar von S-Vektoren zu finden. Eine Methode zur Lösung dieser Aufgaben ist die Iteration nach der von BRAESS angegebenen verallgemeinerten Iterationsvorschrift

$$\begin{aligned} x^{m+1} &:= \max(Tx^m, x^m) =: T_{max}(x^m) \\ y^{m+1} &:= \min(Ty^m, y^m) =: T_{min}(y^m). \end{aligned} \tag{6.6}$$

Dabei sei für zwei Vektoren $x = (x_1,\dots,x_n)^T$ und $y = (y_1,\dots,y_n)^T$ des $\mathbb{R}^n$

$$\max(x,y) := (\max(x_1,y_1),\dots,\max(x_n,y_n))^T ,$$

sowie

$$\min(x,y) := -\max(-x,-y)$$

gesetzt.

<u>Hilfssatz 6.2</u>

Ist T ein isotoner Operator $\mathbb{R}^n \to \mathbb{R}^n$ bezüglich der Halbordnung " $\le$ ", so sind die durch

$$T_{max}(x) := \max(T(x),x) \text{ und}$$

$$T_{min}(x) := \min(T(x),x) \quad (x \in \mathbb{R}^n)$$

definierten Operatoren T_{max} und T_{min} ebenfalls isoton.

<u>Beweis</u>

Es gelte $x \le y$ für zwei Vektoren des $\mathbb{R}^n$. Dann gilt $Tx \le Ty$ wegen der Isotonie von T und durch komponentenweises Einsetzen folgt aus $x \le y$ und $Tx \le Ty$ auch

$$\max(x, Tx) \le \max(y, Ty),$$

d. h.

$$T_{max}(x) \le T_{max}(y).$$

Analog schließt man für den Operator T_{min}.

<u>Satz 6.2</u>

Es seien x^0, y^0 zwei Vektoren des $\mathbb{R}^n$ mit $x^0 < y^0$. Durch Anwendung des verallgemeinerten Iterationsverfahrens (6.6) mit einem isotonen Operator T bilde man Vektoren $x^1, x^2, \dots$ und $y^1, y^2, \dots$.

Gilt dann für ein $m \in \mathbb{N}$

$$x^0 < x^m \le y^m < y^0, \tag{6.7}$$

so bilden x^{m-1}, y^{m-1} ein Paar von S-Vektoren für das <u>einfache</u> Iterationsverfahren (6.2).

<u>Beweis</u>

1. <u>Behauptung</u>: Gilt für ein $i \in N := \{1,\dots,n\}$ und ein $k \in M := \{1,\dots,m\}$ die Gleichung

$$x_i^k = (Tx^{k-1})_i ,$$

so gilt sie für alle $j \in M$ mit $j \geq k$.

Wenn also für eine Komponente i die einfache Iterationsvorschrift bei einem k (im verallgemeinerten Iterationsverfahren) zur Anwendung kommt, so auch für alle nachfolgenden Iterationen $k+1, k+2, \ldots$.

Beweis der 1. Behauptung durch Induktion.
Der Induktionsanfang für $j = k$ wird durch die obige Voraussetzung geliefert. Da die Vektoren $x^1, x^2, \ldots, x^m$ durch den Operator T_{max} gebildet werden, gilt

$$x^0 \leq x^1 \leq x^2 \leq \ldots \leq x^m . \tag{6.8}$$

Die Behauptung sei für j richtig, d. h. es ist $x_i^j = (Tx^{j-1})_i$ für ein $j \in M$, $k \leq j \leq m$. Dann folgt aus $x^{j-1} \leq x^j$ wegen der Isotonie von T

$$Tx^{j-1} \leq Tx^j, \quad \text{d. h.}$$

$$x_i^j = (Tx^{j-1})_i \leq (Tx^j)_i . \tag{6.9}$$

Wegen

$$x^{j+1} = \max(x^j, Tx^j) \quad (j \in M, j < m)$$

folgt speziell

$$x_i^{j+1} = \max(x_i^j, (Tx^j)_i) = (Tx^j)_i$$

nach (6.9).
Damit ist der Induktionsschluß vollzogen.

2. Aus (6.7) folgt, daß zu jedem $i \in N$ ein minimaler Index $k(i) \in M$ existiert mit

$$x_i^{k(i)-1} < x_i^{k(i)} .$$

Diese Komponente muß mit Hilfe von $Tx^{k(i)-1}$ und nicht $x^{k(i)-1}$ berechnet worden sein, da sie von $x_i^{k(i)-1}$ verschieden ist.
Nach 1. folgt

$$x_i^m = (Tx^{m-1})_i$$

für alle $i \in N$. Zusammen mit (6.8) und (6.7) besagt dies, da man dieselben Überlegungen für die y^i anstellen kann,

$$x^{m-1} \leq x^m = Tx^{m-1} \leq y^m = Ty^{m-1} \leq y^{m-1} .$$

Also bilden x^{m-1}, y^{m-1} ein Paar von S-Vektoren für den Operator T.

Bemerkung

1. Unter den Voraussetzungen des Satzes 6.2 folgt die Existenz einer Lösung $\tilde{x}$ des linearen Gleichungssystems mit

$$x^m \leq \tilde{x} \leq y^m ,$$

weil Satz 6.1 angewendet werden kann.

2. Es ist prinzipiell nicht schwierig, Vektoren x^0 und y^0 mit $x^0 < \tilde{x} < y^0$ zu finden; man setze für genügend große $m \in \mathbb{N}$ einfach

$$x^0 := x^* - m \cdot (1,\ldots,1)^T \text{ und}$$

$$y^0 := x^* + m \cdot (1,\ldots,1)^T$$

mit irgendeinem Vektor x^* .

3. Hat man ein lineares Gleichungssystem

$$x = Bx + b$$

mit einer Matrix $B \geq 0$ zu lösen, so verfahre man wie folgt:

I. Schritt: Man bestimme (nach der obigen Bemerkung oder besser durch eine Schätzung von der Praxis her) zwei Vektoren x^0 und y^0 mit $x^0 < y^0$.

II. Schritt: Man iteriere mit dem verallgemeinerten Iterationsverfahren (6.6) so lange, bis eine echte Verbesserung in allen Komponenten gegenüber x^0 und y^0 auftritt (dann iteriere man mit dem einfachen Iterationsverfahren weiter) oder die erhaltenen Iterationen auf zwei Vektoren x^m, y^m führen, die nicht mehr vergleichbar sind. D. h. eine Komponente von y^m ist kleiner als die gleiche Komponente von x^m, andere stehen in der umgekehrten Relation. Tritt dieser Fall ein, so wähle man nach I neue Vektoren x^0, y^0 und beginne neu.

4. Man kann beweisen (siehe Satz 6.5), daß im Falle $\rho(B) < 1$ der obige Algorithmus konvergiert. Umgekehrt folgt aus den Voraussetzungen von Satz 6.2 die Aussage $\rho(B) < 1$ und die Eindeutigkeit der Lösung von $x = Bx + b$. (siehe Satz 6.4).

Satz 6.3 (PERRON - FROBENIUS)

Es sei $A \geq 0$ eine unzerlegbare $n \times n$-Matrix. Dann gilt:

1. A hat einen einfachen Eigenwert λ mit $\lambda = \rho(A)$.
2. Zu $\rho(A)$ gibt es einen Eigenvektor $x > 0$.

Beweis

R. VARGA: Matrix Iterative Analysis, p. 28 - 30.

Korollar 1

Es sei $B \geq 0$ eine $n \times n$-Matrix. Dann gilt:

1. B hat einen Eigenwert λ mit $\lambda = \rho(B)$.
2. Zu $\rho(B)$ gibt es einen Eigenvektor $x \geq 0$.

Beweis

Für jedes $\varepsilon > 0$ ist

$$A_\varepsilon := B + \varepsilon \cdot \begin{pmatrix} 1 & 1 & \cdots & 1 \\ 1 & 1 & & \vdots \\ \vdots & & \ddots & \vdots \\ \vdots & & & \vdots \\ 1 & \cdots & & 1 \end{pmatrix}$$

eine Matrix mit positiven Elementen, die nach Hilfssatz 4.2 unzerlegbar ist. Die Matrix A_ε hat also nach dem Satz von Perron-Frobenius einen Eigenwert λ_ε mit $\lambda_\varepsilon = \rho(A_\varepsilon)$ und es existiert ein Vektor $x_\varepsilon > 0$ mit $\|x_\varepsilon\|_\infty = 1$ und

$$A_\varepsilon x_\varepsilon = \lambda_\varepsilon x_\varepsilon .$$

Aus Stetigkeitsgründen und mit Hilfe der Kompaktheit der Einheitssphäre folgt dann die Behauptung durch Grenzübergang $\varepsilon \to 0$.

Hinweis

In Aussage 2. des Korollars 1 gilt nicht notwendig $x > 0$ für den Eigenvektor x zum Spektralradius $\rho(B)$.

Beispiel

$$B = \begin{pmatrix} \frac{1}{2} & 0 \\ 0 & \frac{1}{3} \end{pmatrix}$$

hat die Eigenwerte $1/2$, $1/3$ und die Eigenvektoren $\begin{pmatrix} 1 \\ 0 \end{pmatrix}$ und $\begin{pmatrix} 0 \\ 1 \end{pmatrix}$.

Man kann also nicht immer den im folgenden Korollar gesuchten Vektor $z > 0$ mit $Bz < z$ als Eigenvektor zu $\rho(B) < 1$ gewinnen.

Korollar 2

Zu jeder Matrix $B \geq 0$ mit $\rho(B) < 1$ gibt es einen Vektor $z > 0$ mit $Bz < z$.

Beweis

Wegen $\rho(B) < 1$ existiert die Matrix

$$(E-B)^{-1} = \sum_{i=0}^{\infty} B^i \;;$$

diese Matrix hat nur nichtnegative Elemente und ist somit nach Hilfssatz 6.1 isoton. Da rechts in der Summe die Einheitsmatrix auftritt, enthält jede Zeile von $(E-B)^{-1}$ wenigstens ein positives Element. Deshalb gilt für jeden Vektor $x > 0$ des $\mathbb{R}^n$

$$z := (E-B)^{-1}x > 0. \tag{6.10}$$

Hat man nun $x > 0$ fest gewählt, so gilt nach (6.10) für $z > 0$ auch

$$(E-B)z = z - Bz = x > 0 \;,$$

d. h. es gilt $Bz < z$ und $z > 0$.

Satz 6.4 (Eindeutigkeitssatz)

Ist $B \geq 0$ eine $n \times n$-Matrix und sind für den isotonen Operator $T : \mathbb{R}^n \to \mathbb{R}^n$ mit

$$Tx := Bx + b$$

die Voraussetzungen von Satz 6.2 erfüllt, so gilt $\rho(B) < 1$ und daher ist die Lösung des linearen Gleichungssystems

$$Tx = x \quad \text{oder}$$

$$x = Bx + b$$

eindeutig bestimmt.

Die durch (6.6) bzw. (6.2) definierten Folgen $\{x^m\}$ bzw. $\{y^m\}$ konvergieren gegen einen gemeinsamen Grenzwert.

Beweis

Angenommen, $\rho(B) \geq 1$.

Es sei x ein nichtnegativer Eigenvektor zum Eigenwert $\rho(B)$ von B (nach Korollar 1 zu Satz 6.3). Wegen der aus (6.7) folgenden Ungleichung

$$x^0 < x^m \leq \tilde{x} \leq y^m < y^0$$

für den Grenzwert $\tilde{x}$ der Iterierten x^i gibt es eine positive Zahl ε, so daß die Abschätzung

$$x^0 \leq \tilde{x} - \varepsilon x \tag{6.1}$$

gilt. Da $\tilde{x}$ die Gleichung $\tilde{x} = B\tilde{x} + b$ löst, folgt aber

$$Tx^0 \leq T(\tilde{x} - \varepsilon x) = B\tilde{x} - \varepsilon Bx + b$$

$$= \tilde{x} - \varepsilon \cdot \rho(B) \cdot x \tag{6.12}$$

$$\leq \tilde{x} - \varepsilon \cdot x,$$

wegen $\rho(B) \geq 1$. Speziell folgt aus (6.11) und (6.12), daß

$$x^1 := T_{max}(x^0) = \max(x^0, Tx^0) \leq x - \varepsilon x$$

gilt. Durch Induktion folgt dann

$$x^m \leq \tilde{x} - \varepsilon x \quad \text{für alle} \quad m \in \mathbb{N};$$

und im Grenzfall $m \to \infty$ erhält man

$$\tilde{x} \leq \tilde{x} - \varepsilon x, \quad \text{d. h.} \quad \varepsilon x \leq 0,$$

und dies steht im Widerspruch dazu, daß ε positiv und $x \geq 0$ von Null verschieden ist.
Also muß $\rho(B) < 1$ gelten und die Eindeutigkeit der Lösung von $x = Bx + b$ folgt aus Satz 4.1 .
Da nach dem Beweis von Satz 6.1 auch der Grenzwert $\tilde{y}$ der y^i eine Lösung der Gleichung $x = Bx + b$ ist, muß $\tilde{x} = \tilde{y}$ gelten.

Satz 6.5
(Satz über die Auswahl der Anfangsnäherung)
Es sei $B \geq 0$ eine $n \times n$-Matrix mit $\rho(B) < 1$. Dann besitzt das lineare Gleichungssystem

$$x = Bx + b$$

eine eindeutig bestimmte Lösung $\tilde{x}$ und die verallgemeinerte Iteration nach (6.6) konvergiert gegen $\tilde{x}$, wenn man mit beliebigen Vektoren $x^0 < \tilde{x}$ und $y^0 > \tilde{x}$ beginnt.

Beweis
Es genügt zu zeigen, daß nach endlich vielen Schritten des verallgemeinerten Iterationsverfahrens die Voraussetzungen von Satz 6.2 erfüllt sind.
Es sei x^0 ein Vektor des $\mathbb{R}^n$ mit $x^0 < \tilde{x}$.
Es gibt nach Korollar 2 einen Vektor $z > 0$ mit $Bz < z$ und man kann ein positives $c \in \mathbb{R}$ finden mit

$$\tilde{x} - cz < x^0 < \tilde{x}. \tag{6.13}$$

Da $T\tilde{x} = \tilde{x}$ gilt, hat man auch $T_{max}(\tilde{x}) = \tilde{x}$ und wegen $Bz < z$ folgt

$$T_{max}(\tilde{x} - cz) = \max(\tilde{x} - cz,\ T(\tilde{x} - cz))$$

$$= \max(\tilde{x} - cz,\ \tilde{x} - c \cdot Bz)$$

$$= \tilde{x} - c \cdot Bz.$$

Induktiv beweist man $B(B^i z) \leq B^i z$ und damit

$$T^i_{max}(\tilde{x} - cz) = \tilde{x} - cB^i z$$

für alle $i \in \mathbb{N}$. Durch Grenzübergang $i \to \infty$ folgt

$$T^i_{max}(\tilde{x} - cz) \to \tilde{x},$$

weil nach Satz 4.1 $B^i \to 0$ gilt. Es gibt also ein festes $m_0 \in \mathbb{N}$ mit

$$x^0 < T^{m_0}_{max}(\tilde{x} - cz) \leq T^{m_0}_{max}(x^0) \leq T^{m_0}_{max}(\tilde{x}) = \tilde{x}$$

wegen der Isotonie von T_{max} und der Ungleichung (6.13). Führt man die gleiche Überlegung für y^0 aus, so erhält man die Existenz eines $m \in \mathbb{N}$ mit

$$x^0 < T^m_{max}(\tilde{x} - cz) \leq x^m = T^m_{max}(x^0) \leq \tilde{x} \leq y^m = T^m_{min}(y^0) \leq T^m_{min}(\tilde{x} + cz) < y^0,$$

d. h. x^{m-1} und y^{m-1} sind S-Vektoren nach Satz 6.2.

Bemerkung

Zum Beweis von Satz 6.5 wurde der Satz von PERRON - FROBENIUS nicht benutzt.

Man kann sich auch von der Voraussetzung $B \geq 0$ befreien:

Definition 6.4

Es sei $A := (a_{ik})$ eine Matrix. Dann setzt man

$$|A| := (|a_{ik}|),$$

$$A^+ := \frac{1}{2}(A + |A|)\ ,$$

$$A^- := \frac{1}{2}(|A| - A) = (-A)^+ .$$

Offenbar gilt:

$$A^+ \geq 0,\ A^- \geq 0,\ A = A^+ - A^- .$$

Satz 6.6

Sind B eine $n \times n$-Matrix und b ein Vektor des $\mathbb{R}^n$ sowie $x^0, y^0 \in \mathbb{R}^n$ mit

$$1.\ x^0 \leq y^0$$

$$2.\ x^1 := B^+ x^0 - B^- y^0 + b \geq x^0 \qquad (6.14)$$

$$y^1 := B^+ y^0 - B^- x^0 + b \leq y^0,$$

so existiert eine Lösung $\tilde{x}$ der Gleichung $x = Bx + b$ mit

$$x^1 \leq \tilde{x} \leq y^1.$$

Die Lösung $\tilde{x}$ ergibt sich als arithmetisches Mittel der Grenzwerte der durch die Iterationsvorschrift

$$\begin{aligned} x^{m+1} &:= B^+ x^m - B^- y^m + b \\ y^{m+1} &:= B^+ y^m - B^- x^m + b \end{aligned} \qquad m = 0,1,2,\ldots \qquad (6.15)$$

definierten Folgen $\{x^m\}$ und $\{y^m\}$.

Beweis

Im $\mathbb{R}^{2n}$ definiere man

$$\mathfrak{x}^0 := \begin{pmatrix} x^0 \\ -y^0 \end{pmatrix}, \quad \mathfrak{y}^0 := \begin{pmatrix} y^0 \\ -x^0 \end{pmatrix}, \quad \mathfrak{b} := \begin{pmatrix} b \\ -b \end{pmatrix}.$$

Dann gilt

$$\mathfrak{x}^0 \leq \mathfrak{y}^0, \qquad (6.16)$$

weil $x^0 \leq y^0$ und $-y^0 \leq -x^0$ gilt. Iteriert man nun in der den Gleichungen (6.2) entsprechenden Form

$$\mathfrak{x}^{m+1} := \underbrace{\begin{pmatrix} B^+ & B^- \\ B^- & B^+ \end{pmatrix}}_{=:\tilde{\mathfrak{B}}} \mathfrak{x}^m + \mathfrak{b}$$

und

$$\mathfrak{y}^{m+1} := \tilde{\mathfrak{B}} \mathfrak{y}^m + \mathfrak{b} \qquad (m = 0,1,2,\ldots),$$

so ist wegen $\tilde{\mathfrak{B}} \geq 0$ der Operator $\tilde{T} : \mathbb{R}^{2n} \to \mathbb{R}^{2n}$ mit $\tilde{T}\mathfrak{x} := \tilde{\mathfrak{B}}\mathfrak{x} + \mathfrak{b}$ isoton. Wenn gezeigt ist, daß $\mathfrak{x}^0$ und $\mathfrak{y}^0$ ein Paar von S-Vektoren bezüglich $\tilde{T}$ bilden, folgt die Konvergenz des Verfahrens (6.15) aus Satz 6.1.

Aus der Voraussetzung (6.14) folgt aber

$$\mathfrak{x}^1 = \tilde{\mathfrak{B}}\mathfrak{x}^0 + \mathfrak{b} = \begin{pmatrix} B^+x^0 - B^-y^0 + b \\ B^-x^0 - B^+y^0 - b \end{pmatrix} \geq \begin{pmatrix} x^0 \\ -y^0 \end{pmatrix} = \mathfrak{x}^0 \tag{6.17}$$

und analog

$$\mathfrak{y}^1 = \tilde{\mathfrak{B}}\mathfrak{y}^0 + \mathfrak{b} = \begin{pmatrix} B^+y^0 - B^-x^0 + b \\ B^-y^0 - B^+x^0 - b \end{pmatrix} \leq \begin{pmatrix} y^0 \\ -x^0 \end{pmatrix} = \mathfrak{y}^0 . \tag{6.18}$$

Wegen $x^0 \leq y^0$ und $B^+ + B^- \geq 0$ gilt ferner

$$(B^+ + B^-)x^0 \leq (B^+ + B^-)y^0,$$

$$B^+x^0 - B^-y^0 + b \leq B^+y^0 - B^-x^0 + b,$$

d. h.

$$x^1 \leq y^1 .$$

Daraus folgt zusammen mit (6.17) und (6.18)

$$\mathfrak{x}^0 \leq \mathfrak{x}^1 = \begin{pmatrix} x^1 \\ -y^1 \end{pmatrix} \leq \mathfrak{y}^1 = \begin{pmatrix} y^1 \\ -x^1 \end{pmatrix} \leq \mathfrak{y}^0$$

und daher sind $\mathfrak{x}^0$ und $\mathfrak{y}^0$ ein Paar von S-Vektoren zum Operator $\tilde{\mathfrak{T}}$.
Ist $\mathfrak{x} = \begin{pmatrix} \tilde{x} \\ -\tilde{y} \end{pmatrix}$ der Grenzwert des Iterationsverfahrens

$$\mathfrak{x}^{m+1} := \tilde{\mathfrak{T}}\mathfrak{x}^m = \tilde{\mathfrak{B}}\mathfrak{x}^m + \mathfrak{b},$$

so gilt nach Definition von $\tilde{\mathfrak{T}}$:

$$\tilde{x} = B^+\tilde{x} - B^-\tilde{y} + b$$

$$-\tilde{y} = B^-\tilde{x} - B^+\tilde{y} - b$$

und durch Subtraktion folgt

$$\tilde{x} + \tilde{y} = (B^+ - B^-)(\tilde{x} + \tilde{y}) + 2b,$$

d. h. $\frac{\tilde{x} + \tilde{y}}{2}$ löst das Gleichungssystem

$$x = Bx + b = (B^+ - B^-)x + b.$$

Bemerkung

Auch Satz 6.2 läßt sich für beliebige Matrizen B formulieren: Ist B eine $n \times n$-Matri und $b \in \mathbb{R}^n$ sowie $x^0, y^0 \in \mathbb{R}^n$ mit $x^0 < y^0$ und führt das verallgemeinerte Iterationsverfahren

$$\begin{aligned} x^{i+1} &:= \max(x^i, B^+x^i - B^-y^i + b) \\ y^{i+1} &:= \min(y^i, B^+y^i - B^-x^i + b) \end{aligned} \tag{6.19}$$

zu einem Vektorpaar x^m, y^m mit

$$x^0 < x^m \leq y^m < y^0, \tag{6.20}$$

so konvergiert das von x^m, y^m ausgehende <u>einfache</u> Iterationsverfahren (6.15) gegen eine Lösung des Gleichungssystems

$$x = Bx + b.$$

<u>Beweis</u>

(Bezeichnungen wie in Satz 6.6).

Man überzeugt sich sofort, daß durch die Vorschrift (6.19) gerade der Operator

$$\tilde{\mathfrak{T}}_{max} : \mathbb{R}^{2n} \to \mathbb{R}^{2n} \quad \text{mit}$$

$$\tilde{\mathfrak{T}}_{max}(\mathfrak{x}) = \max(\mathfrak{x}, \tilde{\mathfrak{T}}\mathfrak{x})$$

definiert wird. Also entspricht die Iteration (6.19) gerade der verallgemeinerten Iteration in (6.6), weil gleichzeitig durch (6.19) die Iteration

$$\mathfrak{y}^{i+1} = \tilde{\mathfrak{T}}_{min}\mathfrak{y}^i = \min(\mathfrak{y}^i, \tilde{\mathfrak{T}}\mathfrak{y}^i)$$

durchgeführt wird. Aus der Voraussetzung (6.20) folgt aber

$$\mathfrak{x}^0 < \mathfrak{x}^m = \begin{pmatrix} x^m \\ -y^m \end{pmatrix} \leq \begin{pmatrix} y^m \\ -x^m \end{pmatrix} = \mathfrak{y}^m < \mathfrak{y}^0$$

und Satz 6.2 ist anwendbar.

Kapitel IV
Eigenwertaufgaben bei Matrizen

Definition:

A sei eine $n \times n$-Matrix über $\mathbb{C}$.

Das Polynom

$$\varphi(\lambda) := \det(A - \lambda E)$$

in λ heißt charakteristisches Polynom von A. Die Nullstellen von $\varphi(\lambda)$ heißen Eigenwerte vo

Ist λ ein Eigenwert von A, so gilt also

$$\det(A - \lambda E) = 0.$$

Dann gibt es einen Vektor $x \neq 0$ mit

$$(A - \lambda E)x = 0, \quad \text{d.h.}$$

$$Ax = \lambda x.$$

Ein solcher Vektor heißt Rechts-Eigenvektor zum Eigenwert λ. Analog wird ein Vektor $y \neq 0$ mit

$$y^T A = \lambda y^T, \quad \text{d.h.}$$

$$A^T y = \lambda y$$

Links-Eigenvektor zum Eigenwert λ genannt.

Wenn im folgenden von "Eigenvektoren" die Rede ist, sind stets Rechts-Eigenvektoren gemeint.

Ferner wird in der Literatur häufig

$$\varphi(\lambda) := \det\ (\lambda E - A)$$

definiert, was natürlich unwesentlich ist.

Aufgabenstellungen

Als "Eigenwertaufgaben" bezeichnet man eine ganze Reihe verschiedenartiger Problemstellungen und es ist sinnvoll, die Lösungsmethode der Aufgabenstellung anzupassen:

1. Bestimmung des größten oder kleinsten Eigenwertes (ohne den zugehörigen Eigenvektor).

2. Bestimmung aller Eigenwerte (ohne die zugehörigen Eigenvektoren).
3. Bestimmung eines Eigenwertes und eines zugehörigen Eigenvektors.
4. Bestimmung mehrerer (bzw. aller) Eigenwerte und der zugehörigen Eigenvektoren.

Dabei ist es von Einfluß, ob die zugrundeliegende Matrix A symmetrisch ist oder nicht.

Lösungsmethoden

Man unterscheidet wie in Kapitel III die direkten und die iterativen Methoden:

a) Die direkten Verfahren bestimmen zunächst Werte des charakteristischen Polynoms $\varphi(\lambda)$ bzw. das Polynom selbst und ermitteln die Eigenwerte als Nullstellen von $\varphi(\lambda)$.

b) Iterative Methoden versuchen, die Eigenwerte und Eigenvektoren ohne die Berechnung von $\varphi(\lambda)$ sukzessive anzunähern.

WILKINSON hat in seinem Buch "The algebraic eigenvalue problem" die verschiedenen Verfahren eingehend auf ihre numerische Stabilität untersucht. Für Einzelheiten muß auf dieses Buch verwiesen werden. Zunächst werden in diesem Kapitel einige nach dem gegenwärtigen Wissensstande brauchbare Methoden beschrieben. Die anschließenden Paragraphen beschäftigen sich mit Fehlerabschätzungen.

§ 1. Transformation von Matrizen auf Hessenbergform

Definition 1.1

Eine $n \times n$-Matrix $B := (b_{ik})$ hat (obere) Hessenbergform, wenn $b_{ik} = 0$ für $i > k + 1$ gilt, d.h.

$$B = \begin{pmatrix} * & \cdot & \cdot & \cdot & * & * \\ * & \cdot & & & \cdot & \cdot \\ & \cdot & \cdot & & \cdot & \cdot \\ & 0 & \cdot & \cdot & \cdot & \cdot \\ & & & \cdot & * & * \\ & & & & * & * \end{pmatrix} . \tag{1.1}$$

Analog definiert man den Begriff "untere Hessenbergform": $B = (b_{ik})$ hat untere Hessenbergform, wenn B^T obere Hessenbergform hat. Mit "Hessenbergform" sei im folgenden stets die obere Hessenbergform gemeint. Eine Matrix in Hessenbergform bezeichnet man auch als Hessenbergmatrix.

Problemstellung

Es sei eine $n \times n$-Matrix A gegeben. Dann ist eine nichtsinguläre $n \times n$-Matrix T gesucht, so daß

$$B = T^{-1}AT \tag{1.2}$$

obere Hessenbergform hat. Da B und A wegen

$$\det(B-\lambda E) = \det(T^{-1}AT-\lambda E) =$$
$$= \det(T^{-1}(A-\lambda E)T)$$
$$= \det T^{-1} \det(A-\lambda E) \cdot \det T$$
$$= 1 \cdot \det(A-\lambda E)$$

das gleiche charakteristische Polynom und also auch die gleichen Eigenwerte haben, kann man erwarten, daß sich die Berechnung der Eigenwerte von A (bzw. B) auf Grund der speziellen Gestalt (1.1) von B wesentlich vereinfachen läßt. Dies wird in den folgenden Paragraphen bestätigt.

Analog zur LR-Zerlegung in Kapitel III kann die Transformation auf Hessenbergform durch ein Produkt

1. von Permutationen P_{ik} und elementaren Matrizen (d.h. Matrizen $M^{(j)} := E - m^{(j)} e_j^T$ wie beim Gaußschen Eliminationsverfahren);
2. orthogonaler Transformationen $H^{(j)} := E - 2u^{(j)} u^{(j)T}$ (wie bei der QR-Zerlegung)

erfolgen.

Satz 1.1

Jede $n \times n$-Matrix A läßt sich im Sinne von (1.2) durch eine nichtsinguläre Matrix T auf obere Hessenbergform transformieren. Die Transformationsmatrix T läßt sich dabei als Produkt von Permutationsmatrizen

$$P_{ik} := E + (e_i - e_k)(e_k - e_i)^T$$

und elementaren Matrizen

$$M^{(j)} := E - m^{(j)} e_{j+1}^T \quad (i \le j \le n-2) \qquad \text{mit}$$
$$m_k^{(j)} := e_k^T m^{(j)} = 0 \quad (1 \le k \le j+1)$$

darstellen. Ein Konstruktionsverfahren für B und T kann man dem Beweis dieses Satzes entnehmen.

Motivation

Durch Linksmultiplikation mit elementaren Matrizen kann man wie beim Gaußschen Eliminationsverfahren die Subdiagonalelemente einer Matrix annullieren. Da man aber bei der Eigenwertberechnung (vgl. (1.2)) auch noch Rechtsmultiplikationen mit elementaren Matrizen durchzuführen hat, liegen die Dinge hier komplizierter. Deshalb läßt man auch noch die Elemente unterhalb der Diagonale unverändert und transformiert nur die darunter befindlichen Elemente zu Null. Dann bewirkt die Rechtsmultiplikation nur noch eine Veränderung der folgenden Spalten und läßt die bereits umgeformte Spalte unverändert. Würde man dieselben Transformationsmatrizen wie bei der Gauß-Elimination verwenden, so könnten bei der Rechtsmultiplikation die bereits erzeugten Nullen wieder zerstört werden.

Beweis

Angabe eines Konstruktionsverfahrens (analog zum Gaußschen Eliminationsverfahren).

I. Schritt. Man setze

$$A^{(1)} := (a_{ik}^{(1)}) := A := (a_{ik}) \text{ und } T^{(1)} := E.$$

II. Schritt. Hat man für ein $j \in \{1,\ldots,n-2\}$ eine Matrix

$$A^{(j)} = (a_{ik}^{(j)}) \text{ mit}$$

$$a_{ik}^{(j)} = 0 \quad \text{sofern } i > k+1 \text{ und } k < j, \tag{1.3}$$

d.h.

$A^{(j)} =$ 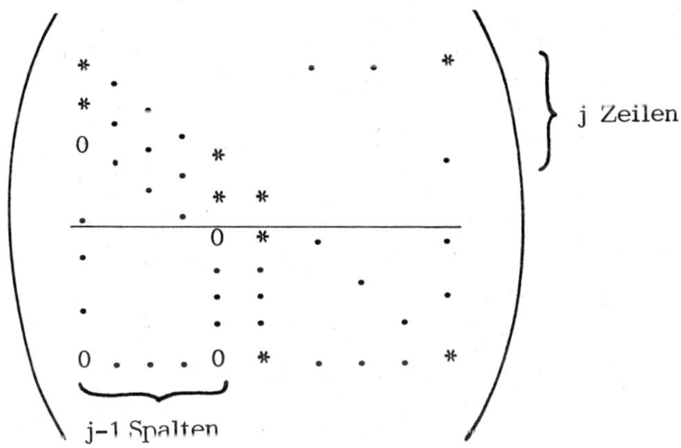

(1.4)

und

$$(T^{(j)})^{-1} \cdot A \cdot T^{(j)} = A^{(j)}$$

mit einer nichtsingulären Matrix $T^{(j)}$ gefunden (im Falle $j = 1$ wird dies alles durch den I. Schritt geliefert), so gibt es zwei Fälle:

a) es gilt $a_{ij}^{(j)} = 0$ für $i = j+1,\ldots,n$. Dann kann man

$$A^{(j+1)} := (a_{ik}^{(j+1)}) := A^{(j)} \text{ und } T^{(j+1)} := T^{(j)} \text{ setzen.}$$

b) Es gibt einen Index $i_0 \in \{j+1,\ldots,n\}$ mit

$$|a_{i_0 j}^{(j)}| = \max_{j+1 \le i \le n} |a_{ij}^{(j)}| > 0.$$

Dann bilde man die Matrix

$$\tilde{A}^{(j)} := (\tilde{a}_{ik}^{(j)}) := P_{j+1,\, i_0} \cdot A^{(j)} \cdot P_{j+1,\, i_0} ;$$

weil die Linksmultiplikation von $A^{(j)}$ mit $P_{j+1,\, i_0}$ die $(j+1)$-te Zeile mit der i_0-ten vertauscht und die Rechtsmultiplikation von $P_{j+1,\, i_0} A^{(j)}$ mit $P_{j+1,\, i_0}$ die i_0-te Spalte mit der $(j+1)$-ten Spalte vertauscht, hat die Matrix $\tilde{A}^{(j)}$ wegen $i_0 \geq j+1$ wieder die Gestalt (1.4). Ferner steht ein betragsmäßig größtes Element der $\tilde{a}^{(j)}_{j+1\, j}, \ldots, \tilde{a}^{(j)}_{n\, j}$ in der 1. Subdiagonalen.

Setzt man

$$m^{(j)} := \frac{1}{\tilde{a}^{(j)}_{j+1\; j}} (\underbrace{0, \ldots, 0}_{1+j\text{-mal}}, \tilde{a}^{(j)}_{j+2\; j}, \ldots, \tilde{a}^{(j)}_{n\; j})^T \qquad \text{und}$$

$$M^{(j)} := E - m^{(j)} e^T_{j+1},$$

so gilt nach Hilfssatz 1.3 des Kapitels III

$$(M^{(j)})^{-1} = E + m^{(j)} e^T_{j+1}.$$

Wir setzen nun $\hat{A}^{(j)} = M^{(j)} \cdot \tilde{A}^{(j)}$ und

$$A^{(j+1)} = \hat{A}^{(j)} \cdot (M^{(j)})^{-1}.$$

Die Linksmultiplikation mit $M^{(j)}$ sorgt dafür, daß in der j-ten Spalte unterhalb der 1. Subdiagonale Nullen stehen. Denn für die Elemente $\hat{a}^{(j)}_{ik} := e_i^T M^{(j)} \tilde{A}^{(j)} e_k$ von $\hat{A}^{(j)}$ gilt

$$\begin{aligned} \hat{a}^{(j)}_{ik} &= e_i^T (E - m^{(j)} e^T_{j+1}) \tilde{A}^{(j)} e_k \\ &= e_i^T \tilde{A}^{(j)} e_k - (e_i^T m^{(j)}) e^T_{j+1} \tilde{A}^{(j)} e_k \\ &= \tilde{a}^{(j)}_{ik} - m_i^{(j)} \cdot \tilde{a}^{(j)}_{j+1\; k} . \end{aligned}$$

Im Falle $k < j$ und $i > k+1$ folgt aus der Gültigkeit von (1.3) für die $\tilde{a}^{(j)}_{ik}$ anstelle der $a^{(j)}_{ik}$:

$$\hat{a}^{(j)}_{ik} = 0 - e_i^T m^{(j)} \cdot 0 = 0$$

und im Falle $k = j$ und $i > k+1 = j+1$

$$\hat{a}_{ij}^{(j)} = \tilde{a}_{ij}^{(j)} - \frac{\tilde{a}_{ij}^{(j)}}{\tilde{a}_{j+1\ j}^{(j)}} \cdot \tilde{a}_{j+1\ j}^{(j)} = 0.$$

Bei der Multiplikation $\hat{A}^{(j)} \cdot (M^{(j)})^{-1}$ wird nur die Spalte $j+1$ verändert - sie wird aus den Spalten $j+1,\ldots,n$ von $\hat{A}^{(j)}$ linear kombiniert. Also bleiben die Nullen in den ersten j Spalten erhalten.

Mit

$$T^{(j+1)} := T^{(j)} \cdot P_{j+1\ i_0} \cdot (M^{(j)})^{-1}$$

gilt also

$$A^{(j+1)} = (T^{(j+1)})^{-1} \cdot A \cdot T^{(j+1)}$$

und wegen

$$A^{(j+1)} = \left(\begin{array}{cccccccc}
* & \cdot & & & \cdot & \cdot & \cdot & * \\
* & \ddots & & & & & & \\
0 & \ddots & \ddots & * & & & & \cdot \\
 & \ddots & \ddots & * & * & & & \\
\hline
\cdot & & & 0 & * & \cdot & & \cdot \\
\cdot & & & \vdots & \vdots & & \ddots & \cdot \\
\cdot & & & \vdots & \vdots & & & \cdot \\
0 & \cdot & \cdot & 0 & * & \cdot & \cdot & *
\end{array}\right) \quad \begin{array}{l} \} \ j+1 \text{ Zeilen} \\ \\ \underbrace{\qquad}_{j \text{ Spalten}} \end{array} \tag{1.5}$$

kann man den II. Schritt mit $j+1$ anstelle von j wiederholen, falls $j+1 \leq n-2$ gilt. Aus (1.5) folgt, daß die Matrix $A^{(n-1)}$ obere Hessenbergform hat.

Bemerkung

Kein Element der Matrizen $M^{(j)}$ ist betragsmäßig größer als 1, weil durch die Multiplikation mit Permutationsmatrizen (wie im partial pivoting beim Gaußschen Eliminationsverfahren) geeignet umgeordnet wurde. Dies bringt numerische Stabilität mit sich. Der Gesamtrechenaufwand ergibt sich zu

$$\frac{5}{6} n^3 + O(n^2)$$

Punktoperationen.

Satz 1.2

Jede $n \times n$-Matrix A läßt sich mit Hilfe von Householder-Transformationen

$$E - 2uu^T \text{ mit } u^T u = 1$$

auf obere Hessenbergform transformieren.
Der Arbeitsaufwand beträgt dabei

$$\frac{5}{3} n^3 + \mathcal{O}(n^2)$$

Punktoperationen.
Der Beweis dieses Satzes und des folgenden Satzes erfolgt analog zu dem von Satz 1.1 mit den Methoden von § 3 im Kapitel III. (Auf die Permutationsmatrizen kann man hier verzichten. Die Elemente von u sind dem Betrage nach höchstens gleich 1.)

Satz 1.3
Jede $n \times n$-Matrix A läßt sich durch ebene Drehungen $T_{ij}(\alpha)$ auf obere Hessenbergform transformieren. Der Arbeitsaufwand beträgt

$$\frac{10}{3} n^3 + \mathcal{O}(n^2)$$

Punktoperationen.

Bemerkung
1. WILKINSON hat gezeigt, daß die Eigenwerte der Matrix A bei diesen Transformationen auf Hessenbergform nur wenig durch Rundungsfehler gestört werden.
2. Durch Transformation mit einer Diagonalmatrix

$$D = \begin{pmatrix} d_1 & & 0 \\ & \ddots & \\ 0 & & d_n \end{pmatrix}$$

kann man erreichen, daß die Subdiagonalelemente der Hessenbergform (1.1) gleich 1 sind oder verschwinden.
Denn es gilt

$$D \cdot B \cdot D^{-1} = \begin{pmatrix} * & & & & * \\ b_{21}\frac{d_2}{d_1} & * & & & \\ & b_{32}\frac{d_3}{d_2} & * & & \\ & & \ddots & \ddots & \\ 0 & & & b_{nn-1}\frac{d_n}{d_{n-1}} & * \end{pmatrix}$$

und man kann

$$d_1 := 1$$

$$d_i := \begin{cases} \dfrac{d_{i-1}}{b_{i\,i-1}}, & \text{falls } b_{i\,i-1} \neq 0 \\ 1 & \text{sonst} \end{cases}$$

setzen, um das Gewünschte zu erreichen.

§ 2. Eine direkte Methode zur Berechnung der Eigenwerte einer Hessenbergmatrix

Das hier beschriebene Verfahren eignet sich vor allen Dingen zur Berechnung der Werte von $\varphi(\lambda)$ und $\varphi'(\lambda)$ bei numerisch gegebenem λ und damit zur Lösung von $\varphi(\lambda) = 0$. Die $n \times n$-Matrix A sei durch eine nichtsinguläre Matrix T auf Hessenbergform transformiert:

$$B := (b_{ik}) = T\,A\,T^{-1}$$

und es gelte

$$b_{i\,i-1} \neq 0 \quad \text{für } i = 2,\dots,n. \tag{2.1}$$

Definiert man

$$R(\lambda) := \begin{pmatrix} 1 & & 0 & x_1(\lambda) \\ & \ddots & & \vdots \\ & & 1 & x_{n-1}(\lambda) \\ 0 & & & x_n(\lambda) \end{pmatrix} \tag{2.2}$$

mit noch zu bestimmenden Polynomen $x_1(\lambda),\dots,x_n(\lambda)$, wobei $x_n(\lambda) := 1$ sein soll und setzt man

$$W(\lambda) := (B - \lambda E) \cdot R(\lambda), \tag{2.3}$$

so gilt

$$\det W(\lambda) = \det(B - \lambda E) \cdot \underbrace{\det R(\lambda)}_{=1} \tag{2.4}$$

$$= \det(B - \lambda E)$$

$$= \det(A - \lambda E)$$

$$= \varphi(\lambda).$$

Hilfssatz 2.1

Die Polynome $x_1(\lambda),\dots,x_{n-1}(\lambda)$ lassen sich in (2.2) so bestimmen, daß die letzte Spalte $W(\lambda)e_n$ von $W(\lambda)$ proportional zu e_1 ist, d.h.

$$W(\lambda)e_n = \varphi(\lambda) \cdot \text{const} \cdot e_1 \tag{2.5}$$

gilt.

Beweis (durch Konstruktion)

Es gilt nach (2.3)

$$\begin{aligned} W(\lambda)e_n &= (B-\lambda E)R(\lambda)e_n \\ &= (B-\lambda E)(x_1(\lambda),\dots,x_{n-1}(\lambda),1)^T \end{aligned} \tag{2.6}$$

und dieser Ausdruck soll gleich

$$\varphi(\lambda) \cdot \text{const} \cdot e_1$$

sein. Das liefert durch Spezialisierung auf die n-te bis zweite Komponente von $W(\lambda)e_n$ die Gleichungen

$$b_{n\,n-1}\,x_{n-1} + (b_{nn}-\lambda)\,x_n = 0$$

$$b_{n-1\,n-2}\,x_{n-2} + (b_{n-1\,n-1}-\lambda)\,x_{n-1} + b_{n-1\,n}x_n = 0\,,$$

allgemein

$$b_{jj-1}\,x_{j-1} + (b_{jj}-\lambda)x_j + b_{j\,j+1}\,x_{j+1} + \dots + b_{jn}\,x_n = 0$$

für $j \in \{2,\dots,n\}$. Wegen $x_n = 1$ erhält man also unter der Voraussetzung (2.1) die Formeln

$$x_{n-1} = -\frac{1}{b_{n\,n-1}}((b_{nn}-\lambda)\underbrace{x_n}_{=1})$$

$$\cdot\ \cdot\ \cdot$$

$$x_{j-1} = -\frac{1}{b_{j\,j-1}}((b_{jj}-\lambda)x_j + b_{j\,j+1}\,x_{j+1} + \dots + b_{jn}\,x_n) \tag{2.7}$$

für $j \in \{2,\dots,n\}$. Die $x_j(\lambda)$ sind Polynome vom Grad n-j in λ. Die erste Komponente von $W(\lambda)e_n$ ergibt sich nach (2.6) als

$$c(\lambda) := (b_{11}-\lambda)x_1(\lambda) + b_{12}\,x_2(\lambda) + \dots + b_{1n}\,x_n(\lambda). \tag{2.8}$$

Aus (2.3) folgt für alle $j \in \{1,\dots,n-1\}$

$$W(\lambda)e_j = (B-\lambda E)\underbrace{R(\lambda)e_j}_{=e_j}.$$

$$= (B-\lambda E)e_j,$$

d.h. die ersten n-1 Spalten von $W(\lambda)$ sind gleich den ersten n-1 Spalten von $B-\lambda E$. Da nach Konstruktion der Polynome $x_j(\lambda)$

$$W(\lambda)e_n = c(\lambda)e_1 \tag{2.9}$$

gilt, hat $W(\lambda)$ die Gestalt

$$W(\lambda) = \begin{pmatrix} * & * & \cdots & * & c(\lambda) \\ * & * & \cdots & * & 0 \\ & \ddots & \ddots & & \vdots \\ & & \ddots & \ddots & \vdots \\ 0 & & * & * & 0 \\ & & & * & 0 \end{pmatrix}$$

und es folgt durch Entwickeln nach der ersten Zeile

$$\det W(\lambda) = (-1)^{n+1} \cdot c(\lambda) \cdot b_{21} \cdot b_{32} \cdots b_{n\,n-1}$$

und durch Vergleich von (2.9) und (2.4) ergibt sich die Behauptung.

Anmerkung

1. Die $x_j(\lambda)$ sind Polynome in λ vom Grade n j, wie man aus (2.7) mit $x_n(\lambda) \equiv 1$ entnimmt.
2. In der Praxis wird man bei numerisch gegebenem λ zunächst durch die Formeln (2.7) die $x_i(\lambda)$ berechnen und dann mit (2.8) den Wert des Polynoms $c(\lambda)$, welches sich nach (2.9) nur um einen konstanten Faktor von $\varphi(\lambda)$ unterscheidet. Durch Differentiation der entsprechenden Formeln kann man gleichzeitig φ' berechnen. Man erhält aus (2.7) nämlich

$$x'_{j-1}(\lambda) = \frac{1}{b_{j\,j-1}} x_j(\lambda) - \frac{1}{b_{j\,j-1}} \left((b_{jj}-\lambda) \cdot x'_j + b_{j\,j+1} \cdot x'_{j+1} + \ldots + b_{jn}x'_n\right),$$

woraus man wieder numerisch die Werte $x'_j(\lambda)$ ermittelt.
Durch Einsetzen findet man

$$c'(\lambda) = -x_1 + (b_{11}-\lambda)x'_1(\lambda) + b_{12}x'_2(\lambda) + \ldots + b_{1n}x'_n(\lambda).$$

Damit hat man alle Angaben, die man zur Anwendung des Newtonschen Verfahrens benötigt.
3. Will man auch komplexe Eigenwerte bestimmen, muß man ein Verfahren zur Bestimmung komplexer Nullstellen eines Polynoms heranziehen, z.B. die Iterationsformel von MÜLLER, siehe Kapitel II, Seite 89.

Deflation des charakteristischen Polynoms

Hat man eine Nullstelle λ_1 des Polynoms $\varphi(\lambda)$ gefunden, so kann man weitere Nullstellen von $\varphi(\lambda)$ als Nullstellen von

$$g(\lambda) := \frac{\varphi(\lambda)}{\lambda-\lambda_1}$$

bestimmen (Deflation, vgl. § 6 des Kapitels II). Für die Rechnung mit den Newton-Verfahren kann man den Ausdruck $\frac{g'(\lambda)}{g(\lambda)}$ umformen:

$$\frac{g'(\lambda)}{g(\lambda)} = \frac{1}{g(\lambda)} \cdot \left(\frac{\varphi'(\lambda)}{\lambda-\lambda_1} - \frac{\varphi(\lambda)}{(\lambda-\lambda_1)^2}\right)$$

$$= \frac{\varphi'(\lambda)}{\varphi(\lambda)} - \frac{1}{\lambda-\lambda_1}$$

und durch Verwendung der Iterationsformel

$$\lambda^{(i+1)} := \lambda^{(i)} - \left(\frac{\varphi'(\lambda^{(i)})}{\varphi(\lambda^{(i)})} - \frac{1}{\lambda^{(i)}-\lambda_1}\right)^{-1}$$

den Einfluß der Rundungsfehler bei Deflation klein halten.

§ 3. Das Iterationsverfahren nach VON MISES zur Bestimmung eines Eigenwertes und eines Eigenvektors

In diesem Paragraphen sei A eine $n \times n$-Matrix mit n linear unabhängigen Eigenvektoren $z^1,\dots,z^n \in \mathbb{R}^n$. Die Matrix mit den Spalten $z^1,\dots,z^n$ werde mit

$$T := (z^1,\dots,z^n)$$

bezeichnet. Es gilt also

$$AT = TD \tag{3.1}$$

mit einer Diagonalmatrix D. Schreibt man

$$(T^{-1})^T =: (y^1,\dots,y^n), \tag{3.2}$$

so gilt

$$\begin{aligned} {y^i}^T z^j &= ((T^{-1})^T e_i)^T T e_j = e_i^T\, T^{-1} T e_j \\ &= e_i^T e_j = \delta_{ij} \qquad (1 \le i,\ j \le n). \end{aligned} \tag{3.3}$$

Definition 3.1

Zwei Mengen $\{z^1,\dots,z^n\}$ und $\{y^1,\dots y^n\}$ von Vektoren des $\mathbb{R}^n$ mit ${y^i}^T z^j = \delta_{ij}$ nennt man ein biorthogonales Vektorsystem.

Hilfssatz 3.1

Die durch (3.2) definierten Vektoren $y^1,\ldots,y^n$ sind Linkseigenvektoren zu A, und zwar sind y^j und z^j jeweils Eigenvektoren zum gleichen Eigenwert.

Beweis

Es gilt nach (3.1)

$$T^{-1} A = DT^{-1}$$

und

$$A^T (T^{-1})^T = (T^{-1})^T D.$$

Die Behauptung des Hilfssatzes 3.1 folgt daraus durch Vergleich mit (3.1).

Hilfssatz 3.2

Gilt für ein $i \in N := \{1,\ldots,n\}$ und ein $x \in \mathbb{R}^n$ die Relation

$$x^T y^i = 0$$

mit einem Linkseigenvektor y^i von A, so gilt auch

$$(Ax)^T y^i = 0 .$$

Beweis

Man hat

$$(Ax)^T y^i = x^T A^T y^i$$

$$= \lambda x^T y^i - 0,$$

weil y^i ein Rechtseigenvektor zu A^T ist.

Folgerung

Steht ein Vektor x senkrecht auf einem der Vektoren $y^1,\ldots,y^n$, so stehen alle Vektoren

$$Ax,\ A^2x,\ A^3x,\ldots$$

auf diesem Vektor senkrecht. Will man, daß die Folge gegen diesen Vektor y^l konvergiert, so muß man also voraussetzen, daß die Projektion $x^T y^i$ von x auf y^i nicht verschwindet.

Definition 3.2

Es sei $B = \{x^1,\ldots,x^n\}$ eine Basis des $\mathbb{R}^n$. Ein Vektor x heißt allgemeiner Vektor bezüglich B, wenn kein Koeffizient c_i in der Darstellung

$$x = \sum_{i=1}^{n} c_i x^i$$

verschwindet.

Satz 3.1

Es sei A eine n x n-Matrix mit einem System von n linear unabhängigen Eigenvektoren $z^1,\dots,z^n$. Die zugehörigen Eigenwerte von A seien durch die Indizierung dem Betrage nach angeordnet und speziell gelte $\lambda_1 = \lambda_2 = \dots = \lambda_p$ und

$$|\lambda_p| > |\lambda_{p+1}| \geq \dots \geq |\lambda_n| \tag{3.4}$$

mit $p \in \{1,\dots,n-1\}$.

Ist dann x^0 ein allgemeiner Vektor bezüglich des Systems $\{z^1,\dots,z^n\}$, so konvergiert das Iterationsverfahren

$$u^{m+1} := Ax^m \qquad (m = 0,1,2,\dots)$$

$$x^{m+1} := \frac{u^{m+1}}{\|u^{m+1}\|_\infty} \cdot \sigma^{(m+1)}$$

$$\lambda^{(m+1)} := \|u^{m+1}\|_\infty \cdot \sigma^{(m+1)} .$$

Die Werte $|\lambda^{(m)}|$ streben gegen $|\lambda_1|$ und die Vektoren x^m streben gegen einen Eigenvektor z zum Eigenwert λ_1. Ist z_j eine nicht verschwindende, etwa betragsgrößte Komponente von z, so kann man mit diesem j durch

$$\sigma^{(m+1)} := \operatorname{sgn} \lambda^{(m+1)} = \operatorname{sgn}(u_j^{m+1} \cdot x_j^m)$$

das Vorzeichen von $\lambda^{(m+1)}$ definieren. Die Konvergenz erfolgt gemäß der Formel

$$\lambda^{(m)} = \lambda_1 + \mathcal{O}\left(\left| \frac{\lambda_{p+1}}{\lambda_1} \right|^m \right).$$

Beweis

Schreibt man

$$x^0 := x^* + \sum_{j=p+1}^{n} c_j z^j, \qquad x^* := \sum_{j=1}^{p} c_j z^j \neq 0,$$

so gilt $Ax^* = \lambda_1 \cdot x^*$ und

$$\begin{aligned} Ax^0 &= \sum_{j=1}^{n} c_j \cdot Az^j = \sum_{j=1}^{n} c_j \lambda_j z^j \\ &= \lambda_1 \Big(x^* + \sum_{j=p+1}^{n} c_j \frac{\lambda_j}{\lambda_1} \cdot z^j\Big), \end{aligned} \tag{3.5}$$

denn auf Grund der Ungleichungskette (3.4) verschwindet λ_1 nicht.

Ferner erhält man aus (3.5)

$$A^m x^0 = \lambda_1^m (x^* + \sum_{j=p+1}^{n} c_j (\frac{\lambda_j}{\lambda_1})^m z^j) = \lambda_1^m (x^* + \mathcal{O}(q^m)) \tag{3.6}$$

mit $q = \max\ (|\frac{\lambda_{p+1}}{\lambda_1}|, \ldots, |\frac{\lambda_n}{\lambda_1}|) = |\frac{\lambda_{p+1}}{\lambda_1}|$.

Da man die Vektoren x^m schreiben kann als

$$x^m = \sigma^{(m)} \frac{A^m x^0}{\|A^m x^0\|_\infty} = \sigma^{(m)} \frac{x^* + \mathcal{O}(q^m)}{\|x^*\|_\infty + \mathcal{O}(q^m)}, \tag{3.7}$$

folgt speziell

$$|\lambda^{(m+1)}| = \|u^{m+1}\|_\infty = \|Ax^m\|_\infty = \frac{\|\lambda_1 x^* + \mathcal{O}(q^m)\|_\infty}{\|x^* + \mathcal{O}(q^m)\|_\infty} =$$
$$= |\lambda_1| + \mathcal{O}(q^m), \tag{3.8}$$

ferner gilt

$$u_j^{m+1} \cdot x_j^m \to \lambda_1 \cdot (x_j^*)^2 .$$

Die Werte $\lambda^{(m+1)}$ streben somit gegen λ_1.

Nach (3.6) strebt $\frac{1}{\lambda_1^m} \cdot A^m x^0$ gegen $z := \sum_{j=1}^{p} c_j z^j = x^*$.

Dies ist ein Eigenvektor zu λ_1.

Bemerkung

1. Das durch Satz 3.1 beschriebene Verfahren ist nach VON MISES benannt.

2. Man kann leicht diskutieren, was beim Auftreten betragsgleicher, jedoch verschiedener Eigenwerte $\lambda_1, \ldots, \lambda_p$ geschieht, denn man braucht nur das Verhalten von

$$A^m \cdot (\sum_{j=1}^{p} c_j z^j)$$

zu betrachten.

Sind z.B. λ_1 und $\lambda_2 = -\lambda_1$ die betragsgrößten Eigenwerte, so gilt

$$A^{2m}(c_1z^1+c_2z^2) \to c_1\lambda_1^{2m}z^1+c_2\lambda_2^{2m}z^2 = \lambda_1^{2m}(c_1z^1+c_2z^2),$$

$$A^{2m+1}(c_1z^1+c_2z^2) \to c_1\lambda_1^{2m+1}z^1+c_2\lambda_2^{2m+1}z^2 = \lambda_1^{2m+1}(c_1z^1-c_2z^2)$$

und man kann durch eine lineare Kombination der beiden Grenzvektoren die Eigenvektoren z^1 und z^2 ermitteln. Analog untersucht man komplexe Eigenwerte. Man beachte die Analogie zum Graeffe-Verfahren.

3. Die Forderung, daß x^0 ein allgemeiner Vektor sein soll, ist in der Praxis nicht wesentlich. Denn durch Rundungsfehler werden die Komponenten $z^1,\dots,z^p$ eingeschleppt. Allerdings kann bei ungünstiger Wahl des Ausgangsvektors eine große Zahl Iterationen notwendig sein, bis sich die dominanten Vektoren durchsetzen.

Bestimmung der Eigenwerte mit Hilfe der Rayleighquotienten

Satz 3.2

Es sei A eine $n \times n$-Matrix, die die Voraussetzungen von Satz 3.1 erfülle. Ferner seien x^0 und $\tilde{x}^0$ Vektoren, für deren Darstellungen

$$x^0 = \sum_{j=1}^{n} c_j z^j \quad \text{und} \quad \tilde{x}^0 = \sum_{i=1}^{n} b_i y^i \tag{3.9}$$

bezüglich der biorthogonalen Basen $z^1,\dots,z^n$ von Rechtseigenvektoren und $y^1,\dots,y^n$ von Linkseigenvektoren von A

$$\sum_{i=1}^{p} b_i c_i \neq 0 \tag{3.10}$$

gelte. Iteriert man nun in der Form

$$\begin{aligned} \tilde{x}^{m+1} &:= A^T\,\tilde{x}^m \quad \text{und} \\ x^{m+1} &:= Ax^m \qquad (m = 0,1,2,\dots), \end{aligned} \tag{3.11}$$

so gilt

$$\lambda^{(m)} := \underbrace{\frac{(\tilde{x}^m)^T\,Ax^m}{(\tilde{x}^m)^T\,x^m}}_{\text{Rayleighquotient}} = \lambda_1 + \mathcal{O}\left(\left|\frac{\lambda_{p+1}}{\lambda_1}\right|^{2m}\right) \quad \text{für } m \to \infty .$$

Die Voraussetzung (3.10) sorgt für große m für das Nichtverschwinden des Nenners. Bei der Rechnung auf einer Rechenanlage ist es zweckmäßig, die Vektoren $\tilde{x}^m$ und x^m zu normieren.

Beweis

Aus (3.9) und (3.11) sowie der Definition der z^i und der y^i entnimmt man, daß

$$x^m = \sum_{j=1}^{n} c_j \lambda_j^m z^j \quad \text{und} \quad \tilde{x}^m = \sum_{i=1}^{n} b_i \lambda_i^m y^i$$

gilt. Daraus folgt

$$(\tilde{x}^m)^T Ax^m = (\sum_{i=1}^{n} b_i \lambda_i^m y^i)^T \cdot (\sum_{j=1}^{n} c_j \lambda_j^{m+1} z^j)$$

$$= \sum_{i=1}^{n} b_i c_i \lambda_i^{2m+1}$$

$$= \lambda_1^{2m+1} (\sum_{i=1}^{p} b_i c_i + \sum_{j=p+1}^{n} \underbrace{(\frac{\lambda_j}{\lambda_1})}_{<1}^{2m+1} b_j c_j) \tag{3.12}$$

und analog

$$(\tilde{x}^m)^T x^m = \lambda_1^{2m} (\sum_{i=1}^{p} b_i c_i + \sum_{j=p+1}^{n} (\frac{\lambda_j}{\lambda_1})^{2m} b_j c_j). \tag{3.13}$$

Nach Voraussetzung (3.10) kann also der Ausdruck (3.13) nur für endlich viele m verschwinden. Für alle übrigen m ergibt sich aus (3.12) und (3.13)

$$\lambda^{(m)} = \lambda_1 \frac{\sum_{i=1}^{p} b_i c_i + \sum_{j=p+1}^{p} (\frac{\lambda_j}{\lambda_1})^{2m+1} b_j c_j}{\sum_{i=1}^{p} b_i c_i + \sum_{j=p+1}^{n} (\frac{\lambda_j}{\lambda_1})^{2m} b_j c_j}$$

$$= \lambda_1 \frac{1 + \Theta(\left|\frac{\lambda_{p+1}}{\lambda_1}\right|^{2m+1})}{1 + \Theta(\left|\frac{\lambda_{p+1}}{\lambda_1}\right|^{2m})} .$$

Ebenso wie im Beweis von Satz 3.1 folgt daraus

$$\lambda^{(m)} = \lambda_1 (1 + \Theta(\left|\frac{\lambda_{p+1}}{\lambda_1}\right|^{2m})).$$

Bemerkung

1. Bei symmetrischen Matrizen gilt $y^i = z^i$ und $\tilde{x}^0 = x^0$ impliziert $\tilde{x}^m = x^m$ für alle m, d.h. der Rechenaufwand ist etwa der gleiche wie beim von Mises-Verfahren, aber der Fehler strebt mit q^{2m} statt mit q^m gegen Null. Bei allgemeinen Matrizen wird der Konvergenzfaktor $\left|\frac{\lambda_{p+1}}{\lambda_1}\right|^{2m}$ durch verdoppelten Rechenaufwand gegenüber dem von-Mises-Verfahren erkauft.
2. Die Zusatzvoraussetzungen über den Startvektor x^0 werden in der Praxis durch die auftretenden Rundungsfehler erfüllt.
3. Wie in der Bemerkung nach Satz 3.1 kann man leicht untersuchen, mit welchen Phänomenen man rechnen muß, wenn die Voraussetzungen von Satz 3.2 nicht erfüllt sind.

§ 4. Methoden zur Konvergenzverbesserung Extrapolation nach AITKEN

1. Spektralverschiebung

Ebenso wie bei den iterativen Verfahren zur Lösung linearer Gleichungssysteme kann man die Konvergenz des von-Mises-Iterationsverfahrens dadurch beschleunigen, daß man statt der Matrix A die Matrix

$$A - \alpha E \tag{4.1}$$

betrachtet. Diese hat die Eigenwerte $\lambda_i - \alpha$, wenn A die Eigenwerte λ_i hat. Das von-Mises-Verfahren für die Matrix $A - \alpha E$ konvergiert nach § 3 wie $\mathcal{O}\left(\max\limits_{1 \le i \le n} \frac{|\lambda_i - \alpha|}{|\lambda_1 - \alpha|}\right)$.

Man wird also α so wählen, daß der Ausdruck

$$\max_{1 \le i \le n} \frac{|\lambda_i - \alpha|}{|\lambda_1 - \alpha|}$$

minimal wird. Dazu benötigt man allerdings gewisse Informationen über das Spektrum von A. Im Falle reeller Eigenwerte müßte man

$$\alpha = \frac{1}{2}\left(\max_{|\lambda_i| < |\lambda_1|} \lambda_i + \min_{|\lambda_i| < |\lambda_1|} \lambda_i\right)$$

setzen.

2. Extrapolation mit dem δ^2-Prozeß nach AITKEN

Der Grundgedanke dieses Verfahrens besteht darin, daß man eine Extrapolation (eine Schätzung des Grenzwertes) bei einer Folge von Zahlen vornehmen kann, wenn man einige Glieder der Folge und deren asymptotisches Verhalten kennt. Man erhält dadurch im allgemeinen eine Konvergenzverbesserung.

Hilfssatz 4.1

Die Folge $\{t_m\}$ reeller Zahlen habe das Konvergenzverhalten

$$t_m = t_\infty + t_1 \cdot q^m + \mathcal{O}(q_1^m) \tag{4.2}$$

mit $t_\infty, t_1, q, q_1 \in \mathbb{R}$ und $0 < q_1 < |q| < 1$, $t_1 \neq 0$.

Dann gilt

$$t_\infty = \frac{\det\begin{pmatrix} t_m & t_{m+1} \\ t_{m+1} & t_{m+2} \end{pmatrix}}{t_{m+2} - 2t_{m+1} + t_m} + \mathcal{O}(q_1^m).$$

Beweis

Offenbar gilt

$$w := t_{m+2} - 2t_{m+1} + t_m = t_1 q^m (q-1)^2 + \mathcal{O}(q_1^m)$$

und

$$D := \det\begin{pmatrix} t_m & t_{m+1} \\ t_{m+1} & t_{m+2} \end{pmatrix} = \det\begin{pmatrix} t_\infty + (t_m - t_\infty) & t_{m+1} - t_m \\ t_\infty + (t_{m+1} - t_\infty) & t_{m+2} - t_{m+1} \end{pmatrix},$$

da man die erste Spalte der obigen Determinante von der zweiten Spalte subtrahieren kann. Eine Subtraktion der ersten Zeile von der zweiten liefert

$$D = \det\begin{pmatrix} t_\infty + (t_m - t_\infty) & t_{m+1} - t_m \\ t_{m+1} - t_m & w \end{pmatrix}$$

$$= \det\begin{pmatrix} t_\infty + t_1 q^m + \mathcal{O}(q_1^m) & t_1 q^m (q-1) + \mathcal{O}(q_1^m) \\ t_1 q^m (q-1) + \mathcal{O}(q_1^m) & t_1 q^m (q-1)^2 + \mathcal{O}(q_1^m) \end{pmatrix}.$$

Subtrahiert man ferner die mit $(q-1)^{-1}$ multiplizierte zweite Spalte von der ersten, so folgt

$$D = \det \begin{pmatrix} t_\infty + \vartheta(q_1^m) & w\,(q-1)^{-1} + \vartheta(q_1^m) \\ \vartheta(q_1^m) & w \end{pmatrix}$$

$$= t_\infty \cdot w + w \cdot \vartheta(q_1^m) + \vartheta(q_1^{2m}) .$$

Nun gilt
$$q_1^m = \vartheta(w)$$

und damit folgt die Behauptung

$$t_\infty = \frac{D - w \cdot \vartheta(q_1^m)}{w} = \frac{D}{w} + \vartheta(q_1^m) .$$

Bemerkung

Setzt man also

$$t_{m+2}^{(1)} := \frac{\det \begin{pmatrix} t_m & t_{m+1} \\ t_{m+1} & t_{m+2} \end{pmatrix}}{t_{m+2} - 2t_{m+1}\; t_m} \qquad (m \in \mathbb{N}) , \tag{4.3}$$

so konvergiert die Folge $\{t_m^{(1)}\}$ wie $\vartheta(q_1^m)$ gegen t_∞.

Man hat damit eine Konvergenzverbesserung erhalten. Für sehr große m gilt $t_m \approx t_{m+1} \approx t_{m+2} \approx t_\infty$, und daher steht in (4.3) ein Quotient sehr kleiner Größen, der ja bekanntlich sehr anfällig gegen Rundungsfehler ist. Man wird also die obige Konvergenzverbesserung nur für solche m durchführen, bei denen die Abweichung zwischen t_∞ und t_m noch wesentlich durch die angegebenen asymptotischen Terme und nicht durch die Rundungsfehler bestimmt wird.

Satz 4.1

Die Matrix A möge die Voraussetzungen von Satz 3.1 erfüllen. Obendrein gelte

$$|\lambda_1| > |\lambda_2| > |\lambda_3| \geq \ldots$$

für die Eigenwerte von A. Dann kann man auf die Folge $\lambda^{(m)}$ der durch das von-Mises-Verfahren erzeugten Näherungswerte für λ_1 das Extrapolationsverfahren anwenden. Man erhält durch

$$\tilde{\lambda}^{(m)} := \frac{\det\begin{pmatrix} \lambda^{(m)} & \lambda^{(m+1)} \\ \lambda^{(m+1)} & \lambda^{(m+2)} \end{pmatrix}}{\lambda^{(m+2)} - 2\lambda^{(m+1)} + \lambda^{(m)}}$$

eine Folge von Näherungswerten für λ_1 mit

$$\tilde{\lambda}^{(m)} = \lambda_1 + \mathcal{O}(q_1^m)$$

und

$$q_1 := \max\left(\left|\frac{\lambda_3}{\lambda_1}\right| , \left|\frac{\lambda_2}{\lambda_1}\right|^2 \right) .$$

<u>Beweis</u>

Setzt man für $i, k \in \{1,\dots,n\}$, $i \neq k$

$$q_{ik} := \frac{\lambda_i}{\lambda_k} ,$$

so folgt mit den Bezeichnungen von Satz 3.1:

$$x^m = \lambda_1^m (c_1 z^1 + q_{21}^m \; c_2 z^2 + q_{31}^m \; c_3 z^3 + \dots) \cdot \gamma^m,$$

$$Ax^m = \lambda_1^{m+1} (c_1 z^1 + q_{21}^{m+1} \; c_2 z^2 + q_{31}^{m+1} \; c_3 z^3 + \dots) \cdot \gamma^m.$$

Also gilt für die j-ten Komponenten der beiden obigen Vektoren:

$$\frac{(Ax^m)_j}{x_j^m} = \lambda_1 \frac{c_1 z_j^1 + q_{21}^{m+1} \; c_2 z_j^2 + q_{31}^{m+1} \; c_3 z_j^3 + \dots}{c_1 z_j^1 + q_{21}^m \; c_2 z_j^2 + q_{31}^m \; c_3 z_j^3 + \dots}$$

$$= \lambda_1 (1 + q_{21}^{m+1} t_1 + q_{31}^{m+1} t_2 + \dots)(1 - q_{21}^m t_1 + q_{21}^{2m} t_1^2 \pm \dots - q_{31}^m t_2 + q_{31}^{2m} t_2^2 \pm \dots)$$

$$= \lambda_1 (1 + t_1 q_{21}^m (q-1) + \mathcal{O}(q_{21}^{2m}) + \mathcal{O}(q_{31}^m)), \qquad (4.4)$$

indem man Zähler und Nenner des obigen Bruches durch $c_1 z_j^1$ dividiert und in eine geometrische Reihe entwickelt. Dabei sei

$$t_{i-1} = \frac{c_i z_j^i}{c_1 z_j^1} \qquad (2 \leq i \leq n)$$

gesetzt.

Aus der Formel (4.4) folgt die Behauptung von Satz 4.1 durch Anwendung von Hilfssatz 4.1 mit $q_1 := \max\left[|q_{31}|, |q_{21}^2| \right]$.

§ 5. Inverse Iteration nach WIELANDT

A sei eine $n \times n$-Matrix mit den Eigenwerten $\lambda_1,\dots,\lambda_n$ und einem System linear unabhängiger Eigenvektoren $z^1,\dots,z^n$. Ferner sei $\lambda^* \notin \{\lambda_1,\dots,\lambda_n\}$.
Dann ist die Matrix $A - \lambda^*E$ nicht singulär und wegen

$$(A-\lambda^*E)z^j = (\lambda_j-\lambda^*)z^j$$

gilt

$$(A-\lambda^*E)^{-1}z^j = \frac{1}{\lambda_j-\lambda^*}\, z^j \,,$$

d.h. $\frac{1}{\lambda_j-\lambda^*}$ ist Eigenwert zum Eigenvektor z^j von $(A-\lambda^*E)^{-1}$. Ist nun λ^* eine gute Näherung für einen <u>einfachen</u> Eigenwert λ_j, d.h. ist

$$\frac{1}{|\lambda^*-\lambda_j|} \text{ wesentlich größer als die übrigen Werte } \frac{1}{|\lambda^*-\lambda_i|}\,,$$

so wird nach § 3 der Näherungswert $\tilde{\lambda}$ des von-Mises-Verfahrens für $(A - \lambda^*E)^{-1}$ <u>sehr gut</u> gegen $\lambda := \frac{1}{\lambda_j - \lambda^*}$ konvergieren. Durch

$$\lambda_j = \lambda^* + \frac{1}{\tilde{\lambda}} \tag{5.1}$$

kann man dann näherungsweise λ_j berechnen.
Die im folgenden beschriebenen drei Iterationsverfahren sind Varianten der obigen, von WIELANDT stammenden Grundidee.

I. Iterationsverfahren

$\lambda^* \notin \{\lambda_1,\dots,\lambda_n\}$ sei eine Näherung eines Eigenwertes λ_j von A. Ferner sei

$$\frac{1}{|\lambda^*-\lambda_j|} > \frac{1}{|\lambda^*-\lambda_i|} \quad \text{für alle } i \neq j,\ 1 \leq i \leq n. \tag{5.2}$$

Ist dann x^0 ein allgemeiner Vektor bezüglich des Systems $z^1,\dots,z^n$ von Eigenvektoren von A (und $(A-\lambda^*E)^{-1}$), so konvergiert das von-Mises-Verfahren für $\{\mu^{(m)}\}$:

$$\|x^m\|_\infty = 1$$

$$\mu^{(m+1)}\, x^{m+1} = (A-\lambda^*E)^{-1}\, x^m \qquad (m = 0,1,2,\dots)$$

im Sinne von § 3 gegen $\frac{1}{\lambda_j - \lambda^*}$.

Zur praktischen Durchführung dieses Iterationsverfahrens nimmt man eine LR-Zerlegung von $A - \lambda^* E$ vor und löst jeweils das Gleichungssystem

$$Ly^{m+1} = x^m$$

$$Ru^{m+1} = y^{m+1}$$

und normiert schließlich u^{m+1} zur Berechnung von μ^{m+1} und x^{m+1}.

Bei vorliegender LR-Zerlegung braucht man für einen Iterationsschritt jeweils $n^2 + \mathcal{O}(n)$ Punktoperationen. Da man für die Matrix-Vektor-Multiplikation

$$u^{m+1} = Ax^m$$

beim herkömmlichen von-Mises-Verfahren $n^2 + \mathcal{O}(n)$ Punktoperationen braucht, hat man - abgesehen von einer <u>einmaligen</u> LR-Zerlegung - keinen höheren Rechenaufwand.

Ist λ^* keine sehr gute Näherung für λ_j, so wird man nach einigen Schritten dieses Iterationsverfahrens eine neue, bessere Näherung $\tilde{\lambda}$ für λ_j anstelle von λ^* verwenden und eine neue LR-Zerlegung durchführen. Dadurch ergibt sich das

II. Iterationsverfahren

Unter den gleichen Voraussetzungen wie beim I. Iterationsverfahren setze man

$$\lambda^0 := \lambda^*$$

und bilde aus λ^m und x^m

$$u^{m+1} := (A - \lambda^m E)^{-1} x^m =: \mu^{m+1} x^{m+1}, \quad \|x^{m+1}\|_\infty = 1$$

sowie

$$\lambda^{m+1} = \lambda^m + \frac{1}{\mu^{m+1}} .$$

Wie bei der Gleichung (5.1) ergibt sich hier, daß λ^{m+1} eine bessere Näherung für λ_j ist.

Die Konvergenz des II. Iterationsverfahrens wird also besser sein als die des I. Iterationsverfahrens. Allerdings hat man bei jedem Schritt eine LR-Zerlegung durchzuführen. Daher ist es numerisch sinnvoll, immer abwechselnd mehrere Schritte nach dem I. und nach dem II. Iterationsverfahren zu rechnen.

Die Matrix $(A - \lambda^m E)$ kommt mit wachsendem m in die Nähe einer singulären Matrix. Dieser Effekt zerstört jedoch die Stabilität des Verfahrens nicht. Denn man ist vor allem an der Richtung des Vektors x^m interessiert. Diese nähert sich der des Eigenvektors z^j mit $(A - \lambda_j E) z^j = 0$.

Satz 5.1

Das II. Iterationsverfahren liefert eine Näherungsfolge $\{\lambda^m\}$, die quadratisch gegen den Eigenwert λ_j konvergiert.

Beweis

Ohne Einschränkung sei

$$\lambda := \lambda^*,$$

$$|\lambda-\lambda_1| < |\lambda-\lambda_i| \qquad i = 2,\dots,n \text{ und}$$

$$z_1^1 = \|z^1\|_\infty = \|z^i\|_\infty = 1. \qquad (1 \le i \le n)$$

gesetzt. Ferner sei für ein genügend großes m

$$x^m = (1+\varepsilon_1)z^1 + \sum_{j=2}^{n} \varepsilon_j z^j \tag{5.3}$$

mit einer hinreichend kleinen Größe

$$\varepsilon := \max(|\varepsilon_1|, |\varepsilon_2|, \dots, |\varepsilon_n|, \underbrace{|\lambda_1-\lambda^m|}_{=:\,\tilde{\varepsilon}^m}).$$

Normiert werde durch $x_1^m = x_1^{m+1} = 1$.

Es gilt

$$\begin{aligned} \mu^{m+1} x^{m+1} &= (A - \lambda^m E)^{-1} x^m \\ &= \frac{1+\varepsilon_1}{\lambda_1-\lambda^m} z^1 + \sum_{j=2}^{n} \varepsilon_j \frac{z^j}{\lambda_j-\lambda^m} . \end{aligned} \tag{5.4}$$

Aus $x_1^{m+1} = 1$ folgt daher

$$\mu^{m+1} = \frac{1+\varepsilon_1}{\lambda_1-\lambda^m} + \sum_{j=2}^{n} \frac{\varepsilon_j z_1^j}{\lambda_j-\lambda^m}, \quad \text{also}$$

$$\begin{aligned} \lambda^{m+1} &= \lambda^m + \frac{1}{\mu^{m+1}} \\ &= \lambda^m + (\lambda_1-\lambda^m)(1+\underbrace{\varepsilon_1}_{=\mathcal{O}(\varepsilon)} + \underbrace{\sum_{j=2}^{n} \varepsilon_j \cdot z_1^j \frac{\lambda_1-\lambda^m}{\lambda_j-\lambda^m}}_{=\mathcal{O}(\varepsilon)})^{-1} \\ &= \lambda^m + \frac{\lambda_1-\lambda^m}{1+\mathcal{O}(\varepsilon)} \end{aligned}$$

$$= \lambda^m + (\lambda_1 - \lambda^m)(1 + \mathcal{O}(\varepsilon))$$

$$= \lambda_1 + \underbrace{(\lambda_1 - \lambda^m)\mathcal{O}(\varepsilon)}_{\mathcal{O}(\varepsilon)}$$

$$= \lambda_1 + \mathcal{O}(\varepsilon^2) .$$

Dabei wurde Gebrauch gemacht von der durch Entwicklung in eine geometrische Reihe leicht beweisbaren Beziehung

$$\frac{1}{1+\mathcal{O}(\varepsilon)} = 1 + \mathcal{O}(\varepsilon) \qquad (\text{für } 0 < \varepsilon < 1).$$

Der Beweisgang zeigt, daß auch die z^j - Komponenten von x^{m+1} wie $\mathcal{O}(\varepsilon^2)$ gegen 1 bzw. 0 streben.

III. Iterationsverfahren

Man bestimmt bei Vorliegen einer symmetrischen Matrix A wie bisher eine Folge von Vektoren

$$\mu^{m+1} x^{m+1} = (A - \lambda^m E)^{-1} \cdot x^m ,$$

berechnet aber den neuen Näherungswert des Eigenwertes mit dem Rayleighquotienten.

Satz 5.2

Es sei A eine reelle symmetrische $n \times n$-Matrix. Ist λ^0 eine genügend gute Näherung für einen einfachen Eigenwert λ_1 von A, so konvergiert das III. Iterationsverfahren, definiert durch die Formeln

$$\|x^0\|_2 = 1,$$

$$y^{m+1} := (A - \lambda^m E)^{-1} x^m \qquad (m=0,1,2,\ldots)$$

$$x^{m+1} := \frac{y^{m+1}}{\|y^{m+1}\|_2} ,$$

$$\lambda^{m+1} := (x^{m+1})^T A x^{m+1}$$

kubisch, wenn mit einem allgemeinen Vektor x^0 bezüglich eines linear unabhängigen Systems $z^1, \ldots, z^n$ von Eigenvektoren von A begonnen wird.

Beweis

Wir dürfen annehmen, daß die z^j ein orthonormiertes System von Vektoren bilden. Führt man die Bezeichnungen $\varepsilon_1, \ldots, \varepsilon_n, \tilde{\varepsilon}^m$ wie in Satz 5.1 ein, so gilt wegen der Orthogonalität der z^j und der Normierung von x^m:

$$\| x^m \|_2^2 = 1 = 1 + 2\varepsilon_1 + \sum_1^n \varepsilon_j^2 .$$

Dies impliziert $\varepsilon_1 = \mathcal{O}(\varepsilon^2)$.

Da

$$\lambda_1 = z^{1^T} A z^1 \quad \text{gilt und}$$

$$x^m = (1+\varepsilon_1) \cdot z^1 + \sum_2^n \varepsilon_j z^j \quad \text{ist, errechnet man}$$

$$\lambda^m = x^{m^T} A x^m = \lambda_1 (1+2\varepsilon_1 + \varepsilon_1^2) + \sum_2^n \varepsilon_j^2 \lambda_j \, .$$

Also

$$\tilde{\varepsilon}^m = |\lambda^m - \lambda_1| = |2\lambda_1 \varepsilon_1 + \sum_1^n \varepsilon_j^2 \lambda_j| = \mathcal{O}(\varepsilon^2).$$

Es folgt aus (5.3) und (5.4):

$$y^{m+1^T} y^{m+1} = \sum_{j=2}^n \frac{\varepsilon_j^2}{(\lambda_j - \lambda^m)^2} + \frac{(1+\varepsilon_1)^2}{(\tilde{\varepsilon}^m)^2} \tag{5.5}$$

$$= \frac{(1+\varepsilon_1)^2}{(\tilde{\varepsilon}^m)^2} (1 + \underbrace{\sum_{j=2}^n \frac{\varepsilon_j^2 (\tilde{\varepsilon}^m)^2}{(1+\varepsilon_1)^2 (\lambda_j - \lambda^m)^2}}_{= \mathcal{O}(\varepsilon^6)}) .$$

Aus (5.4) und (5.5) erhält man insgesamt

$$x^{m+1} = \frac{y^{m+1}}{\| y^{m+1} \|_2} = \frac{\frac{1+\varepsilon_1}{\tilde{\varepsilon}^m} z^1 + \sum_{j=2}^n \frac{\varepsilon_j z^j}{\lambda_j - \lambda^m}}{\frac{1+\varepsilon_1}{\tilde{\varepsilon}^m} (1+\mathcal{O}(\varepsilon^6))^{1/2}}$$

$$= (z^1 + \sum_{j=2}^n \underbrace{\frac{\varepsilon_j \tilde{\varepsilon}^m}{(\lambda_j - \lambda^m)}}_{\mathcal{O}(\varepsilon^3)} \frac{z^j}{(1+\varepsilon_1)} (1+\mathcal{O}(\varepsilon^6))^{-1/2}$$

$$= z^1 + (1,\ldots,1)^T \mathcal{O}(\varepsilon^3) \, .$$

Ferner gilt

$$\begin{aligned} \lambda^{m+1} &= x^{m+1^T} A x^{m+1} \\ &= (z^{1^T} + (1,\ldots,1)\mathcal{O}(\varepsilon^3)) A (z^1 + (1,\ldots,1)^T \mathcal{O}(\varepsilon^3)) \\ &= z^{1^T} A z^1 + \mathcal{O}(\varepsilon^3) \\ &= \lambda_1 + \mathcal{O}(\varepsilon^3) \end{aligned}$$

und damit ist Satz 5.2 bewiesen. Denn es ist gezeigt worden, daß $\lambda^{m+1}-\lambda_1$ und $\|x^{m+1}-z^1\|$ von der Größenordnung ε^3 sind, wenn $\lambda^m-\lambda_1$ und $\|x^m-z^1\|$ von der Größenordnung ε waren.

Bemerkung

Die praktische Durchführung des III. Iterationsverfahrens verläuft am besten folgendermaßen:

Aus x^m und λ^m bestimme man y^{m+1} als Lösung des linearen Gleichungssystems

$$(A-\lambda^m E)y^{m+1} = x^m .$$

Dann berechne man

$$\mu^{m+1} := \frac{{y^{m+1}}^T (A-\lambda^m E)y^{m+1}}{{y^{m+1}}^T y^{m+1}} = \frac{{y^{m+1}}^T x^m}{{y^{m+1}}^T y^{m+1}}$$

$$= \frac{{y^{m+1}}^T A y^{m+1}}{{y^{m+1}}^T y^{m+1}} - \lambda^m =: \lambda^{m+1} - \lambda^m ,$$

d.h. man setze

$$\lambda^{m+1} := \lambda^m + \frac{{y^{m+1}}^T x^m}{{y^{m+1}}^T y^{m+1}}$$

sowie

$$x^{m+1} := \frac{y^{m+1}}{\| y^{m+1} \|_2} .$$

§ 6. Deflation beim Eigenwertproblem

Das im vorigen Paragraphen beschriebene Verfahren gestattet eine außerordentlich genaue Berechnung von einzelnen Eigenwerten und Eigenvektoren. Wie bei Polynomen wird man versuchen, die Kenntnis der bereits berechneten Eigenwerte und Eigenvektoren bei der Bestimmung weiterer Eigenwerte auszunutzen.

Es sei λ_1 ein Eigenwert und z^1 ein zugehöriger (Rechts-)Eigenvektor einer $n \times n$-Matrix A. Gesucht ist eine in gewissem Sinn "einfachere" Matrix B, die bis auf λ_1 dieselben Eigenwerte wie A hat.

I. Deflation durch Ähnlichkeitstransformation

Führt man im $\mathbb{R}^n$ durch eine Transformationsmatrix T eine neue, z^1 als ersten Vektor enthaltende Basis ein, so wird der Vektor z^1 in Bezug auf die neue Basis durch $Tz^1 = e_1$ dargestellt und im neuen Koordinatensystem ist e_1 ein Eigenvektor der transformierten Matrix $B = T\,A\,T^{-1}$; die erste Spalte von B ist ein Vielfaches von e_1.

Wegen

$$Be_1 = TAT^{-1}Tz^1 = T\lambda_1 z^1 = \lambda_1 e_1$$

hat B nämlich die Darstellung

$$B = \left(\begin{array}{c|c} \lambda_1 & a^{1^T} \\ \hline 0 & \\ \cdot & \\ \cdot & A_{11} \\ \cdot & \\ \cdot & \\ 0 & \end{array}\right).$$

Da die Matrizen A und B ähnlich sind, haben sie gleiche Eigenwerte. Daraus kann man entnehmen, daß die <u>weiteren Eigenwerte von B</u> auch <u>Eigenwerte von A_{11}</u> sind, denn man braucht nur $\det(B-\lambda E)$ nach der ersten Spalte zu entwickeln. Die Eigenvektoren lassen sich leicht bestimmen:

Aus

$$Bx = \lambda x, \quad x := \begin{pmatrix} x_1 \\ \tilde{x} \end{pmatrix} \neq 0 \quad \text{mit } \tilde{x} \in \mathbb{R}^{n-1},\ x_1 \in \mathbb{R}$$

folgt

$$A_{11}\,\tilde{x} = \lambda\tilde{x} \qquad \text{und}$$

$$\lambda_1 x_1 + a^{1^T}\,\tilde{x} = \lambda x_1$$

und im Falle $\tilde{x} = 0$ folgt $\lambda_1 x_1 = \lambda x_1$, d.h. $\lambda = \lambda_1$.

Ist umgekehrt λ ein Eigenwert von A_{11} mit dem Eigenvektor $u \in \mathbb{R}^{n-1} - \{0\}$, so gilt

$$A_{11}u = \lambda u.$$

Ergänzt man u zu einem Vektor $z = \begin{pmatrix} \alpha \\ u \end{pmatrix} \in \mathbb{R}^n$, so hat man

$$Bz = \begin{pmatrix} \lambda_1\alpha + a^{1^T}u \\ \lambda u \end{pmatrix}$$

und z ist dann ein Eigenvektor zum Eigenwert λ von B, wenn

$$\lambda_1\alpha + a^{1^T} u = \lambda\alpha$$

gilt. Dies ist im Falle $\lambda \neq \lambda_1$ für

$$\alpha = \frac{a^{1^T} u}{\lambda-\lambda_1} \quad \text{richtig.}$$

Im Falle $\lambda = \lambda_1$ gibt es zwei Möglichkeiten:

1. Es gilt $a^{1^T} u = 0$. Dann ist $z = \binom{0}{u}$ ein zu e_1 orthogonaler Eigenvektor zum Eigenwert $\lambda_1 = \lambda$.
2. Es gilt $a^{1^T} u \neq 0$. Dann hat man für jedes $\alpha \in \mathbb{R}$

$$Bz = \lambda z + (a^{1^T} u)e_1.$$

Das Bild von z bei der Abbildung durch B unterscheidet sich von einem Multiplum von z um ein Multiplum des zum gleichen Eigenwert gehörenden Eigenvektors e_1. Einen solchen Vektor z nennt man Hauptvektor zum Eigenwert λ.

Bemerkung

Es ist klar, daß man dieses Vorgehen iteriert anwenden kann. Damit reduziert sich bei jeder Eigenwertberechnung die Zeilen- und Spaltenzahl der zu betrachtenden Matrix um 1. Wie bei Polynomen sind die durch die Deflation entstehenden Rundungsfehler bei der Berechnung weiterer Eigenwerte nicht mehr rückgängig zu machen. Obendrein kann sich bei der Deflation die Kondition der Matrix bezüglich der Eigenwertberechnung verschlechtern.

Hinweis für die praktische Durchführung

Gesucht ist eine möglichst einfache nichtsinguläre Matrix T mit $Tz^1 = e_1$.
Zunächst kann man eine Pivotisierung durchführen:

Man normiere z^1 durch $\| z^1 \|_\infty = 1$ und permutiere die Komponenten von z^1 durch eine Permutationsmatrix P_{1k} so, daß der Vektor

$$\tilde{z}^1 := P_{1k} z^1$$

als erste Komponente $e_1^T \tilde{z}^1 = \tilde{z}_1^1$ eine 1 hat.

a) Deflation durch elementare Matrizen

Man setze

$$T := (E - (\tilde{z}^1 - e_1)e_1^T) \cdot P_{1k}.$$

Dann gilt

$$Tz^1 = \tilde{z}^1 - (\tilde{z}^1 - e_1)\underbrace{e_1^T\tilde{z}^1}_{1} = e_1,$$

d.h. T ist als Transformationsmatrix brauchbar. Bei der Berechnung von B als $B = TAT^{-1}$ wird durch die Rechtsmultiplikation mit

$$T^{-1} = P_{1k}(E + (\tilde{z}^1 - e_1)e_1^T)$$

lediglich eine Spaltenvertauschung vorgenommen und die erste Spalte von A in $\lambda_1 e_1$ abgeändert (diese Rechnung kann unterdrückt werden). Die Linksmultiplikation mit T bringt eine Zeilenvertauschung mit sich und erfordert etwa $(n-1)^2$ Punktoperationen, da die erste Zeile von A unverändert bleibt.

b) Deflation durch Householder-Transformationen

Man kann die Transformation $\tilde{z}^1 \to e_1$ mit Hilfe einer Householder-Transformation

$$H = E - 2uu^T, \quad \| u \|_2 = 1,$$

durchführen. Die Bestimmung von u geschieht dabei genau wie bei der Herstellung einer QR-Zerlegung durch Householder-Transformationen. Bei ökonomischer Rechnung erfordert die Bildung von HAH^{-1} dann ungefähr $4n^2$ Punktoperationen.

II. Deflation nach WIELANDT

Der Eigenvektor z^1 zum Eigenwert λ_1 von A sei so normiert, daß $z_1^1 = 1 = \|z^1\|_\infty$ gilt. Dies ist durch eine Permutation der Elemente (d.h. Transformation mit P_{1k}) stets zu erreichen. Definiert man

$$B := (E - z^1 e_1^T)A,$$

so enthält die erste Zeile von B nur Nullen. Ferner gilt

1. $Bz^1 = Az^1 - z^1 e_1^T Az_1 = \lambda_1 z^1 - \lambda_1 z^1 z_1^1 = 0$.
2. Ist $\tilde{z}$ ein Eigenvektor zu einem (weiteren) Eigenwert λ von A, so erhält man

$$B\tilde{z} = A\tilde{z} - z^1 e_1^T A\tilde{z} = \lambda\tilde{z} - \lambda z^1 \tilde{z}_1 = (0,*,\ldots,*)^T$$
$$= \lambda(\tilde{z} - \tilde{z}_1 z^1)$$

und wegen $Bz^1 = 0$ ergibt sich

$$B(\tilde{z} - \tilde{z}_1 z^1) = B\tilde{z} = \lambda(\tilde{z} - \tilde{z}_1 z^1).$$

Damit erhält man den

Satz 6.1

Ist $\tilde{z}$ ein zum Eigenwert λ gehörender von z^1 verschiedener Eigenvektor, so ist $\tilde{z} - \tilde{z}_1 z^1$ Eigenvektor von B zum Eigenwert λ.
Ist umgekehrt $\tilde{z}$ ein Eigenvektor zu einem Eigenwert $\lambda \neq \lambda_1$ von B, so ist $\tilde{z} + \alpha \cdot z^1$, $\alpha = \frac{e_1^T A\tilde{z}}{\lambda - \lambda_1}$ ein Eigenvektor von A.

Beweis

Nur noch der zweite Teil ist zu beweisen.
Es ist

$$A = B + z^1 e_1^T A \quad \text{und} \quad Bz^1 = 0,$$

$$\begin{aligned} A(\tilde{z} + \alpha \cdot z^1) &= B\tilde{z} + z^1 e_1^T \cdot A\tilde{z} + \alpha \cdot z^1 e_1^T \cdot Az^1 \\ &= \lambda\tilde{z} + (e_1^T A\tilde{z}) \cdot z^1 + \alpha\lambda_1 z^1 . \end{aligned}$$

Demnach ist $\tilde{z} + \alpha z^1$ ein Eigenvektor von A zum Eigenwert λ, wenn

$$(e_1^T A\tilde{z})z^1 + \alpha\lambda_1 z^1 = \alpha\lambda z^1$$

d.h.

$$e_1^T A\tilde{z} + \alpha\lambda_1 = \alpha\lambda \quad \text{gilt.}$$

Wie bei der Deflation durch Ähnlichkeitstransformationen ergibt sich bei der Bestimmung von α die folgende Fallunterscheidung:

1. Im Falle $\lambda \neq \lambda_1$ kann man

$$\alpha = \frac{e_1^T A\tilde{z}}{\lambda - \lambda_1}$$

wählen und erhält somit einen Eigenvektor $\tilde{z} + \alpha z^1$ zum Eigenwert λ von A. Damit ist die Behauptung bewiesen. Man erkennt jedoch auch

2. Im Falle $\lambda = \lambda_1$ und

a) $e_1^T A\tilde{z} = 0$ ist $\tilde{z} + \alpha z^1$ für <u>jedes</u> α ein weiterer Eigenvektor zum Eigenwert λ.

b) Gilt dagegen $e_1^T A\tilde{z} \neq 0$, so erhält man lediglich einen <u>Hauptvektor</u>:

$$A(\tilde{z} + \alpha z^1) = \lambda(\tilde{z} + \alpha z^1) + (e_1^T A\tilde{z})z^1.$$

Praktische Durchführung

Es lohnt sich nicht,

$$B = (E - z^1 e_1^T)A$$

explizit zu berechnen; man bildet vielmehr während einer von-Mises-Iteration

$$x^{m+1} = Bx^m \qquad \text{(bis auf Faktoren)}$$

besser x^{m+1} in der Form

$$u^{m+1} := Ax^m,$$

$$x^{m+1} = (E - z^1 e_1^T)(Ax^m) = u^{m+1} - u_1^{m+1} \cdot z^1.$$

Man berechnet also $u^{m+1} = A \cdot x^m$ und bildet eine Linearkombination $u^{m+1} - \gamma z^1$, deren erste Komponente verschwindet.

§ 7. Das LR- und QR-Verfahren von RUTISHAUSER

LR- und QR-Verfahren dienen der gleichzeitigen Bestimmung sämtlicher Eigenwerte einer $n \times n$-Matrix A. Bei Akkumulation gewisser Transformationsmatrizen erhält man auch die Eigenvektoren.

Motivation

Es werde angenommen, die Matrix A habe betragsmäßig paarweise verschiedene Eigenwerte

$$|\lambda_1| > |\lambda_2| > \ldots > |\lambda_n| \geq 0.$$

In einem geeigneten Koordinatensystem wird dann die durch A gegebene Abbildung $\mathbb{R}^n \to \mathbb{R}^n$ durch eine Diagonalmatrix D beschrieben, d.h. es gibt eine nichtsinguläre Matrix T mit

$$T^{-1} AT = D = \begin{pmatrix} \lambda_1 & & & 0 \\ & \ddots & & \\ & & \ddots & \\ 0 & & & \lambda_n \end{pmatrix}.$$

1. Bei der von-Mises-Iteration mit D gilt

$$\gamma^{(m+1)} x^{m+1} = Dx^m = (\lambda_1 x_1^m, \ldots, \lambda_n x_n^m)^T$$

und die $\gamma^{(m+1)}$ werden so gewählt, daß $\|x^{m+1}\|_\infty = 1$, o.E. $x_1^{m+1} > 0$ besteht. Die Folge $\{x^m\}$ konvergiert dann gegen e_1.

2. Iteriert man ausgehend von zwei orthonormalen Vektoren p^0, q^0 gemäß der Vorschrift

$$D \cdot (p^m, q^m) = (p^{m+1}, q^{m+1}) \cdot \begin{pmatrix} \gamma_1^{(m+1)} & \gamma_{12}^{(m+1)} \\ & \\ 0 & \gamma_2^{(m+1)} \end{pmatrix} \quad (m=0,1,2,\dots), \tag{7.1}$$

wobei man die Konstanten $\gamma_1^{(m+1)}$, $\gamma_{12}^{(m+1)}$, $\gamma_2^{(m+1)}$ so zu wählen hat, daß p^{m+1} und q^{m+1} wieder orthonormal sind, so gilt

$$Dp^m = p^{m+1} \gamma_1^{(m+1)} \qquad (m=0,1,2,\dots) \tag{7.2}$$

und wie beim von-Mises-Verfahren wird hier Konvergenz $p^m \to e_1$ eintreten. Ferner folgt aus (7.1):

$$Dq^m = \gamma_{12}^{(m+1)} p^{m+1} + \gamma_2^{(m+1)} q^{m+1},$$

und wenn p^{m+1} und q^{m+1} orthonormal werden sollen, hat man nach (7.2) zu setzen

$$\gamma_2^{(m+1)} q^{m+1} = Dq^m - \frac{(Dp^m)^T Dq^m}{(Dp^m)^T Dp^m} Dp^m . \tag{7.3}$$

Speziell folgt für die i-te Komponente dieser Vektorgleichung

$$\tilde{q}_i^{m+1} := \gamma_2^{(m+1)} q_i^{m+1} \cdot \sum_{j=1}^{n} \lambda_j^2 (p_j^m)^2 = \lambda_i q_i^m \cdot \sum_{j=1}^{n} \lambda_j^2 (p_j^m)^2 - \lambda_i p_i^m \cdot \sum_{j=1}^{n} \lambda_j^2 p_j^m q_j^m ,$$

wenn man die Gleichung (7.3) mit $(Dp^m)^T Dp^m$ multipliziert.
Für die erste Komponente ergibt sich insbesondere:

$$\begin{aligned} \tilde{q}_1^{m+1} &= \lambda_1 q_1^m \lambda_1^2 (p_1^m)^2 - \lambda_1 p_1^m \lambda_1^2 p_1^m q_1^m + \mathcal{O}(p_2^m) + \dots + \mathcal{O}(p_n^m) \\ &= \mathcal{O}(p_2^m) + \dots + \mathcal{O}(p_n^m), \end{aligned}$$

d.h. q_1^{m+1} verschwindet für $m \to \infty$, da $\lim_{m \to \infty} p^m = e_1$ gilt.
In der zweiten Komponente erhält man

$$\tilde{q}_2^{m+1} = \lambda_2 q_2^m \lambda_1^2 (p_1^m)^2 + \mathcal{O}(p_2^m) + \dots \tag{7.4}$$

und in den weiteren Komponenten

$$\tilde{q}_i^{m+1} = \lambda_i \, q_i^m \cdot \lambda_1^2 \cdot (p_1^m)^2 + \mathcal{O}(p_i^m).$$

Wegen $|\lambda_i| < |\lambda_2|$ für $i > 2$ dominiert also die zweite Komponente von q^{m+1} für genügend große m und die übrigen Komponenten streben wie $\left|\frac{\lambda_i}{\lambda_2}\right|^m$ gegen Null (die erste Komponente verschwindet wie $\left|\frac{\lambda_2}{\lambda_1}\right|^m$). Aus Normierungsgründen strebt also q^m gegen e_2 und aus der Gleichung (7.4) für $\tilde{q}_2^{m+1} = \gamma_2^{(m+1)} q_2^{m+1} \cdot \sum_{j=1}^{n} \lambda_j^2 (p_j^m)^2$ ergibt sich $\lambda_2 = \lim_{m\to\infty} \gamma_2^{(m+1)}$, wenn man berücksichtigt, daß wegen $p^m \to e_1$ die Summe $\sum_{j=1}^{n} \lambda_j^2 (p_j^m)^2$ gegen λ_1^2 konvergiert.

3. Man könnte nun von n orthonormalen Vektoren $q^1,\ldots,q^n$ ausgehen, diese Vektoren als Spalten einer orthogonalen Matrix Q_0 schreiben und in Verallgemeinerung von (7.1) das Iterationsverfahren

$$D \cdot Q_m = Q_{m+1} R_{m+1} \quad (m = 0,1,2,\ldots) \tag{7.5}$$

mit einer Superdiagonalmatrix R_{m+1} betrachten. Als Verallgemeinerung bietet sich an, statt mit der unbekannten Diagonalmatrix D (die ja die Lösung des Problems bereits enthielte), mit der gegebenen Matrix A zu iterieren und mit $Q_0 = E$ zu beginnen. Dann erhält man analog zu (7.5) das folgende Iterationsverfahren:

<u>QR-Algorithmus von RUTISHAUSER</u>

$A_0 := A$ sei die gegebene $n \times n$-Matrix.

i) Man zerlege A_m in der Form

$$A_m = Q_m \cdot R_m \tag{7.6}$$

mit einer orthogonalen Matrix Q_m und einer Superdiagonalmatrix R_m $(m=0,1,2,\ldots)$.

ii) Dann bilde man

$$A_{m+1} := R_m \cdot Q_m, \tag{7.7}$$

setze A_{m+1} anstelle von A_m und gehe zurück nach i).

Indem man statt einer QR-Zerlegung eine LR-Zerlegung in eine normierte Subdiagonal- und eine Superdiagonalmatrix durchführt, erhält man den

<u>LR-Algorithmus von RUTISHAUSER</u>

Es sei die Matrix $A =: A_0$ gegeben.

Man zerlege für $m = 0,1,2,\ldots$ die Matrix A_m in der Form

$$A_m = L_m R_m$$

mit einer normierten Subdiagonalmatrix L_m und einer Superdiagonalmatrix R_m.

Dann bilde man

$$A_{m+1} := R_m \cdot L_m$$

und wiederhole die Zerlegung für A_{m+1}.
Der folgende Satz liefert einen Konvergenzbeweis für das QR-Verfahren:

Satz 7.1

Sind die Eigenwerte einer $n \times n$-Matrix A paarweise dem Betrage nach und von Null verschieden, so streben im Verlauf des QR-Algorithmus

die Matrizen Q_m gegen orthogonale Diagonalmatrizen,
die Matrizen A_m gegen eine obere Dreiecksmatrix,

in deren Diagonale die Eigenwerte von A dem Betrage nach angeordnet auftreten. Zum Zwecke einer einfacheren Beweisführung sei ferner vorausgesetzt, daß die Inverse T^{-1} der Matrix T der (Rechts-)Eigenvektoren von A eine $L \cdot R$-Zerlegung (ohne Zeilenvertauschungen) gestatte.

Bemerkung

1. Der obige Satz gilt in geeignet geänderter Form auch für den LR-Algorithmus; dabei konvergieren die Subdiagonalmatrizen L_m gegen die Einheitsmatrix (vgl. Satz 7.2).
2. Man kann die Konvergenz des LR- und QR-Verfahrens auch verallgemeinern auf den Fall, daß Eigenwerte gleichen Betrages auftreten. Hierfür sei auf das Buch "The algebraic eigenvalue problem" von WILKINSON verwiesen, dem hier auch im Beweis gefolgt wird.

Der Beweis des folgenden Hilfssatzes ist durch einfaches Nachrechnen zu führen:

Hilfssatz 7.1

Es sei $D := (d_{ii})$ eine Diagonalmatrix mit

$$|d_{jj}| > |d_{j+1\, j+1}| > 0$$

für $j = 1, \ldots, n-1$ und $L = (\ell_{ij})$ sei eine normierte Subdiagonalmatrix. Bezeichnet man ferner mit L_m^* die Subdiagonalmatrix $\left(\ell_{ij} \dfrac{d_{ii}^m}{d_{jj}^m}\right)$, so gilt

$$D^m L = L_m^* D^m \qquad (m \in \mathbb{N})$$

und $L_m^* \to E$ für $m \to \infty$.

Beweis von Satz 7.1

Aus den Gleichungen (7.6) und (7.7) folgt

$$A_{m+1} = Q_m^{-1} A_m Q_m \quad (m=0,1,\ldots), \tag{7.8}$$

d.h. alle Matrizen A_{m+1} sind zu $A_0 := A$ konjugiert (ähnlich) und haben demnach dieselben Eigenwerte wie A. Ferner folgt aus (7.8) durch Induktion

$$A_{m+1} = Q_m^{-1} \cdots Q_1^{-1} Q_0^{-1} \cdot A \cdot Q_0 \cdot Q_1 \cdots Q_m, \quad m = 0,1,2,\ldots . \tag{7.9}$$

Setzt man zur Abkürzung

$$Q_{0\ldots m} := Q_0 \cdot Q_1 \cdots Q_{m-1} \quad \text{und}$$

$$R_{m\ldots 0} := R_{m-1} \cdots R_0,$$

so folgt sukzessiv aus $A_m Q_m = Q_m A_{m+1}$

$$A_0 = Q_0 R_0,$$

$$A_0^2 = A_0 Q_0 R_0 = Q_0 A_1 R_0$$

$$= Q_0 Q_1 R_1 R_0 = Q_{0\ldots 2} R_{2\ldots 0}$$

und durch Induktion

$$A^m = A_0^m = Q_{0\ldots m} R_{m\ldots 0} . \tag{7.10}$$

Diese QR-Zerlegung von A^m ist nach Satz 3.3 des Kapitels III eindeutig, wenn A^m nichtsingulär ist und vorgeschrieben wird, daß alle R_i positive Diagonalelemente haben. Ist $T := (z^1,\ldots,z^n)$ die Matrix der (Rechts-) Eigenvektoren zu den Eigenwerten $\lambda_1,\ldots,\lambda_n$ von A, so gilt

$$AT = TD$$

mit

$$D := \begin{pmatrix} \lambda_1 & & 0 \\ & \ddots & \\ 0 & & \lambda_n \end{pmatrix}$$

und

$$|\lambda_1| > |\lambda_2| > \ldots > |\lambda_n| > 0 .$$

Daraus folgt

$$A^m = TD^m T^{-1}.$$

Weil T^{-1} eine LR-Zerlegung

$$T^{-1} = LR$$

gestattet, gilt

$$A^m = TD^m LR$$

und nach Hilfssatz 7.1 gibt es eine Folge $\{L_m^*\}$ von Subdiagonalmatrizen, die gegen E konvergieren und die Gleichungen

$$D^m L = L_m^* D^m$$

erfüllen. Damit folgt

$$A^m = TL_m^* D^m R$$

und mit einer QR-Zerlegung

$$T = \tilde{Q} \cdot \tilde{R} \tag{7.11}$$

von T mit positiven Diagonalelementen in $\tilde{R}$ erhält man

$$A^m = \tilde{Q} \cdot \tilde{R} \cdot L_m^* \cdot D^m \cdot R. \tag{7.12}$$

Wegen $L_m^* \to E$ strebt $\tilde{R}L_m^*$ gegen $\tilde{R}$; führt man eine QR-Zerlegung von $\tilde{R} \cdot L_m^*$ durch

$$\tilde{R} \cdot L_m^* = Q_m^{**} \cdot R_m^{**}$$

mit positiven Diagonalelementen in R_m^{**} aus, so konvergiert das Produkt $Q_m^{**} R_m^{**}$ gegen $\tilde{R}$ und Q_m^{**} muß dann wegen der Eindeutigkeit der QR-Zerlegung von $\tilde{R}$ gegen die Einheitsmatrix konvergieren. (Die Abbildung, die einer nichtsingulären Matrix B die orthogonale Matrix Q der QR-Zerlegung von B mit positiven Diagonalelementen von R zuordnet, ist stetig, wie sich aus den Konstruktionsverfahren für Q ergibt). Die Gleichung (7.12) geht somit über in

$$A^m = \tilde{Q} \cdot Q_m^{**} \cdot R_m^{**} \cdot D^m \cdot R; \tag{7.13}$$

führt man ferner die Diagonalmatrizen

$$\Delta_m := \begin{pmatrix} s_1 & & & & \\ & \cdot & & & 0 \\ & & \cdot & & \\ 0 & & & \cdot & \\ & & & & s_n \end{pmatrix}$$

mit $s_i := \operatorname{sgn}(\lambda_i)^m$ ein, so kann man (7.13) wegen $\Delta_m^2 = E$ schreiben als

$$A^m = (\tilde{Q} \cdot Q_m^{**} \cdot \Delta_m)(\Delta_m \cdot R_m^{**} \cdot D^m \cdot R), \tag{7.14}$$

und da die Vorzeichen der Diagonalelemente der Superdiagonalmatrix $R_m^{**} D^m R$ gleich denen von D^m und somit gleich denen von Δ_m sind, ist (7.14) eine QR-Zerlegung von A^m mit positiven Diagonalelementen im superdiagonalen Faktor.

Durch Vergleich mit (7.10) folgt

$$Q_{0\ldots m} = \tilde{Q} \cdot Q_m^{**} \cdot \Delta_m$$

und wegen $Q_m^{**} \to E$ werden die Matrizen $Q_{0\ldots m}$ für genügend große m bis auf das Vorzeichen der Spalten konstant. Aus (7.9) und (7.11) folgt

$$\begin{aligned} A_{m+1} &= Q_{0\ldots m}^{-1} \, A \, Q_{0\ldots m} \\ &= \Delta_m \, Q_m^{**-1} \, \tilde{Q}^{-1} \, A \, \tilde{Q} Q_m^{**} \, \Delta_m \\ &= \Delta_m \underbrace{Q_m^{**-1}}_{\to E} \, \tilde{R} \underbrace{T^{-1} \, A \, T}_{= D} \, \tilde{R}^{-1} \underbrace{Q_m^{**}}_{\to E} \Delta_m . \end{aligned}$$

Für $m \to \infty$ geht A_{m+1} also in eine Superdiagonalmatrix über; da die Diagonalelemente eines Produkts von Superdiagonalmatrizen gleich dem Produkt der Diagonalelemente der Faktoren sind, streben die Diagonalelemente der Matrizen A_m gegen die Diagonalelemente der Diagonalmatrix D, in deren Diagonale die Eigenwerte $\lambda_1, \ldots, \lambda_n$ stehen. Die Konvergenz der Q_m gegen orthogonale Diagonalmatrizen folgt aus $Q_{m-1} = Q_{0\ldots m-1}^{-1} \cdot Q_{0\ldots m}$ und dem oben bewiesenen Verhalten der $Q_{0\ldots m}$.
Damit ist Satz 7.1 bewiesen.
Zur Konvergenz des LR-Verfahrens gilt der folgende Satz:

Satz 7.2

Es sei A eine $n \times n$-Matrix, deren Eigenwerte betragsmäßig paarweise verschieden seien. Hat dann die Matrix T der Rechtseigenvektoren von A sowie deren Inverse T^{-1} eine LR-Zerlegung und besitzt jede der im LR-Verfahren

$$A_0 := A$$

$$A_m =: L_m \cdot R_m,$$

$$A_{m+1} := R_m \cdot L_m$$

auftretenden Matrizen $A_0, A_1, A_2, \ldots$ eine LR-Zerlegung, so konvergieren die Matrizen A_m gegen eine obere Dreiecksmatrix, deren Diagonalelemente die dem Betrage nach geordneten Eigenwerte von A sind.

Bemerkung

1. Wie bereits in § 1 des Kapitels III gesagt wurde, besitzt nicht jede nichtsinguläre Matrix A eine LR-Zerlegung, es sei denn, man führt eine geeignete Permutation der

Zeilen durch. Läßt man aber beim LR-Verfahren auch Zeilenpermutationen zu, so kommt man zu einem Verfahren, für das bisher noch kein Konvergenzbeweis existiert.

2. Eine erhebliche Verringerung des Arbeitsaufwandes tritt beim LR-Verfahren ein, wenn die Matrix A Hessenbergform hat; dann haben alle A_m Hessenbergform und jede LR-Zerlegung erfordert nur $\mathcal{O}(n^2)$ Punktoperationen.

3. Man kann wie beim Gesamt- bzw. Einzelschrittverfahren oder bei der von-Mises-Iteration durch Spektralverschiebung die Konvergenz wesentlich beschleunigen.

§ 8. Das Jacobi-Verfahren für symmetrische Matrizen

JACOBI hat in zwei Veröffentlichungen in den Astronomischen Nachrichten (1845) und im Crelle Journal (1846) ein Verfahren zur Behandlung des Eigenwertproblems symmetrischer Matrizen angegeben, das auch mit unseren heutigen Maßstäben gemessen noch als sehr gut gilt.
Es beruht auf folgender Tatsache:

Hilfssatz 8.1
Ist $A = A^T = (a_{ij})$ eine symmetrische $n \times n$-Matrix mit den Eigenwerten $\lambda_1, \ldots \lambda_n$, so gilt

$$\sum_{j=1}^{n} \lambda_j^2 = \sum_{k,j=1}^{n} a_{jk}^2 .$$

Beweis
Die Matrix A läßt sich mit einer orthogonalen Matrix C auf Diagonalform transformieren:

$$A = C^T D C$$

mit

$$D = \begin{pmatrix} \lambda_1 & & & 0 \\ & \ddots & & \\ & & \ddots & \\ 0 & & & \lambda_n \end{pmatrix} .$$

Wegen der Invarianz der Spur gilt dann

$$\text{Spur}\,(A^T A) = \text{Spur}\,(C^T D C C^T D C)$$

$$= \text{Spur}\,(C^T D^2 C)$$

$$= \text{Spur}\,(D^2)$$

$$= \sum_{j=1}^{n} \lambda_j^2$$

$$= \sum_{j,k=1}^{n} a_{kj}\, a_{kj} \; .$$

Setzt man

$$N(A) := 2 \cdot \sum_{i<k} a_{ik}^2 ,$$

so liefert Hilfssatz 8.1:

$$\sum_{j=1}^{n} \lambda_j^2 = \sum_{j=1}^{n} a_{jj}^2 + N(A). \tag{8.1}$$

Da die linke Seite dieser Gleichung gegenüber orthogonalen Transformationen invariant ist, wird man versuchen, durch geeignete orthogonale Transformationen die Größe $N(A)$ zu verkleinern und damit durch Vergrößern von $\sum_{j=1}^{n} a_{jj}^2$ die Matrix A in eine Diagonalmatrix zu überführen. Es werden dazu die bereits bei der QR-Zerlegung verwendeten ebenen Drehungen $T_{ij}(\alpha)$ benutzt (vgl. § 3 von Kapitel III):

$$T_{ij}(\alpha) := E + (c-1)(e_j e_j^T + e_i e_i^T) + s(e_j e_i^T - e_i e_j^T)$$

$$\text{mit } c := \cos\alpha, \quad s := \sin\alpha.$$

Der Winkel α wird natürlich nicht explizit bei der numerischen Rechnung benötigt. Es gilt der

Hilfssatz 8.2

Bildet man für Indizes i,j mit $a_{ij} \neq 0$ die Matrix

$$B := T_{ij}(\alpha) \cdot A \cdot T_{ij}^T(\alpha) \qquad \text{mit Hilfe der Größen} \tag{8.2}$$

$$\tau := \frac{a_{ii}-a_{jj}}{\sqrt{(a_{ii}-a_{jj})^2 + 4a_{ij}^2}} ,$$

$$c := \left(\frac{1+\tau}{2}\right)^{1/2}, \quad s := \sigma \cdot \left(\frac{1-\tau}{2}\right)^{1/2} \quad \text{und}$$

$$\sigma := -\,\text{sgn}((a_{ii}-a_{jj}) \cdot a_{ij}),$$

so verschwindet $b_{ij} = b_{ji}$ und es gilt

$$N(B) = N(A) - 2a_{ij}^2. \tag{8.3}$$

Beweis

Aus der Invarianz der Gleichung (8.1) gegenüber orthogonalen Transformationen folgt

$$N(A) - N(B) = \sum_{k=1}^{n} (b_{kk}^2 - a_{kk}^2) = b_{jj}^2 + b_{ii}^2 - a_{jj}^2 - a_{ii}^2, \tag{8.4}$$

da B aus A durch Umformung der Zeilen und Spalten mit den Indizes i und j entsteht. Die rechte Seite von (8.4) kann man aber bereits bei 2 x 2-Matrizen betrachten:

$$\begin{pmatrix} b_{ii} & b_{ij} \\ b_{ji} & b_{jj} \end{pmatrix} = \begin{pmatrix} c & -s \\ s & c \end{pmatrix} \cdot \begin{pmatrix} a_{ii} & a_{ij} \\ a_{ji} & a_{jj} \end{pmatrix} \cdot \begin{pmatrix} c & s \\ -s & c \end{pmatrix}. \tag{8.5}$$

In diesen Teilmatrizen werden nämlich die Größen b_{ij}, b_{ji}, b_{jj}, b_{ii} ebenso berechnet wie in der Gleichung (8.2). Aus Hilfssatz 8.1 folgt wegen der Invarianz der Eigenwerte der Teilmatrizen

$$b_{ii}^2 + b_{jj}^2 + 2b_{ij}^2 = a_{ii}^2 + a_{jj}^2 + 2a_{ij}^2 ,$$

d.h. mit (8.4) gilt

$$N(A) - N(B) = 2(a_{ij}^2 - b_{ij}^2). \tag{8.6}$$

Aus (8.5) folgt unmittelbar

$$b_{ij} = c \cdot s\,(a_{ii} - a_{jj}) + (c^2 - s^2) a_{ij}.$$

Setzt man formal für c und s die Größen aus (8.2) ein, so folgt

$$b_{ij} = \frac{\sigma}{2}(1-\tau^2)^{1/2}(a_{ii}-a_{jj}) + \tau \cdot a_{ij} - \frac{\frac{\sigma}{2}\sqrt{4a_{ij}^2}\,(a_{ii}-a_{jj}) + (a_{ii}-a_{jj}) \cdot a_{ij}}{\sqrt{(a_{ii}-a_{jj})^2 + 4a_{ij}^2}} = 0.$$

Zusammenfassung

Durch eine (orthogonale) Transformation mit $T_{ij}(\alpha)$ kann man jeweils eines der Nichtdiagonalelemente in Null überführen.

Durch sukzessive Anwendung von orthogonalen Transformationen $T_{ij}(\alpha)$ kann man also erreichen, daß A gegen eine Diagonalmatrix strebt. Je nach der Auswahl des nächsten zu annullierenden Elementes a_{ij} kann man die folgenden Strategien unterscheiden:

1. Klassisches Jacobi-Verfahren

Man suche jeweils das betragsmäßig größte Nichtdiagonalelement aus. Dessen Betrag ist mindestens gleich

$$\frac{N(A)}{2n(n-1)}$$

und aus (8.3) folgt

$$N(B) \leq N(A)\,(1 - \frac{1}{n(n-1)}),$$

d.h. die Konvergenz des klassischen Jacobi-Verfahrens ist bezüglich der "Meßgröße" N(A) mindestens linear.

2. Zyklisches Jacobi-Verfahren

Da es u.U. zeitraubend ist, unter den Nichtdiagonalelementen jeweils das betragsmäßig größte herauszusuchen, kann man die Nichtdiagonalelemente ohne Rücksicht auf ihre Größe zyklisch durchlaufen, d.h. man läßt das Indexpaar (i,j) nacheinander die Paare (1,2), (1,3),...(1,n), (2,3),..., (2,n), (3,4),...,...(n-1,n) durchlaufen und beginnt dann wieder von vorn.

3. Da es (vgl. Gleichung (8.3)) für kleine Werte von a_{ij}^2 nicht effektiv ist, eine orthogonale Transformation anzuwenden und man andererseits umfangreiche Suchaktionen wie beim klassischen Jacobi-Verfahren vermeiden möchte, wird man sich beim zyklischen Jacobi-Verfahren auf die Transformation solcher Elemente a_{ij} beschränken, deren Quadrat oberhalb einer gewissen Schranke, z.B. $\frac{N(A)}{2n^2}$ liegt. Man erhält dann wegen

$$N(B) \leq N(A)\left\{1 - \frac{1}{n^2}\right\}$$

ebenfalls lineare Konvergenz der Größe N(A).

Hat man nach einigen Iterationen eine Matrix mit (relativ) kleinen Nichtdiagonalelementen gefunden, so sind die Diagonalglieder Näherungen für die Eigenwerte der Matrix. Zur Fehlerabschätzung stehen die Gerschgorinkreise zur Verfügung.

§ 9. Lokalisationssätze für die Eigenwerte symmetrischer und normaler Matrizen

Im Verlauf dieser Vorlesung wurden bereits folgende Sätze über die Lage der Eigenwerte einer Matrix A angegeben:

1. Ist $|||\cdot|||$ eine zu einer Vektorennorm passende Matrixnorm, so gilt für jeden Eigenvektor λ von A

$$|\lambda| \leq \rho(A) \leq |||\, A \,|||$$

(vgl. Kapitel III, § 4).

2. Die Eigenwerte λ_i einer Matrix $A = (a_{ik})$ liegen in den Gerschgorinkreisen

$$K_i := \{\lambda \in \mathbb{C} \mid |a_{ii} - \lambda| \leq \sum_{\substack{j=1 \\ j \neq i}}^{n} |a_{ij}|\}.$$

Genauer gilt:

a) Sind die Kreise K_i für $i = 1,\ldots,n$ paarweise punktfremd, so liegt in jedem Kreis genau ein Eigenwert.

b) Bilden p der Kreise eine zusammenhängende Punktmenge P, die zu allen übrigen Kreisen punktfremd ist, so enthält P genau p Eigenwerte von A.

In diesem Paragraphen sollen zwei weitere Fragestellungen eingehend untersucht werden:

1. Wie groß sind die Änderungen der Eigenwerte einer Matrix A, wenn sich die Elemente von A "wenig" ändern?

2. Was kann man über die Lage eines Eigenwertes aussagen, wenn man einen Vektor hat, der "annähernd" Eigenvektor ist?

Zur Beantwortung dieser Fragen benötigt man scharfe Abschätzungen der Eigenwerte; der Rest dieses Paragraphen ist daher der Herleitung solcher "Einschließungssätze" gewidmet. Die dabei angewendeten Schlüsse lassen keine Verallgemeinerung auf beliebige (nicht normale, d.h. $AA^T \neq A^TA$) Matrizen zu; bei diesen muß man mit außerordentlicher Empfindlichkeit der Eigenwerte gegenüber Störungen der Matrixelemente rechnen.

I. Das allgemeine Eigenwertproblem mit symmetrischen Matrizen

Es seien A und B zwei symmetrische $n \times n$-Matrizen und B sei positiv definit. Das allgemeine Eigenwertproblem bezüglich A und B besteht darin, reelle Zahlen λ und vom Nullvektor verschiedene Vektoren $x \in \mathbb{R}^n$ zu finden mit

$$Ax = \lambda Bx. \tag{9.1}$$

Wie beim "gewöhnlichen" Eigenwertproblem nennt man x "Eigenvektor" zum "Eigenwert" λ.

Bemerkung 9.1

Theoretisch ist das allgemeine Eigenwertproblem (9.1) zu einem gewöhnlichen Eigenwertproblem

$$\widetilde{A}y = \lambda y$$

mit einer symmetrischen Matrix $\widetilde{A}$ äquivalent:
man zerlege nämlich B in der Form

$$B = R^T R$$

mit einer Superdiagonalmatrix R. Dann folgt für $y := Rx$ aber

$$\underbrace{(R^T)^{-1} A R^{-1}}_{=:\,\widetilde{A}} y = \lambda y, \tag{9.2}$$

wenn (9.1) gilt, d.h. $\widetilde{A} = (R^T)^{-1} AR^{-1}$ hat im üblichen Sinne die gleichen Eigenwerte wie das Problem (9.1) und umgekehrt (was man unmittelbar aus (9.2) ersehen kann, wenn man berücksichtigt, daß R nichtsingulär sein muß, weil B positiv definit ist). Ferner ist $\widetilde{A}$ wieder symmetrisch. Daraus folgt, daß das Problem (9.1) n reelle Eigenwerte und $\widetilde{A}$ ein orthonormales System von n Eigenvektoren $y^i = Rx^i$ besitzt; die Eigenvektoren $x^1,\ldots,x^n$ des Problems (9.1) lassen sich also so normieren, daß

$$x^{i^T} Bx^j = x^{i^T} R^T Rx^j = y^{i^T} y^j = \delta_{ij} \qquad (1 \le i,\, j \le n) \tag{9.3}$$

gilt.
Der folgende Satz charakterisiert die Eigenwerte von (9.1):

<u>Satz 9.1</u>
Ordnet man die Eigenwerte $\lambda_1,\ldots,\lambda_n$ von (9.1) der Größe nach an, d.h. gilt

$$\lambda_1 \ge \lambda_2 \ge \ldots \ge \lambda_n \tag{9.4}$$

und ist z^j der zu λ_j gehörige Eigenvektor, so gilt für $j=1,\ldots,n$

$$\lambda_j = \max\left\{ \frac{x^T Ax}{x^T Bx} \;\middle|\; x \in \mathbb{R}^n - \{o\},\quad x^T Bz^i = 0 \text{ für } i=1,\ldots,j-1 \right\}.$$

<u>Bemerkung 9.2</u>
Der obige Satz liefert untere Schranken für die Eigenwerte selbst (nicht nur für deren Beträge); für den Fall des gewöhnlichen Eigenwertproblems (d.h. B = E) einer symmetrischen Matrix A ergeben sich also die Eigenwerte als Maxima des Rayleighquotienten als Funktion auf gewissen Teilräumen des $\mathbb{R}^n$.

<u>Beweis</u> von Satz 9.1
Die Vektoren $y^j := Rz^j$ sind nach der Bemerkung 9.1 Eigenvektoren zum Eigenwert λ_j der Matrix $\widetilde{A} = (R^T)^{-1} AR^{-1}$ (vgl. (9.2)). Ein Vektor $x \in \mathbb{R}^n - \{0\}$ mit $x^T Bz^i = 0$

für $i=1,\dots,j-1$ liefert einen Vektor $y := Rx$ mit

$$y^T y^j = x^T R^T R z^j = x^T B z^j = 0,$$

d.h.: y hat die Darstellung

$$y = \sum_{i=j}^{n} c_i y^i \quad \text{mit} \quad c_i \in \mathbb{R}\,.$$

Da die y^i Eigenvektoren von $\widetilde{A}$ sind, folgt

$$y^T \widetilde{A} y = \sum_{i,k=j}^{n} c_i c_k \lambda_k \underbrace{y^{i^T} y^k}_{\delta_{ik}} = \sum_{i=j}^{n} \lambda_i c_i^2$$

$$\le \lambda_j \sum_{i=j}^{n} c_i^2\,, \tag{9.5}$$

wenn man die Eigenvektoren x^i von (9.1) gemäß (9.3) normiert. Das Maximum wird auch angenommen, dazu braucht man nur $c_i = \delta_{ji}$ $(i=1,\dots,n)$ zu setzen.
Da andererseits

$$y^T \widetilde{A} y = x^T R^T (R^T)^{-1} A R^{-1} Rx = x^T A x$$

und

$$y^T y = \sum_{i=j}^{n} c_i^2 = x^T R^T R x = x^T B x$$

gilt, folgt aus (9.5) die Behauptung.

Eine unmittelbare Folgerung dieses Satzes ist das <u>Courantsche Minimum-Maximum-Prinzip:</u>

<u>Satz 9.2</u>
Für den j-ten Eigenwert λ_j von A im Sinne von (9.4) gilt

$$\lambda_j = \min_{x^1,\dots,x^{j-1} \in \mathbb{R}^n} \left\{ \max \left\{ \frac{x^T A x}{x^T B x} \;\middle|\; \begin{array}{c} x \in \mathbb{R}^n - \{0\},\ x^T B x^i = 0 \\ \text{für } i=1,\dots,j-1 \end{array} \right\} \right\}.$$

Beweis

Nach Satz 9.1 wird für $x^1 = z^1, \dots, x^{j-1} = z^{j-1}$ das Minimum λ_j des obigen Ausdrucks angenommen. Zu zeigen bleibt, daß für jede Wahl von Vektoren $x^1, \dots, x^{j-1} \in \mathbb{R}^n$ ein $x \in \mathbb{R}^n - \{0\}$ existiert mit $x^T B x^i = 0$ für $i=1,\dots,j-1$ und

$$\frac{x^T Ax}{x^T Bx} \geq \lambda_j \, .$$

Aus Dimensionsgründen gibt es eine Linearkombination

$$x = \sum_{i=1}^{j} c_i z^i \qquad (\text{nicht alle } c_i = 0)$$

der j linear unabhängigen Eigenvektoren $z^1, \dots, z^j$, die auf $Bx^1, \dots, Bx^{j-1}$ senkrecht steht (d.h. es gilt $x^T Bx^i = 0$ für $i=1,\dots,j-1$). Dann gilt mit der Normierung (9.3)

$$x^T Bx = \sum_{k,i=1}^{j} c_i z^{i^T} c_k B z^k = \sum_{k,i=1}^{j} c_i c_k \underbrace{z^{i^T} B z^k}_{= \delta_{ik}}$$

$$= \sum_{i=1}^{j} c_i^2$$

und

$$x^T Ax = \sum_{k,i=1}^{j} c_i c_k \lambda_k \underbrace{z^{i^T} B z^k}_{= \delta_{ik}} = \sum_{i=1}^{j} \lambda_i c_i^2 \geq \lambda_j \sum_{i=1}^{j} c_i^2$$

nach (9.4).

Daraus folgt insgesamt die Behauptung .

Bemerkung 9.3

Aus dem Minimum-Maximum-Prinzip von COURANT folgt die stetige Abhängigkeit der Eigenwerte von Störungen in den Matrizen des betreffenden Eigenwertproblems, weil die Funktion

$$\varphi(x,A,B) := \frac{x^T Ax}{x^T Bx}$$

in ihrem Definitionsbereich stetig ist.

Ferner ergeben sich sofort Vergleichssätze für Eigenwerte:

Satz 9.3

Gegeben seien zwei symmetrische Matrizen A_1, A_2 und zwei positiv definite symmetrische Matrizen B_1 und B_2. Ferner gelte

$$0 < x^T B_2 x \le x^T B_1 x \quad \text{und} \qquad x^T A_1 x \le x^T A_2 x \tag{9.6}$$

für alle Vektoren $x \in \mathbb{R}^n - \{0\}$. Dann gilt für die Eigenwerte $\lambda_1^{(i)}, \ldots, \lambda_n^{(i)}$ der verallgemeinerten Eigenwertprobleme

$$A_i z^{(i,k)} = \lambda_k^{(i)} B_i z^{(i,k)} \qquad (i=1,2)$$

die Ungleichung

$$\lambda_k^{(2)} \ge \lambda_k^{(1)}$$

für alle $k \in \{1,\ldots,n\}$.

Beweis

Wendet man die Aussagen von Satz 9.1 und Satz 9.2 auf den Eigenwert $\lambda_k^{(2)}$ und die Eigenvektoren $z^{(2,j)}$ für $j=1,\ldots,k-1$ an, so folgt

$$\lambda_k^{(2)} = \max \left\{ \frac{x^T A_2 x}{x^T B_2 x} \,\middle|\, x \in \mathbb{R}^n - \{0\},\ x^T B_2 z^{(2,j)} = 0 \text{ für } j=1,\ldots,k-1 \right\}.$$

Mit Hilfe der Ungleichungen (9.6) erhält man daraus

$$\lambda_k^{(2)} \ge \max \left\{ \frac{x^T A_1 x}{x^T B_1 x} \,\middle|\, x \in \mathbb{R}^n - \{0\},\ x^T B_1 \underbrace{B_1^{-1} B_2 z^{(2,j)}}_{=:\, x^j} = 0 \text{ für } j=1,\ldots,k-1 \right\}$$

$$\ge \min_{x^1,\ldots,x^{k-1} \in \mathbb{R}^n} \left\{ \max \left\{ \frac{x^T A_1 x}{x^T B_1 x} \,\middle|\, x \in \mathbb{R}^n - \{0\},\ x^T B_1 x^j = 0 \text{ für } j=1,\ldots,k-1 \right\} \right\}$$

$$= \lambda_k^{(1)}$$

unter Benutzung von Satz 9.2 für $\lambda_k^{(1)}$.

Damit ist Satz 9.3 bewiesen.

Satz 9.4

Es sei B eine positiv definite symmetrische Matrix; ferner seien A und F symmetrische Matrizen. Das verallgemeinerte Eigenwertproblem

$$Az = \lambda Bz$$

habe die Eigenwerte $\lambda_1,\ldots,\lambda_n$ mit den Eigenvektoren $z^1,\ldots,z^n$ (in der Anordnung wie in (9.4)); das Eigenwertproblem

$$Fy = \mu By$$

habe die Eigenwerte $\mu_1,\ldots,\mu_n$ mit den Eigenvektoren $y^1,\ldots,y^n$. Ferner seien $\varkappa_1,\ldots,\varkappa_n$ die Eigenwerte des Problems

$$(A+F)x = \varkappa Bx.$$

Dabei seien die μ_i und die $\varkappa_j$ wie in (9.4) angeordnet. Dann gilt

$$\varkappa_k \le \min_{i+j\le k+1} (\lambda_j+\mu_i)$$

für alle Indizes $k \in \{1,\ldots,n\}$.

Beweis

Durch Anwendung von Satz 9.2 auf den Eigenwert $\varkappa_k$ und die i+j-2 Vektoren $z^1,\ldots,z^{j-1}$, $y^1,\ldots,y^{i-1}$ folgt sofort

$$\begin{aligned}
\varkappa_k &\le \max\left\{ \frac{x^T(A+F)x}{x^TBx} \;\middle|\; x \in \mathbb{R}^n-\{0\},\; \begin{array}{l} x^TBz^m = 0 \text{ für } m=1,\ldots,j-1 \\ x^TBy^m = 0 \text{ für } m=1,\ldots,i-1 \end{array} \right\} \\
&\le \max\left\{ \frac{x^TAx}{x^TBx} \;\middle|\; x \in \mathbb{R}^n-\{0\},\; x^TBz^m = 0 \text{ für } m=1,\ldots,j-1 \right\} \\
&\quad + \max\left\{ \frac{x^TFx}{x^TBx} \;\middle|\; x \in \mathbb{R}^n-\{0\},\; x^TBy^m = 0 \text{ für } m=1,\ldots,i-1 \right\} \\
&= \lambda_j + \mu_i,
\end{aligned}$$

was zu beweisen war.

Bemerkung 9.4

1. Wendet man Satz 9.4 auf -A und -F anstelle von A und F an, so kehren sich die Vorzeichen der Eigenwerte λ_j,μ_i und $\varkappa_k$ um; da sich dann auch die durch (9.4) festgelegte Anordnung und damit die Numerierung umkehrt, folgt aus Satz 9.4:

$$-\varkappa_{n-k+1} \leq -\lambda_{n-j+1} - \mu_{n-i+1}$$

für alle Indizes $i,j,k \in \{1,\ldots,n\}$ mit $i + j \leq k + 1$, d.h. es gilt

$$\varkappa_{n-k+1} \geq \lambda_{n-j+1} + \mu_{n-i+1}$$

für alle Indizes $i,j,k \in \{1,\ldots,n\}$ mit $j+i \leq k+1$ oder, analog zu Satz 9.4 geschrieben:

$$\varkappa_k \geq \max_{i+j \geq n+k} (\lambda_j + \mu_i) \tag{9.7}$$

für alle $k \in \{1,\ldots,n\}$.

2. Ein Spezialfall der Aussage von Satz 9.4 ist

$$\varkappa_k \leq \lambda_k + \mu_1 \qquad (1 \leq k \leq n);$$

aus (9.7) entnimmt man analog

$$\varkappa_k \geq \lambda_k + \mu_n \qquad (1 \leq k \leq n).$$

Es gilt also die Einschließung

$$\lambda_k + \mu_n \leq \varkappa_k \leq \lambda_k + \mu_1 \qquad (1 \leq k \leq n) \tag{9.8}$$

und wegen $\mu_n \to 0$ und $\mu_1 \to 0$ für $|||F||| \to 0$ ist ein weiterer Beweis dafür erbracht, daß die Eigenwerte einer symmetrischen Matrix stetig von den Elementen der Matrix abhängen. Die Ungleichungen (9.8) liefern obendrein die Einschließung

$$\lambda_k - \rho(F) \leq \varkappa_k \leq \lambda_k + \rho(F)$$

und daher unterscheiden sich die Eigenwerte von $A + F$ und A höchstens um $2 \cdot \rho(F)$. Dies ist eine brauchbare Abschätzung des Fehlers einer Eigenwertaufgabe bezüglich Störungen in den Eingangsdaten, denn irgendeine nach Belieben gewählte zu einer Vektornorm passende Matrixnorm liefert eine obere Schranke für den Spektralradius; man kann daher die Größe $2\rho(F)$ leicht abschätzen.

II. Schranken für Eigenwerte bei Vorliegen einer Näherung für einen Eigenvektor.

Wieder sei A eine symmetrische $n \times n$-Matrix (man kann die folgenden Überlegungen sogar für normale Matrizen anstellen, was hier der Kürze halber unterlassen werden soll). Ferner sei $x \in \mathbb{R}^n$ ein fester Vektor.

Hilfssatz 9.1

Sind alle Komponenten x_j von x von Null verschieden und definiert man

$$Q := \begin{pmatrix} q_1 & & & 0 \\ & \ddots & & \\ & & \ddots & \\ 0 & & & q_n \end{pmatrix} \quad \text{mit } q_j := \frac{(Ax)_j}{x_j},$$

so gilt für beliebige einander zugeordnete Matrix- und Vektornormen

$$\text{(a)} \quad 1 \leq |||(A-pE)^{-1}||| \cdot \frac{\|(Q-pE)x\|}{\|x\|}$$

$$\text{(b)} \quad 1 \leq |||(A-pE)^{-1}||| \cdot |||Q-pE||| , \tag{9.9}$$

für jedes $p \in \mathbb{R}$, für das $A-pE$ nicht singulär ist.

Bemerkung 9.5

Die Ungleichungen (9.9) besagen, daß die Norm von $(A-pE)^{-1}$ nicht zu klein werden kann, wenn p nahe bei allen q_j liegt.

Beweis von Hilfssatz 9.1

Auf Grund der Definition der q_j gilt für den festen Vektor x die Gleichung

$$Ax = Qx$$

und daher

$$(A-pE)x = (Q-pE)x, \tag{9.10}$$

d.h.

$$x = (A-pE)^{-1}(Q-pE)x,$$

falls $(A-pE)^{-1}$ existiert. Durch Übergang zur Norm folgt (a):

$$\|x\| \leq |||(A-pE)^{-1}||| \cdot \|(Q-pE)x\| \tag{9.11}$$

und durch weiteres Abschätzen ergibt sich (b):

$$1 \leq |||(A-pE)^{-1}||| \cdot |||Q-pE||| .$$

Als Spezialfall von Hilfssatz 9.1 erhält man den

Satz 9.5 (Quotientensatz; COLLATZ, WIELANDT und ELSNER).
Mit den obigen Bezeichnungen gilt:
Es gibt einen Eigenwert λ von A mit

$$|\lambda-p| \leq \max_{1\leq j\leq n} | q_j - p |.$$

für jedes $p \in \mathbb{R}$.

Bemerkung 9.6
Im Falle einer normalen Matrix A erhält man hier die Existenz eines Eigenwertes λ im Kreis

$$K_\rho(p) := \{z \mid z \in \mathbb{C} , \ | z-p | \leq \rho\}, \ \rho = \max_{1\leq j< n} |q_j-p|.$$

Beweis: von Satz 9.5.
Da $(A-pE)^{-1}$ symmetrisch ist, ist die Spektralnorm $|||\cdot|||_2$ von $(A-pE)^{-1}$ gleich dem Spektralradius

$$\rho((A-pE)^{-1}) = \max_{1\leq j\leq n} \left|\frac{1}{\lambda_j-p}\right| = \frac{1}{\min\limits_{1\leq j\leq n} | \lambda_j-p |} , \tag{9.12}$$

da die Eigenwerte von $(A-pE)^{-1}$ durch die Zahlen $\frac{1}{\lambda_j - p}$ gegeben sind. Dabei sei $p \neq \lambda_j$ für $j=1,\ldots,n$ vorausgesetzt. Analog folgt

$$||| Q-pE |||_2 = \rho(Q-pE) = \max_{1\leq j\leq n} |q_j-p|$$

und aus Aussage (b) des Hilfssatzes 9.1 erhält man

$$\min_{1\leq j\leq n} |\lambda_j-p| \leq \max_{1\leq j\leq n} |q_j-p|.$$

Da nichts zu beweisen ist, falls p mit einem der Eigenwerte von A zusammenfällt, ist Satz 9.5 bewiesen.

Korollar
Für wenigstens einen Eigenwert λ von A gilt

$$q_{min} := \min_{1\leq j\leq n} q_j \leq \lambda \leq q_{max} := \max_{1\leq j\leq n} q_j.$$

Beweis

Wählt man

$$p := \frac{q_{min} + q_{max}}{2},$$

so gilt

$$\max_{1\le j\le n} |q_j - p| = \max_{1\le j\le n} \left|q_j - \frac{q_{min} + q_{max}}{2}\right|$$

$$= \frac{1}{2} \mid q_{max} - q_{min} \mid$$

und daher folgt aus Satz 9.5 die Existenz eines Eigenwertes λ mit

$$\left| \lambda - \frac{q_{max} + q_{min}}{2} \right| \le \frac{1}{2} \mid q_{max} - q_{min} \mid, \text{ d.h.}$$

λ muß in dem angegebenen Intervall liegen.

Bemerkung 9.7

Unabhängig davon, ob $(A-pE)^{-1}$ existiert (ob $p \neq \lambda_j$ für alle $j \in \{1,\ldots,n\}$ gilt) oder nicht, folgt aus (9.11) die Abschätzung

$$\min_{1\le j\le n} \mid \lambda_j - p \mid \le \frac{\|(Q-pE)x\|_2}{\|x\|_2}, \tag{9.13}$$

wenn man (9.11) speziell für die der euklidischen Vektornorm $\|\cdot\|_2$ zugeordnete Spektralnorm $|||\cdot|||$ betrachtet und (9.10) berücksichtigt.

Die Abschätzung (9.13) liefert zu gegebenem $x \neq 0$ eine optimale Abschätzung, wenn man den Ausdruck

$$\frac{\|(Q - pE)x\|_2}{\|x\|_2}$$

durch die Wahl eines geeigneten p minimal macht. Dabei kann man $\|x\|_2 = 1$ voraussetzen und hat also

$$\|(Q-pE)x\|_2^2 = x^T (Q-pE)^2 x \tag{9.14}$$

zu minimieren. Dies ist eine einfache Approximationsaufgabe. Qx soll durch einen Vektor der Richtung x so angenähert werden, daß die L_2-Norm der Differenz minimal ist. Unter Benutzung von (9.10) geht (9.14) über in

$$x^T(A-pE)^2x = x^TA^2x - 2px^TAx + p^2 = x^TA^2x-(x^TAx)^2 + (x^TAx-p)^2 \tag{9.15}$$

und dieser Ausdruck wird für $p = x^TAx$ minimal.

Der Rayleighquotient $\frac{x^T Ax}{x^T x}$ liefert also bei Vorliegen eines Näherungswertes x für einen Eigenvektor eine optimale Schätzung des zugehörigen Eigenwertes im Sinne von Satz 9.5. Anschaulich ausgedrückt, man nimmt die Projektion von Ax in Richtung x als $p \cdot x$. Denn wegen

$$x^T(Qx-px) = \underbrace{x^T Qx}_{=x^T Ax=p} - p\underbrace{x^T x}_{=1} = 0$$

steht $Qx-px$ auf x senkrecht. Einsetzen von $x^T(Ax) = p$ in (9.15) liefert den Satz des Pythagoras und es folgt

$$\| (Q-pE)x \|_2^2 = \| Ax \|_2^2 - p^2 . \qquad (9.16)$$

Insgesamt erhält man durch Zusammenfassen von (9.13) und (9.16) den

Satz 9.6 (KRYLOW-BOGOLJUBOW):
Ist A eine symmetrische (bzw. normale) Matrix und x ein Vektor des $\mathbb{R}^n$, so liefert der Rayleighquotient

$$p = \frac{x^T Ax}{x^T x}$$

eine optimale Schätzung für einen Eigenwert von A im Sinne von Satz 9.5; dabei gilt

$$\min_{1 \le j \le n} |\lambda_j - p|^2 \le \frac{x^T A^2 x}{x^T x} - p^2 ,$$

d.h. das Quadrat des Fehlers ist höchstens gleich

$$\frac{x^T A^2 x}{x^T x} - p^2 .$$

Für die Übertragung dieser Sätze auf nichtnormale Matrizen sind erhebliche Modifikationen notwendig. Man findet derartige Ergebnisse u.a. in Arbeiten von HENRICI, ELSNER, SCHÄFKE und der Dissertation von STEINHAUSEN (Münster, 1970).

Literaturverzeichnis

A. Numerische Mathematik

Beresin, I. S., Shidkow, N. P. — Numerische Methoden, 2 Bände. Berlin: Deutscher Verlag der Wissenschaften, 1970/71

Blum. E. K. — Numerical Analysis and Computation: Theory and Practice. Reading, Mass.-Menlo Park, Calif.-London-Don Mills, Ontario: Addison-Wesley Publishing Company, 1972

Brosowski, B., Kreß, R. — Einführung in die Numerische Mathematik, 2 Bände. Mannheim-Wien-Zürich: Bibliographisches Institut, 1975/76

Collatz, L. — Funktionalanalysis und numerische Mathematik. Berlin-Göttingen-New York: Springer, 1964

Dejon, B., Henrici, P. — Proceedings of a Symposium on Constructive Aspects of the Fundamental Theorem of Algebra. New York-London-Sydney: J. Wiley and Sons, 1967

Frehse, J., Pallaschke, D., Trottenberg, U. — Special Topics of Applied Mathematics. Amsterdam-New York-Oxford: North-Holland Publishing Company, 1980

Hämmerlin, G. — Numerische Mathematik I. BI-Hochschultaschenbuch, Mannheim-Wien-Zürich: Bibliographisches Institut, 1970

Henrici, P. — Elemente der numerischen Analysis, 2 Bände. BI-Hochschultaschenbuch 551 und 562, Mannheim-Wien-Zürich: Bibliographisches Institut, 1972

Henrici, P. — Applied and Computational Complex Analysis, 2 Bände. New York-London-Sydney-Toronto: John Wiley & Sons, 1974/77

Householder, A. S. — The Theory of Matrices in Numerical Analysis. New York-Toronto-London: Blaisdell, 1965

Jordan-Engeln, G., Reutter, F. — Numerische Mathematik für Ingenieure. Mannheim-Wien-Zürich: Bibliographisches Institut, 1973

Jordan-Engeln, G., Reutter, F. — Formelsammlung zur Numerischen Mathematik mit Fortran IV-Programmen. Mannheim-Wien-Zürich: Bibliographisches Institut, 1976

Isaacson, E., Keller, H. B. — Analyse numerischer Verfahren. Zürich und Frankfurt am Main: Verlag Harri Deutsch, 1973

Meinardus, G., Merz, G. — Praktische Mathematik I. Mannheim-Wien-Zürich: Bibliographisches Institut, 1979

Nitsche, J. — Praktische Mathematik. BI-Hochschultaschenbuch, Mannheim-Zürich: Bibliographisches Institut, 1968

Ostrowski, A. M. — Solution of Equations and Systems of Equations. New York-London: Academic Press, 1960

Ralston, A. — A First Course in Numerical Analysis. New York-St. Louis-San Francisco-Toronto-London-Sydney: McGraw-Hill, 1965

Rutishauser, H. — Vorlesungen über numerische Mathematik, 2 Bände. Basel und Stuttgart: Birkhäuser Verlag, 1976

Sauer, R., Szabo, I. — Mathematische Hilfsmittel des Ingenieurs, 4 Bände. Berlin-Heidelberg-New York: Springer, 1967-1970

Schmeißer, G., Schirmeier, H. — Praktische Mathematik. Berlin-New York: de Gruyter, 1976

Schwarz, H. R., Rutishauser, H., Stiefel, E. — Numerik symmetrischer Matrizen. Stuttgart: B. G. Teubner, 1968

Stetter, H. J. — Numerik für Informatiker. München-Wien: Oldenbourg Verlag, 1976

Stoer, J. — Einführung in die Numerische Mathematik I. 3. Auflage Berlin-Heidelberg-New York: Springer, 1979

Stoer, J., Bulirsch, R. — Einführung in die Numerische Mathematik II. 2. Auflage Berlin-Heidelberg-New York: Springer, 1978

Stummel, F., Hainer, K. — Praktische Mathematik. Stuttgart: B. G. Teubner, 1971

Törnig, W. — Numerische Mathematik für Ingenieure und Physiker, 2 Bände. Berlin-Heidelberg-New York: Springer, 1979

Traub, J. F. — Iterative Methods for the Solution of Equations. Englewood Cliffs, New Jersey: Prentice Hall, 1965

Varga, R. — Matrix Iterative Analysis. Englewood Cliffs, New Jersey: Prentice Hall, 1965

Walsh, J. — Numerical Analysis: an Introduction. London and New York: Academic Press, 1966

Wilkinson, J. H. — Rundungsfehler, Heidelberger Taschenbuch. Berlin-Heidelberg-New York: Springer, 1969

Wilkinson, J. H. — The Algebraic Eigenvalue Problem. Oxford: Clarendon Press, 1965

Young, D. M., Gregory, R. T. — A Survey of Numerical Mathematics, 2 Bände. Reading. Mass.-Menlo Park, Calif.-Don Mills, Ontario: Addison Wesley Publishing Company, 1972

Zurmühl, R. — Praktische Mathematik für Ingenieure und Physiker. Berlin-Heidelberg-New York: Springer, 1965

B. Tabellenwerke (Verzeichnisse)

Fletcher, A., Miller, J., Rosenhead, L., Comrie, L. J. — An index of mathematical tables, 2 Bände. Reading, Mass.-Menlo Park, Calif.-Don Mills, Ontario: Addison-Wesley Publishing Company, 1962

Lebedev, A. V., Fedorova, R. M., Burunova, N. M. — A Guide to Mathematical Tables, 2 Bände. Oxford-London-New York, Paris: Pergamon Press, 1960

Prasad, B., Narasimhan, V. L. — An index of Approximations of Functions, Computer Center Univ. of California, San Diego, 1964

Schütte, K. — Index mathematischer Tafelwerke und Tabellen. München: Oldenbourg, 1966

C. Programmierung, Informatik

Bauer, F. L., Goos, G.	Informatik, 2 Bände. Berlin-Heidelberg-New York: Springer 1971
Bosse, W.	Einführung in das Programmieren mit Algol W. Mannheim-Wien-Zürich: Bibliographisches Institut, 1976
Dworatschek, S.	Einführung in die Datenverarbeitung. Berlin: de Gruyter, 1969
Grund, F., Issel, W.	Pl/I Programmierung. Berlin: VEB Deutscher Verlag der Wissenschaften, 1975
Hotz, G.	Informatik: Rechenanlagen. Stuttgart: B. G. Teubner, 1972
Knuth, D. E.	The Art of Computer Programming, 3 Bände. Reading, Mass.- Menlo Park, Calif.-London-Don Mills, Ontario: Addison-Wesley Publ. Co., 1968/1969/1973
Lamprecht, G.	Einführung in die Programmiersprache FORTRAN IV, 3. Auflage. Braunschweig: Vieweg, 1973
Lamprecht, G.	Einführung in die Programmiersprache Simula. Braunschweig: Vieweg, 1976
Randell, B. (Ed.)	The Origins of Digital Computers. Berlin-Heidelberg-New York: Springer, 1975
Wirth, N.	Systematisches Programmieren. Stuttgart: B. G. Teubner, 1972
V. Wijngaarden et. al.	Report on the Algorithmic Language ALGOL 68. Numerische Mathematik, Bd. 14 (1969)

Stichwortverzeichnis